装备科技译著出版基金

多技术定位

Multi – Technology Positioning

[芬]亚里·努尔米(Jari Nurmi)

[芬]埃琳娜·西蒙娜·洛翰(Elena – Simona Lohan)

[瑞典]亨克·威米尔希(Henk Wymeersch)　　　主编

[西]冈扎罗·塞可·格拉纳多斯(Gonzalo Seco – Granados)

[芬]欧西·奈克宁(Ossi Nykänen)

王雷钢　张　涛　吴晓朝　周　波　崔建岭　译

国防工业出版社

·北京·

著作权登记号　图字:军-2021-004 号

图书在版编目（CIP）数据

多技术定位/(芬) 亚里·努尔米 (Jari Nurmi) 等主编;王雷钢等译. —北京:国防工业出版社,2022.8

书名原文:Multi-Technology Positioning

ISBN 978-7-118-12544-3

Ⅰ.①多… Ⅱ.①亚… ②王… Ⅲ.①无线电定位 Ⅳ.①TN95

中国版本图书馆 CIP 数据核字(2022)第 117087 号

First published in English under the title

Multi-Technology Positioning

edited by Jari Nurmi, Elena-Simona Lohan, Henk Wymeersch, Gonzalo Seco-Granados and Ossi Nykänen, edition:1

Copyright © Springer International Publishing AG,2017*

This edition has been translated and published under licence from

Springer Nature Switzerland AG.

Springer Nature Switzerland AG takes no responsibility and shall not be made liable for the accuracy of the translation.

※

国防工业出版社出版发行

(北京市海淀区紫竹院南路 23 号　邮政编码 100048)

北京虎彩文化传播有限公司印刷

新华书店经售

*

开本 710×1000　1/16　插页 3　印张 19　字数 330 千字

2022 年 9 月第 1 版第 1 次印刷　印数 1—1000 册　定价 168.00 元

(本书如有印装错误,我社负责调换)

国防书店:(010)88540777　　书店传真:(010)88540776

发行业务:(010)88540717　　发行传真:(010)88540762

译者序

　　"我在哪"是万物存在于世界必须回答一个问题,准确的位置信息是完成各种任务的基本需求,特别是随着物联网迅速发展,万物互联对位置信息的需求更为迫切。近年来,无线定位技术已成为学术界和商业界的一个热点,各种无线定位技术获得长足的发展,定位技术也从传统的基于惯性器件、卫星导航,发展到基于无线通信、WiFi、超宽带、可见光等多种技术,尤其解决了卫星盲区环境下的定位问题。随着无线通信设备的广泛应用和不断地发展,无线定位与无线通信相互融合、相互促进,极大地提高了位置服务质量,基于位置的服务也成为最具有市场前景的互联网业务之一。

　　国内已有多部无线定位技术方面的著作,主要是关于基础理论与工程技术方面的内容。从目前来看,我们还缺少这样一部著作:能将理论知识和实际应用相结合,或是通过介绍技术原理层面的知识,以解决定位技术如何用、在哪里用的问题;或是以某一定位技术在某一领域的应用进行横向与纵向对比,以解决读者在实际应用中对各技术的选择、方案拟定等问题。鉴于此,译者给大家推荐了这部著作,它不仅适用于高校学生、科研工作者和工程技术人员。而且在民用或军用定位设备的概念设计、技术选型、开发研制中,可为培养既懂技术原理又了解应用需求的复合型人才提供帮助。

　　欧洲联盟(简称欧盟)国家为提高在多技术定位研究和应用领域的竞争力,早在 2012 年就由芬兰坦佩雷理工大学牵头,召集欧盟国家多所大学和公司的知名专家教授筹建了"多技术定位专家联盟"(multi - technology positioning professionals,MULTI - POS),旨在为无线定位技术领域的研究者和应用者提供一种高质量、综合性的培训。2015 年,MULTI - POS 在欧盟第七框架计划(以下简称 FP7)资助下,对研究工作进行了梳理总结,编撰成书并于 2017 年面世。该书共分为 17 章,系统地介绍了多种无线定位技术原理及其应用。涉及 GNSS 导航定位、无 GNSS 信号环境下的定位以及基于位置服务等方面,能使读者系统地了解各种无线定位技术及其应用场景、方法。该书针对当前无线定位类著作的原理研究和实际应用中相对独立的问题,以实现无线定位导航技术从物理层面到应用层面,从信号、系统设计到位置服务的有机结合为目标,搭建起无线移动定位导航底层技术与应用层面之间的桥梁。原著作为欧洲多所大学众多教授和专家的研究结晶,既有对当前诸多无线定位技术知识的介绍,如卫星定位、无线电定位、5G 定位等,又有无线定位技术在诸多领域的典型应用案例,如多智能体协作、情景感知、自主无人机应急等,为读者提供了从底层原理到现实应用的全周期视野。译者希望通过翻译原著,为国内相关行业的广大科研工作者、工程技术人员提供一些实用的前沿技术和方法,同时,使他们能够深入了解欧洲国家在无线定位技术方面的发展水平、发展思路和应用实践,促进他们对我国无线定位技术发展及未来应用的思考。

本书第 1 章 ~ 第 2 章由张涛教授负责翻译,第 3 章 ~ 第 4 章由周波负责翻译,第 5 章 ~ 第 8 章由吴晓朝负责翻译,第 9 章 ~ 第 10 章由崔建岭负责翻译,第 11 章 ~ 第 17 章由王雷钢负责翻译,张涛教授对全书翻译提出了总体要求,王雷钢负责全书统稿。本书的翻译工作也得到孔德培、石川、戴幻尧、王建路等支持和帮助,在此深深表示感谢。

译者

2022 年 1 月

前　言

本书是在 FP7 项目(代号 316528)资助下,由欧盟玛丽·居里初级培训联盟(ITN)多技术定位专家联盟中的一些科研人员和管理人员共同努力完成。在 2015 年筹划此书时,我们就意识到这将是一项非常具有挑战性的工作,不仅是因为我们的编写队伍人员年轻,更是因为从技术的角度看,本书希望勾勒出一幅无线定位世界包括从物理层到应用层的全新蓝图,企图阐释清楚导航和通信世界之间的内在联系,而这在以往的做法中,通常是由不同专业领域的研究机构或个人单独去做。

本书旨在打通无线定位领域内不同层次、不同方面的问题环节,包括:从物理层到应用层,从室外到室内无缝定位,从信号级、系统设计再到商业应用模式、基于位置的服务,等等。本书的每一章都致力于解决这些不同层次、不同方面中的一个或一类问题,都在向读者阐述一些基本观点、面临的主要挑战以及现有的主要解决方案。本书的部分章节也指出了该领域潜在的且需要关注、研究的新问题,以及该领域目前尚未解决的一些难题。

通过本书的学习,希望达到以下目标:

(1)使定位技术更易于被其他学科的人员所掌握和使用;

(2)概述多种定位技术,对比各自优缺点、所面临挑战及问题;

(3)激发读者利用定位技术和位置数据的灵感;

(4)解释基于位置服务相关文献中常用工具或约定名词;

(5)为未来通信和导航联合开辟一条新的思考路径;

(6)为有志于从事国际化职业的学生提供跨领域的知识需求。

本书的读者对象包括以下几类人员:

(1)从事国际化职业的高校学生和专业技术人员;

(2)参与欧盟居里夫人项目计划或对其感兴趣的学术团体和工业部门;

(3)参与制订欧盟未来移动研究计划的决策者;

(4)想了解无线导航定位原理以及通信和导航世界之间联系,但无较强技术背景的人士;

（5）基于位置服务业务技术知识的开发人员、城市议会工作者、企业家和创新者，特别是涉及紧急响应、环境和健康等行业有关人员。

应该说，我们希望本书能够弥补现有文献书籍中一些不足和缺憾。作为一本关于多技术定位的综合性书籍，本书适用于更为广泛的读者群体。

芬兰,坦佩雷	Jari Nurmi
芬兰,坦佩雷	Elena – Simona Lohan
瑞典,哥德堡	Henk Wymeersch
西班牙,巴塞罗那	Gonzalo Seco – Granados
芬兰,坦佩雷	Ossi Nykänen

作者简介

亚里·努尔米(Jari Nurmi)自1999年起在芬兰坦佩雷理工大学(TUT)担任计算机和电气工程学院教授。他的研究方向包括嵌入式计算系统、无线定位、定位接收机原型设计和软件无线电。自1987年以来,亚里·努尔米教授一直在TUT担任各种研究、教育和管理等职位,并在1995—1998年担任中小企业VLSI解决方案副总裁。自2013年以来,亚里·努尔米教授还是Ekin Labs Oy公司的合伙人和联合创始人,Ekin Labs Oy是一家人类存在检测技术商业化的衍生公司,现总部设在硅谷。他在TUT指导了19个博士生和130多个硕士生的毕业论文,评阅了全球其他大学29篇博士论文。亚里·努尔米教授是IEEE的高级成员,IEEE CAS VLSI系统和应用技术委员会成员,坦佩雷会议局的董事会成员。2011年,他获得了IIDA创新奖,并在2013年获得了科学大会奖和HiPEAC技术转让奖。他是4个国际会议指导委员会成员。亚里·努尔米教授在Springer出版社出版了5本图书,发表了300多篇国际会议、期刊文章和书籍章节。亚里·努尔米教授曾作为联盟协调员和首席参与了玛丽·居里初级培训联盟的MULTI – POS。

埃琳娜·西蒙娜·洛翰(Elena – Simona Lohan)是坦佩雷理工大学(TUT)电子与通信工程系的副教授,她还是西班牙巴塞罗那自治大学的客座教授。埃琳娜·西蒙娜·洛翰1997年获得了罗马尼亚布加勒斯特理工大学电气工程硕士学位,1998年在法国巴黎综合理工学院的获得D. E. A(在法国相当于硕士学位),2003年获得TUT电信学博士学位。她已有170多篇国际出版物,3项专利和2项专利应用。埃琳娜·西蒙娜·洛翰教授自2013年起担任*IET Radar*, *Sonar*和*Navigation*期刊以及剑桥*Journal of Navigation*期刊的副主编。埃琳娜·西蒙娜·洛翰教授目前的研究方向是基于机会信号的无线定位技术和面向定位的认知频谱感知。她作为首席科学家和平等事务官参与了玛丽·居里初级培训联盟的MULTI – POS。

亨克·威米尔希(Henk Wymeersch)是瑞典查尔姆斯理工大学信号与系统系通信系统教授。在进入查尔姆斯理工大学之前,2005—2009年,亨克·威米尔教授曾担任麻省理工学院信息与决策系统实验室的博士后研究员。2005年,亨克·威米尔希获得比利时根特大学电子工程/应用科学博士学位。亨克·威米尔希曾担任*Communication Letters*(2009—2013), *IEEE Transactions on Wireless Communications*(自2013年)和*IEEE Transactions on Communications*(自2016年)等期刊的副主编。

亨克·威米尔希教授目前的研究方向是协作系统和智能交通等。亨克·威米尔作为首席科学家参与了玛丽·居里初级培训联盟的 MULTI – POS。

冈扎罗·塞可·格拉纳多斯(Gonzalo Seco – Granados)于 2000 年获得加泰罗尼亚理工大学的电信工程博士学位,2002 年获得 IESE 的 MBA 学位。2002—2005 年,他是欧洲航天局技术人员,参与了伽利略全球卫星导航系统系统设计。自 2006 年以来,他是巴塞罗那自治大学电信系的副教授。冈扎罗·塞可·格拉纳多斯博士是超过 25 个研究项目的首席研究员。2014 年,他获得了 ICREA 学会研究员资格。2015 年,他是加州大学欧文分校的富布赖特访问学者。冈扎罗·塞可·格拉纳多斯博士的主要研究方向是星基和地面定位系统信号和接收技术的设计、多天线接收机以及信号级完整性等。冈扎罗·塞可·格拉纳多斯作为首席科学家参与了玛丽·居里初级培训联盟的 MULTI – POS。

欧西·奈克宁(Ossi Nykänen)为 M – Files 公司工作,主要是帮助企业查找、共享和保护文档和信息。欧西·奈克宁博士还担任坦佩雷理工大学数学系兼职教授。欧西·奈克宁博士的研究方向是语义计算、机器学习、信息建模和可视化、数学(计算机支持)以及相关应用。欧西·奈克宁博士是许多工业和学术研究联盟的成员,而且是国际网络标准的倡导者。欧西·奈克宁作为首席科学家参与了玛丽·居里初级培训联盟的 MULTI – POS。

致 谢

首先必须提一下欧盟 FP7 计划中玛丽·居里初级培训 – 多技术定位专家联盟项目,本书创作的大部分工作是在该项目财政支持下完成。

编辑也十分感谢多技术定位专家联盟中参与撰写本书的每一名成员,感谢他们提供素材和所做的大量工作,感谢他们为协助完成本书所付出的热情,相信本书的出版对从事该专业的人员或研究者来说将大有裨益。

多技术定位专家联盟成员如下(按照姓氏字母排序):Anahid Basiri,Luis Bausa Lopez,Ondrej Daniel,Nunzia Giorgia Ferrara,Pedro Figueiredo e Silva,Markus Fröhle,Andreas Gehrmann,Anna Kolomijeca,Maciej Jerzy Paśnikowski,Pekka Peltola,Paolo Pilleggi,Jussi Raasakka,Alejandro Rivero,Susanna Sanchez,Jan Sanroma,Arash Shahmansoori 以及 Enik Shytermeja。

特别地,还要感谢 Pedro Figueiredo e Silva 和 Ondrej Daniel 在本书 LaTeX 排版等方面所提供的帮助。

我们也以极大的热忱感谢以下人员:Simo Ali – Löytty,David Cuesta Frau,Armin Dammann,José A. Del Peral,Luca De Nardis,Fabio Dovis,Ignacio Fernández Hernández,David Gómez Casco,Jan Johansson,Ondrej Kotaba,Helena Leppäkoski,L. Srikar Muppirisetty,Robert Piché,Ronald Raulefs,Georg Rehm,Jesus SelvaVera,Joaquín Torres – Sospedra 和 Mikko Valkama。感谢他们在本书章节内容方面所提供的有价值批评以及反馈意见。另外,也深深地感谢 Hana Pelikanova 为多技术定位专家联盟的 logo 创作设计所做的工作。

目 录

第1章

概述及本书章节安排

Elena – Simona Lohan, Henk Wymeersch, Ossi Nykänen,
Jari Nurmi, Gonzalo Seco – Granados

无线定位与导航是当前活跃的一个领域,它涉及大量无线通信装置及其应用,在过去的10年,针对无线导航的相关技术激增,从基于卫星的经典导航系统,到采用惯性传感器的定位技术,再到无线局域网和蜂窝系统,甚至超声波和可见光等定位系统。

本书编写的动机源于目前针对多个不同层面的无线定位技术,尚未有一部紧凑的、综合性的著作。例如,许多著作仍致力于卫星导航系统,特别是著名的且应用广泛的全球定位系统(GPS)[8,11,13],而且在市面上,目前也很难找到一本针对当前诸多定位技术(如WLAN、无线电射频识别、超宽带、可见光等)进行紧凑且统一描述的著作。

另外,传统的非全球导航卫星系统(non – GNSS)技术类著作往往仅聚焦于非全球导航卫星系统的几个方面和层次,例如物理层面或基于位置的服务(location – based service,LBS)等。例如,在文献[4]中,焦点在于室内非全球导航卫星系统,例如蓝牙或其他短距离无线定位方式;在文献[1]中,对地面的无线定位技术进行了

作者联系方式:

E. – S. Lohan (✉) · O. Nykänen · J. Nurmi

Tampere University of Technology, Korkeakoulunkatu 10,33720 Tampere, Finland

e – mail:elena – simona. lohan@ tut. fi;ossi. nykanen@ tut. fi;jari. nurmi@ tut. fi

H. Wymeersch

Chalmers University of Technology, Department of Signals and Systems,41296 Gothenburg, Sweden

e – mail:henkw@ chalmers. se

G. Seco – Granados

Universitat Autonoma de Barcelona, Barcelona, Barcelona, Spain

e – mail:gonzalo. seco@ uab. es

综述,且从物理层面看,虽然也为这些技术用以辅助解决 GPS 问题提出了一些初步想法。然而,这两本著作中均未单独涉及全球导航卫星系统(GNSS)。针对所有的无线接入和无线定位技术,文献[12]提供了一种统一的解决方法,其重点在于物理层,包括定位原理、传输方式以及地面网络设施,另外安全问题也被讨论,但是没有涉及 GNSS。

同样地,当前只有很少的图书专门针对 LBS,这极有可能是因为针对大量现有的或潜在的 LBS 应用,难以进行统一化和紧凑化的表述。例如,文献[9]涵盖了 LBS 从开始提出(2011)到最近几年来的研究情况。通过利用位置和其他任何可获得的信息(如来自用户自身或环境信息),服务能够具有情景感知能力,并以此来提升对用户的服务质量和服务价值。位置数据激发着新的商业和政府运行模式,例如基于情景的广告投放、路径引导、养路费征收、特定地点保险费等。

本书解决了无线定位如下三个不同方面的问题:第一部分(第 3 章 ~ 第 6 章)专注于卫星导航定位系统,第二部分(第 7 章 ~ 第 10 章)专注于非全球导航卫星系统,第三部分(第 11 章 ~ 第 15 章)专注于基于无线定位与导航的 LBS 应用和商业模型。本书涵盖多种原理的无线定位技术,涉及从应用到市场甚至到导航设备数据流。

第 3 章 ~ 第 6 章介绍了典型的发射 - 接收链路,从发射器端的信号模型,经过信道损耗,再到接收机处理。

第 3 章介绍了 GNSS 信号的基本特征,特别是它们时域和频域特征以及噪声特征。

第 4 章描述了 GNSS 的三种主要误差源,即多径、干扰和电离层扰动,并概述了消减这些误差源影响的方法策略。在定位技术领域,如何消减误差一直是一个有趣的研究问题,MULTI - POS 也积极参与到该问题的研究之中,并做了大量工作。2015 年,Pildo Labs(坦佩雷理工大学)和 GMV (航空航天防务)联合成立了一家机构,共同提出了一种"健壮"的 GNSS 接收机架构,通过整合新颖的算法来消减电离层、多径以及干扰带来的误差。本章介绍了此类误差源的缓解技术,École 国际民航和霍尼韦尔(Honeywell) 国际也参与了该部分的工作。

第 5 章重点介绍了现行的信号处理技术和卫星导航系统/传感器组合方法,目的在于保证导航服务质量,特别是在定位精度和可靠性方面。

第 6 章描述了当前 4 种卫星导航系统的运行机制以及发展水平,解决了多模全球导航卫星系统(multi - GNSS)接收机各种固有的问题。

第 7 章描述了不同的机会信号以及无缝连接导航技术的基本原理,介绍了卫星导航系统与非卫星导航系统之间的过渡问题。为搭建底层技术与上层应用之间的桥梁,本章解决了城市环境下的导航方案应用问题。本章也对传感器及工作方式进行了概述,这对那些出于特定研究目的研究者选择出最合适的传感器是大有神益的。

第 8 章描述了非全球导航卫星系统的指纹定位和路径损失等建模概念,研究了非全球导航卫星系统的一些细节性问题。

第 9 章介绍 5G 定位的主要概念,概述了可用于移动定位终端 5G 系统的主要相关技术。

第 10 章讨论了多智能体系统控制的不确定性问题,并介绍了与协作定位有关的主要挑战和解决方案。本章强调基于认知方法的定位和通信,认知是定位和通信子系统的本身属性,不能被割裂,而应该作为一个紧密关联的主体来考虑。该部分工作成果是与德国航空航天中心合作的结果,所述内容基于已经公开发表的研究成果[6-7,14]。

第 11 章介绍了定位和遥感在解决环境问题方面的应用。

第 12 章介绍了如何利用用户的位置信息提供个性化服务,包括一些典型的情境感知引擎和架构。事实上,当前市场上有很多应用是利用用户位置信息来提供服务的,例如天气信息的提供。本章讨论了如何对用户场景进行建模,以及如何获取不同于位置的其他类型信息,以丰富移动服务内容。在某些场景下,一些简单信息,例如用户年龄、用户语言等信息有助于为用户提供个性化服务,让用户获得更好的体验。本章也总结了有助于改善情境感知个性化服务的其他类型信息。

第 13 章讨论了一些关于伽利略卫星导航系统(Galileo)开放服务的商业模式,评估了 Galileo 模式的财务问题,包括成本、市场份额及潜在收益等。

第 14 章介绍了 LBS 的另一个潜在市场即电子医疗领域,介绍了层次分析法(analytical hierarchical process,AHP)这一概念及其在电子健康场景下的建模问题。2013 年诺丁汉大学的 MULTI-POS 成员提出了要将 AHP 应用于无线定位场景,之后坦佩雷理工大学和诺丁汉大学联合对该领域开展研究,多个联合和独立的研究成果已陆续发表,例如文献[2,3,10]。

第 15 章介绍了无线定位在公共安全领域的应用,更确切地说是自主无人机在应急响应方面的应用。

第 16 章说明本书是欧盟玛丽·居里初级培训联盟研究人员的经验教训,包含了玛丽·居里在 ITN 的工作经历,也包含有所有联盟参与者在该项工作中的经验,本章所讨论的内容对那些寻找跨领域职业或愿意在国外工作的人们来说也具有启发价值。

第 17 章给出结论并列出了主要成果。

本书以教程风格进行编写,发出挑战,向读者提出问题,启发读者但不提供现成的解决方案。这样做的目的是激励读者能够自己寻找解决问题的方法和路径。

参考文献

[1] D. Bartlett, Essentials of Positioning and Location Technology (Cambridge University Press, Cambridge, 2013)

[2] A. Basiri et al., Indoor positioning technology assessment using analytic hierarchy process for pedestrian navigation services, in International Conference on Localization and GNSS (ICLGNSS), 2015 (2015), pp. 1 – 6. doi: 10. 1109/ICL – GNSS. 2015. 7217157

[3] A. Basiri et al., Overview of positioning technologies from fitness – to – purpose point of view, in International Conference on Localization and GNSS (ICL – GNSS), 2014 (2015), pp. 1 – 7

[4] A. Bensky, Wireless Positioning Technologies and Applications (Technology and Applications) (Artech House Publishers, Boston, 2008)

[5] N. G. Ferrara et al., Combined architecture. Enhancing multi – dimensional signal quality in GNSS receivers, in Inside GNSS Working Papers (2016), pp. 54 – 62

[6] M. Frohle et al., Multi – step sensor selection with position uncertainty constraints, in 2014 IEEE Globecom Workshops (GC Wkshps) (2014), pp. 1439 – 1444. doi: 10. 1109/GLOCOMW. 2014. 7063636

[7] M. Frohle, L. S. Muppirisetty, H. Wymeersch, Channel gain prediction formulti – agent networks in the presence of location uncertainty, in IEEE International Conference on Acoustics, Speech and Signal Processing (ICASSP) (2016)

[8] E. Kaplan, Understanding GPS – Principles and Applications, 2nd edn. (Artech House, Boston, 2005)

[9] Y. Liu, Z. Yang, Location, Localization, and Localizability: Location – Awareness Technology for Wireless Networks (Springer, New York, 2011)

[10] E. S. Lohan et al., Analytic hierarchy process for assessing e – health technologies for elderly indoor mobility analysis, in 5th EAI/ACM International Conference on Wireless Mobile Communication and Healthcare – "Transforming Healthcare Through Innovations in Mobile and Wireless Technologies", Mobihealth 2015 (2015). doi: 978 – 1 – 63190 – 088 – 4

[11] J. Nurmi, E. S. Lohan, H. Hurskainen (eds.), GALILEO Positioning Technology (Springer, Dordrecht, 2014)

[12] K. Pahlavan, P. Krishnamurthy, Principles of Wireless Access and Localization (Wiley, Chichester, 2013)

[13] F. van Diggelen, A – GPS: Assisted GPS, GNSS, and SBAS (Artech House, Boston, 2009)

[14] S. Zhang et al., Location – aware formation control in swarm navigation, in IEEE Globecom Workshops (2015)

第 2 章

多技术定位专家联盟

Elena – Simona Lohan,Henk Wymeersch,Ossi Nykänen,
Jari Nurmi,和 Gonzalo Seco – Granados

2.1 概述

2011 年秋季,坦佩雷理工大学的一群高级研究人员和教授们考虑在定位领域组建一个欧盟的培训联盟。近些年来,无线定位技术经历了一个从 GNSS 向为新兴的且市场巨大的 non – GNSS 室内提供解决方案的重大转变。的确,已有好几个室内定位市场的领军者对提供全球室内导航解决方案表现出了浓厚的兴趣,例如,HERE 公司早在 2011 年就开始瞄准的几个室内定位的楼层地图和场所地图,苹果公司已经在其移动设备上采用 Skyhook 方案,Google 也已经开始绘制室内位置图。此外,也相继诞生了一些专注于室内定位或实时位置服务(RTLS)的新兴公司,比如 Meridian Apps 和 Sonic Notify 公司。很明显,无线定位正逐步成为未来移动设备日益重要的一部分。

欧盟委员会(European Commission,EC)当时的统计数据表明:全球导航市场预计在下一个 10 年将增长到约 2440 亿欧元(其中包括 GNSS 支持产品的销售额),这一数据会随着蜂窝移动电话和 LBS 的增加而显著的增长。当时的无线定位

E. – S. Lohan (⊠) · O. Nykänen · J. Nurmi

Tampere University of Technology,Korkeakoulunkatu 10,33720 Tampere,Finland

e – mail:elena – simona. lohan@ tut. fi;ossi. nykanen@ tut. fi;jari. nurmi@ tut. fi

H. Wymeersch

Chalmers University of Technology,Department of Signals and Systems,41296 Gothenburg,

Sweden

e – mail:henkw@ chalmers. se

G. Seco – Granados

Universitat Autonoma de Barcelona,Barcelona,Barcelona,Spain

e – mail:gonzalo. seco@ uab. es

研究分为两大界定清晰的领域:技术领域(侧重于定位技术)和商业领域(侧重于理解用户和市场需求,寻找新的 LBS 以提高应用价值)。此外,2011 年欧盟现有研究生院与无线定位相关的研究主要集中在 GNSS(例如,欧空局的 GNSS 国际暑期学校或欧盟初级培训联盟)。

目前在技术和商业这两个领域之间缺乏一个必要的联系,为此创建一所良好的研究生院,以培养涉及无线定位系统所有层面的专业人才队伍变得越来越重要和迫切。因此,我们萌发了一个汇聚无线定位各个领域专家、创建国际联盟的想法。紧接着我们联系了涵盖数学、统计学、信号处理、电信、计算机系统、机器学习、航空航天、经济和工商管理等领域的一些专家,以此创建了一个全球联盟,从欧盟层面上解决无线定位相关的培训问题。

创建的组织称为多技术定位专家联盟(MULTI - POS),该组织获得了欧盟玛丽·居里初级培训联盟 FP7 项目的资金支持(代号 316528),并于 2012 年 10 月在比利时正式启动。2012 年末和 2013 年初招募了联盟的首批研究人员,早期我们从世界各地共招募了 12 名研究人员和 3 名经验丰富的专家。其中我们很幸运招募到 4 名女性研究成员(27%),在以往这些领域工作者绝大多数是男性。

MULTI - POS 依托 10 家单位,包括 6 所大学和 4 家公司(其中 2 家中小企业)。此外,还有 10 个合作伙伴,其中 6 家是公司(5 家中小企业和一家大企业),3 家研究机构和一所大学(表 2.1)。

表 2.1 MULTI - POS 成员

缩写	机构名称	国家	组织类型
全职合作伙伴			
TUT	坦佩雷理工大学,协调单位	FI	大学
CUT	查尔姆斯理工大学	SE	大学
ENAC	法国国立民族学院	FR	大学
GMV	GMV 航空航天防务公司	ES	大型企业
HON	霍尼韦尔国际公司	CZ	大型企业
PCG	Ptolemus 咨询集团	BE	中小企业
PLD	Pildo 实验咨询部	ES	中小企业
UAB	巴塞罗那自治大学	ES	大学
UNOTT	诺丁汉大学	UK	大学
VU - VUMC	阿姆斯特丹自由大学基金会	NL	大学
相关合作伙伴			
AVEA	AVEA 移动电话通信公司	TR	大型企业
DLR	德国航空航天中心	DE	研究中心

续表

缩写	机构名称	国家	组织类型
FGI	芬兰地理空间研究所	FI	研究中心
FPPNT	焦点定位公司	UK	中小企业
GEO	Geodan 地理信息与计算机技术咨询公司	NL	中小企业
ITMO	国立信息技术机械与光学大学	RU	大学
SP	SP 瑞典国家技术研究所	SE	研究中心
SSF	空间系统芬兰有限公司	FI	中小企业
T6ECO	T6 生态系统公司	IT	中小企业
WPS	Wirepas 公司	FI	中小企业

2.2　MULTI - POS 的目标和组成

在一些私营合伙人的巨大帮助下,MULTI - POS 制订了一套完整的研究培训计划,着重通过博士生课程以培训早期的研究人员,为所有就职人员提供学术及工业技能补充。联盟在 2012 年秋季成立,研究人员的招聘主要集中在 2013 年的年中,该联盟于 2016 年 9 月底正式结束,MULTI - POS 已达成以下目标。

(1)弥补了无线移动定位和导航领域底层技术和上层应用之间的空白。

(2)在无线定位领域,为年轻的研究人员提供高质量的综合培训,促进他们在学术、工业界的跨领域以及欧洲文化多元化的交流,同时进一步加强学术界和工业界的合作以及欧洲各国家间的合作。

(3)确保先进的科学技术和工程设计专业知识能有效地结合起来,并在无线导航领域产生新的应用。为未来的无线定位设备创造新颖的技术方法和商业模式。提高欧盟在多个定位相关领域的竞争力,加强该技术在其他行业部门的应用。

(4)将当前分散的无线技术及应用方面的研究活动统一到一个教育和研究框架之下。

(5)建立一个研究人员社区,增强和互补不同定位和导航领域的开发能力(如工程界、社会科学和商业界)。

(6)培训年轻研究者学会使用不同研究领域工具,培养以全局视角解决问题的能力,提升年轻人的职业前景。

实现上述目标的方法就是让研究人员既掌握技术,又懂经济,适应学术和工业环境,让他们亲身体验几个国家之间的流动,理解定位技术的需求。科学研究的主题逻辑如图 2.1 所示。

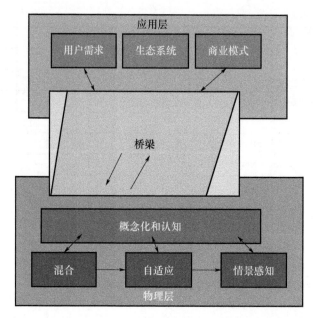

图 2.1　MULTI - POS 研究的主题逻辑(涉及无线定位的各个层面)

　　MULTI - POS 团队有三个主要研究主题,每一个又分为几个次一级的分主题,具体如下。

　　(1)定位技术的应用及商业模式:调查有关无线定位的创新型企业商业模式;创造新颖的 LBS,尤其着重提高社会应用价值和危机管理能力,构建应用层和物理层之间的认知桥梁。该主题讨论的分主题包括:

　　① 2020 年城市交通的定位技术、生态系统和商业模式;

　　② 从大规模移动网络用户数据中获取知识及社会效益;

　　③ 开发 LBS 市场;

　　④ 全生命周期危机管理中的融合定位;

　　⑤ 恶劣环境中提供高性能的辅助服务。

　　(2)认知定位法:为灵活的、情景感知的和动态自适应的定位需求开发设计出先进的技术和算法,为定位应用和商业模型提供所需的认知信息,填补应用层和物理层之间的空白。该主题讨论的分主题包括:

　　① 构建认知原型平台;

　　② 设计定位和通信的认知方法;

　　③ 针对环境的动态变化提供新的干扰抑制技术;

　　④ 环境感知语义处理;

　　⑤ 用于室内定位的自适应柔性传感器集成。

（3）混合定位技术：在满足方案可信度的条件下，使用新的混合定位解决方案，结合认知定位技术，并将它们纳入到定位应用和商业模式中。该主题讨论的分主题包括：

① 面向 GNSS 的大规模数据分析系统；

② 泛在无线信号；

③ 组合定位和通信系统信号；

④ 城市环境中的 GNSS 完整性监测；

⑤ 多模全球导航卫星系统（multi – GNSS）。

2.3　小结和展望

如上所述，MULTI – POS 涵盖了广泛而多样的研究课题。联盟定期举办了各种培训和交流活动，平均每 4 个月一次，详情如表 2.2 所列。

跨部门培训在 MULTI – POS 中得到了极大的重视，所有招聘的长期研究员中除了一位以外，其他人员均获得了在两个部门工作的经验。MULTI – POS 研究人员已经接触到工业和学术外的一些补充培训，从本部门借调到其他不同部门的时间至少 5 个月。此外，研究人员也积极参与到国际交流之中。如图 2.2 展示了联盟成员的国际流动性，箭头指向借调国家，圆圈表示联盟合作伙伴所在地区。

MULTI – POS 极大地帮助研究人员去接触一些顶级研究人员并分享他们的想法。当在一起处理某些研究问题时，通过了解其他联盟成员或合作者的灵感，有些人的思维模式甚至也因此而发生了深刻的转变。

表 2.2　MULTI – POS 大事件

事件	地点	日期
启动大会	布鲁塞尔，比利时	2013 年 9 月
第一次研讨会	坦佩雷，芬兰	2013 年 9 月
DASIP 2013 专题会议	卡利亚里，意大利	2013 年 10 月
第二次研讨会	布拉格，捷克共和国	2013 年 12 月
冬季培训	拉赫蒂，芬兰	2014 年 2 月
夏季培训	圣彼得堡，俄罗斯	2014 年 6 月
ICL – GNSS 2014 专题会议	赫尔辛基，芬兰	2014 年 6 月
中期评审	阿姆斯特丹，荷兰	2014 年 7 月
ISWCS 2014 专题会议	巴塞罗那，西班牙	2014 年 8 月
第三次研讨会	巴塞罗那，西班牙	2014 年 11 月

续表

事件	地点	日期
春季培训	图卢兹,法国	2015 年 4 月
ICL – GNSS 2015 专题会议	哥德堡,瑞典	2015 年 6 月
第四次研讨会	哥德堡,瑞典	2015 年 6 月
春季培训和第五次研讨会	诺丁汉,英国	2016 年 4 月
ICL – GNSS 2016 专题会议	巴塞罗那,西班牙	2016 年 6 月

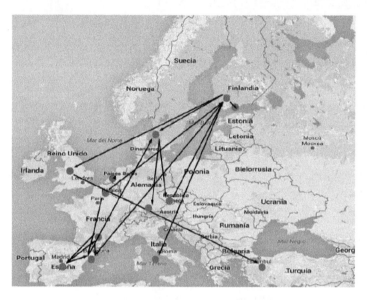

图 2.2　MULTI – POS 成员的国际流动示意

联盟取得的主要研究成果包括以下几方面

(1)面向 GNSS 的新算法及接收机设计方法,如基于双星 GNSS 接收机矢量延迟频率锁定环(VDFLL)设计,开发了一种能够检测 GNSS 信号是否存在的高效二进制算法。

(2)新的 GNSS 接收机干扰检测方案。

(3)基于数据驱动的电离层模型生成方法,以及基于低纬度赤道数据设计电离层威胁评估方法。

(4)基于全星座模拟数据的 multi – GNSS 性能调查。

(5)通过在车顶安装 180°视野鱼眼摄像头,提出了一种优于导航模块的 NLOS 测量技术。

(6)针对使用性问题,从跟踪鲁棒性和定位性能方面进行了深入而广泛的对比分析,以解决传统的 GNSS 标量跟踪接收机与矢量化跟踪导航模块面临的多路径和信号中断问题。

　　(7)低信噪比环境下的混合协作定位技术评估,明确接收机可以接收信号但无法解码导航信息的场景。

　　(8)针对具有位置不确定性的移动群开发出一种新的信道预测框架。

　　(9)与位置参数有关的、新的语义分析体系框架结构。

　　(10)提出了一个新的情景引擎软件组件,用于负责处理移动设备中的用户情景信息。

　　(11)信息推理工作,即基于可用信息,预测相关(未知)的用户信息,做信息推理实验。

　　(12)导航传感器集成和机会信号混合检测的新方法。

　　(13)研究当前 GNSS 应用和用户偏好需求的未来趋势。

　　(14)详细调查 LBS 在环境保护、安全应用、无人机和商用 Galileo 服务。

　　(15)研究地理信息系统和遥感在环境方面应用的可行性。

　　公众可以访问项目网站 www. multi – pos. eu 获得 MULTI – POS 的相关工作报告和成果。MULTI – POS 出版物清单也可在上述项目网站查阅。

第 3 章

GNSS 信号模型

**Ondrej Daniel, Nunzia Giorgia Ferrara, Pedro Figueiredo e Silva,
Jari Nurmi**

3.1 引言

本章主要介绍对 GNSS 信号的基本理解及其常用的数学模型。尽管这些内容在其他文献中已经有所涉及,但编者认为这些内容仍需要注意和掌握,尤其是对于那些刚学习 GNSS 的读者而言。

通常来说,关于卫星导航文献所说的 GNSS 信号模型指多个信号。频谱位于零频率附近的信号,称为基带信号。基带信号非常有用,它是 GNSS 信号处理的基础。然而,所有的无线电信号(包括用于导航的信号)都是实数,其频谱占据了载频周围的频带。由于广泛使用了复数表示方法,导致无法建立起通带实现和基带模型之间的联系。因此,本章的目的之一就是弄清这两种表述之间的关系。本章还试图解释无处不在的干扰导航的噪声是如何从外界进入基带的。正确地理解如何在计算机仿真中恰当地设置 GNSS 信号噪声非常重要,本章提供了正确设置的方法。尽管最终结果相对简单,但解决途径却并不那么简单,因为它需要以深入理解为前提。因此,本章概述了噪声建模的几个不同的方面。最后,本章重点介绍 GNSS 中一个非常重要的现象——多普勒效应,给出了多普勒频移典型值的推导,并且除了众所周知的窄带近似之外,还解释了多普勒效应对整个导航信号的影响。在此基础上,进一步解释了如何调整传统的 GNSS 信号模型来完全适应多普勒效应。

作者联系方式

O. Daniel (✉) · N. G. Ferrara · P. Figueiredo e Silva · J. Nurmi

Tampere University of Technology, Korkeakoulunkatu 10, 33720 Tampere, Finland

e – mail: ondrej. daniel@ tut. fi; nunzia. ferrara@ tut. fi; pedro. silva@ tut. fi; jari. nurmi@ tut. fi

本章的重点并不在于严谨的数学方法,但是本章为读者提供了可以获得更全面解释的参考文献。

本章所用的符号规定如下,与复杂的基带信号相比,真实的带通信号通过加上标符号 ~ 表示,例如 $\tilde{x}(t)$。信号 $x(t)$(或其采样 $x[n]$)的傅里叶变换表示为 $\ell(f)$,其信号功率谱密度为 $S(f)$。

3.2　信号模型基本理论

导航信号的传播是其从卫星传送到地球的那一刻开始的。但是,从第 6 章可知,该传播中不仅仅只有一个导航信号,还有很多信号。每个 GNSS 会分配几个频带(例如,Galileo 使用的 E5,E6 和 E1 频带),特定导航系统的每颗卫星可以同时发送导航信号。因此,每个频带被来自不同卫星的信号占用。全球导航卫星系统频段分布在 L 频段,该频段介于 $1 \sim 2\text{GHz}$,之所以选择该频段是因为它具有良好的信号传播特性。总体情况如图 3.1 所示,其中 $\tilde{x}_i(t)$ 表示第 i 个导航信号。

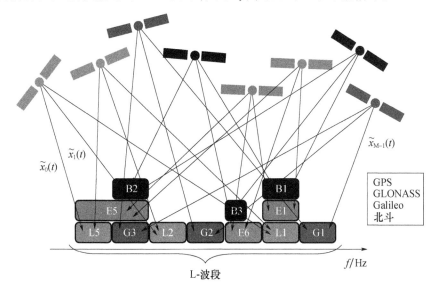

图 3.1　(见彩图)GNSS 频带示意图

在 GNSS 中存在一个典型的现象,即由于载波频率相同,属于同一导航系统并共享相同频带的导航信号在频域中会完全重叠在一起。另外,不同导航系统所使用的频段也会完全或部分重叠,例如在 Galileo E5、GPS L5 和 GLONASS G3 频段就存在这种情况。而且,由于所有的 GNSS 信号都是连续发射,所以在时域上信号也是重叠的。如果信号在频域和时域两个方面都重叠,就会存在 GNSS 接收机如何区分它们的问题。简单来说,接收机是通过一些特殊的信号特性,尤其是基于它们的相关特性能够将其区分。几乎所有的 GNSS 系统都以这种频率/时间重叠模式工作,这种模式在无线通信领域被称为码分多址(CDMA)。

仅 GLONASS 的情况稍有不同。该系统所使用的频段被分成几个子频段,子频段分配给各个信号。因此,在频域中信号不完全重叠。这种工作模式被称为频分多址(FDMA),它允许接收机仅通过频率滤波就能区分各个信号。然而必须注意,一个新的基于 CDMA 的信号已经被纳入 GLONASS 系统(图 3.1 中的 G3频段)。

通常,在 GNSS 领域 CDMA 优选于 FDMA,因为它促进了各个卫星导航系统之间的互操作性,并且还简化了 GNSS 接收机射频部分的设计。

3.2.1　带通信号模型

在接收机输入端,射频带通信号可以表示为

$$\tilde{r}(t) = \sum_{i=0}^{S-1} \tilde{x}_i(t) + \tilde{n}(t) \tag{3.1}$$

式中:S 为来自多个 GNSS 系统所有单个导航信号 $\tilde{x}_i(t)$ 的数量,它们占用了多个频段;$\tilde{n}(t)$ 为一个噪声过程,通常表示各种基本的自然噪声现象。

噪声的主要类型是热噪声,它在任意电导体内由电子的随机移动引起,当然也会在接收机硬件中产生。另一种重要的噪声类型是天线噪声,它包含外部自然噪声源对接收机的影响。基本上,每个温度高于绝对零度的物体都会以电磁波的形式辐射噪声,然后被天线接收。有关噪声的更多详细信息可参考文献[2]和[11]。从数学的角度来看,将总的噪声模拟为加性高斯白噪声(AWGN)是非常重要且便利的。"加性"这个词表明,式(3.1)中只需使用加号就可以将噪声加到有用信号上,而"白色"一词意味着噪声在所有频率范围内的功率谱密度(PSD)为常数,频率取值范围从 $-\infty$ 到 $+\infty$。信号功率谱等于 $S_{\tilde{n}}(f) = N_0/2(\text{W/Hz})$,$N_0 = kT$,其中 k是玻耳兹曼常数,T 是接收机系统的开尔文温度,它模拟热和天线噪声的联合效应。值得注意的是,导航信号从卫星经大约 20000km 传播到接收机,没有任何附加噪声,信号在接收过程中主要受到接收机噪声的影响。

需要指出,到目前为止所考虑的导航信号都是实值信号,因为在现实世界中仅存在实值信号,不可能从天线发送一个复值信号。

本节的其余部分只关注对某一个特殊导航信号 $\tilde{x}_i(t)$ 的处理,因此在下文中将略去下标 i。没有明确定义信号 $\tilde{x}(t)$ 属于哪个 GNSS,因此可以将其理解为通用或标准 GNSS 信号。假设信号以载波频率传输,并且带宽为 B,如图 3.2 所示。该图还展示了噪声 $\tilde{n}(t)$ 的常数 PSD 和频率轴上的导航信号,也包括其负值部分。然而,应该清楚的是在现实世界中不存在所谓的负频率。例如,不可能传输频率为 −1MHz 的谐波信号。但是,负频率的概念,尤其从数学的观点来看,是非常有用的,它会减少数学推导的繁杂性。

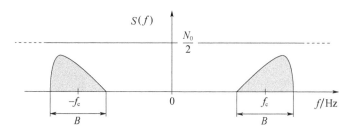

图 3.2   导航信号 $\tilde{x}(t)$ 和噪声 $\tilde{n}(t)$ 的 PSD 示意图(信号以载频 f_c 从一个卫星发射出去,其有限带宽为 B,噪声的 PSD 为常数 $N_0/2$)

因为信号 $\tilde{x}(t)$ 是实信号,所以其频谱 $\tilde{X}(f)$ 以 $\tilde{X}(-f) = \tilde{X}(f)^*$ 的形式对称。该结果直接来自傅里叶分析,它意味着该信号所携带的所有信息仅存储在一半的频谱中,且从信息的角度来看,后半部分也是冗余的。这一点非常直观,因为负频率轴概念的引入只是为了便于对信号进行一些数学运算,所以这种便利的扩展如果增加新的信息就没有意义了。而且,信号 $\tilde{x}(t)$ 以相对较高的射频载波频率发射。理论上,接收机完全可以直接在此较高频率上处理该信号,但是这种方法会带来不必要的麻烦。例如,接收机中所有硬件部分都需要在该频率之上设计和工作。相反,接收机只需在射频部分进行操作(例如,射频滤波和低噪声应用),之后立即将射频信号从载频转化为零频。最后信号只占据了相当低的频率,这样就降低了信号处理对硬件的要求。

接收机接收到原始信号后做如下处理,首先,接收机使用 RF 滤波器对信号 $x(t)$ 进行滤波,然后使用低噪声放大器对其进行放大。之后,接收机将信号乘以复指数 $\exp\{-\mathrm{j}2\pi f_c t\}$,如图 3.3 所示,该指数会使得频谱向左偏移。由于信息仅隐藏在频谱的一半中,所以可用低通滤波器将其另外一半滤除。此时所产生的信号 $x(t)$ 变得很复杂,被称为原始 RF 带通信号的复包络信号 $\tilde{x}(t)$。复包络信号位于零频率附近,即基带,该过程如图 3.4 所示。

信号 $x(t)$ 一般为复数,但它的频谱不一定在零频率正负方向严格对称。由于信号的复数特性,相比于实数带通信号,其整个频率轴可承载非常有用信息。

从对基带信号处理算法的角度来看,出现了负的频率轴。然而,它只是某些算法的表示形式,而不是信号的真实情况,实际信号可以通过空间以电磁波的形式发送。而且,信号的复数特性并不是问题,因为在许多情况下,使用复数表示的形式在数学上更便利,这对于带通信号来说尤其如此。而且,图3.4中的低通滤波器通常是复滤波器。可以看出,如果其频率响应在零频率附近对称,那么它可以由两个实滤波器来实现,一个滤出实数部分,另一个滤出虚数部分,如图3.5所示,其提供的输出与图3.4相同。

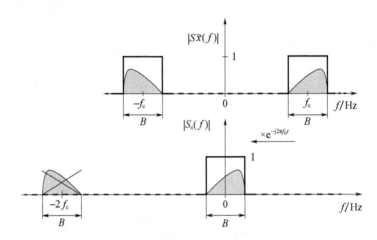

图 3.3　从带通到基带频率变换的图示(采用 $\exp\{-j2\pi f_c t\}$ 进行频率变换以后,频谱左边位于 $-2f_c$ 的部分被滤掉了)

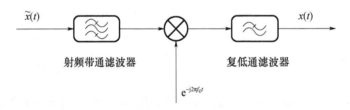

图 3.4　从带通到基带信号变换的基本实现过程

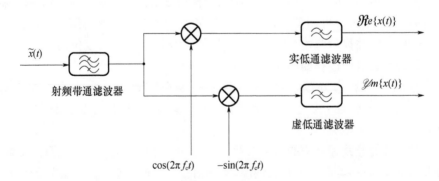

图 3.5　从带通到基带信号变换的实际实现

3.2.2　基带信号模型

基带导航信号 $x(t)$ 通常可以表示为

$$x(t) = As(t - \tau)\,e^{j2\pi f_D t + j\phi(t)} \tag{3.2}$$

式中: $A, \tau, f_D, \phi(t)$ 分别为信号幅度、信号时延、多普勒频移、残余载波相位。

参数 A 描述了信号从卫星传播到接收机时幅度的变化情况。信号衰减不仅是由于空间功耗(所谓的自由空间损耗),而且还受到其他各种因素的影响,例如由氧气引起的大气衰减和各种障碍引起的衰减。该参数还可以表征从发射机和接收机之间放大器的影响。

人们感兴趣的主要是信号时延,因为它隐含了从接收机到卫星的距离,是接收机位置计算的基础。然而,信号延迟不仅取决于距离本身,而且还受其他一些物理因素影响。额外的延迟的主要来源是包含自由电子的电离层,它会导致 GNSS 信号产生显著色散[16]。由于色散降低了信号的群速度,导致信号延迟被扩大。

参数 f_D 表示由多普勒效应引起的接收信号的预期频率和实际频率之间的频移(或误差)。这一效应在3.5节中有更详细的讨论。但是,应该强调的是, f_D 也可以用来表示由于接收机和发射机本地振荡器不准确造成的频率误差。自从在卫星上采用了非常精确的原子钟后,接收机不再出现频率误差情况。

相位差 $\phi(t)$ 是接收信号相位与本地振荡器信号之间的差值,它是 $2\pi f_D t$ 的超前相位。在静态接收机和动态发射机固定的情况下,相位差是一个常数值。但是,移动会使相位产生变化。按一定时间间隔变化的相位与距离的变化有关,因此,这种变化可以用于定位。与时间延迟类似,相位差会受电离层的影响。相反地,由于导航信号相位变化速度的增加,相位就会被提前(或加快)。有趣的是,它提前的时间量与延迟时间 τ 增加的量相同。

上述所有信号参数一般会随时间而变化,通常认为它们是时间函数。但在短时间内可认为是恒定不变的。这一假设在很多情况下非常有用。

信号 $s(t)$ 通常基于两个分量形成,一个是专门设计用于估计接收机的信号延迟 τ,通常称作伪码;另一个是携带的数据信息,其中包含了确定接收机位置所需的几个重要参数,称为导航信息。导航信息的数据传输速率明显低于码速率。在 GNSS 中,每一个分量的确切结构以及各分量如何组合各不相同。现代化的 GNSS 信号比以往更为复杂。历史上最早但仍公开可用的 GNSS 信号是全球定位系统(global positioning system, GPS)的 L1 C/A 码。它的使用方案相对简单,其中伪码和导航信息首先相乘,得到离散序列,然后再使用具有矩形调制脉冲的二进制相移键控(binary phase - shift keying, BPSK)调制技术进行调制,最后产生导航信号 $s(t)$。几乎所有 GNSS 的现代化导航信号仍然基于 BPSK 调制,但也采用了一些所谓改进的二进制偏置载波(binary offset carrier,BOC)的调制技术。因此,BPSK 和 BOC 调制可以被认为是 GNSS 两种主要的信号构建方法。

为了更容易理解,下面的讨论忽略导航消息,重点只放在伪码 $c(t)$ 上。由于导航信息的数据速率比伪码的速率慢,这种简化可以满足实际应用需求。这种处理意味着信号 $s(t)$ 主要取决于伪码 $c(t)$ 的特征属性。

码分量 $c(t)$ 周期为 T,基于伪随机离散序列 $c = c_0, c_1, \cdots, c_{M-1}$,$M$ 表示元素个数。序列中的每个元素称为码片(与已知的数字通信中二进制信息不同,码片不携带任何信息),它的持续时间为 $T_c = T/M$。伪随机性意味着信号看起来像是一个随机过程。但是,因为 GNSS 接收机完全依赖于伪码信息,所以该信号并不是完全随机的。如何产生伪码不是本章介绍范畴。但是,在最简单的情况下,它可以被看作是由数值 -1 和 1 构成的随机周期序列。

应该指出每个导航卫星都有唯一的伪码,因此接收机可根据它们来区分不同的卫星信号。对于 CDMA 来说确实是这样,但是,在 FDMA 的情况下,GLONASS 在所有卫星采用相同的伪随机序列。

为了清楚起见,现在用信号 $c(t)$ 从数学上表示 BPSK 以及 BOC 调制的情况。这两种调制都使用矩形形状 $h(t)$ 的调制脉冲,如图 3.6 所示。

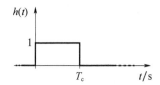

图 3.6　GNSS 中矩形调制脉冲

假设 BPSK 调制,信号 $c_{\mathrm{BPSK}}(t)$ 可以表示为

$$c_{\mathrm{BPSK}}(t) = \sum_{n=-\infty}^{\infty} c[n(\mathrm{mod}M)] h(t - nT_c) \tag{3.3}$$

而 BOC 调制信号表示为

$$c_{\mathrm{BOC}}(t) = \underbrace{\sum_{n=-\infty}^{\infty} c[n(\mathrm{mod}M)] h(t - nT_c)}_{c_{\mathrm{BPSK}}(t)} \mathrm{sign}\{\sin(2\pi f_{\mathrm{sc}}t)\} \tag{3.4}$$

式中:sign()为返回变量符号的函数;f_{sc} 为子载波频率。图 3.7 从时域描述了这两个信号的实例。在图 3.7 中,假设 $f_{\mathrm{sc}} = 1/T_c$。这是 BOC 调制的基本形式,在文献中记为 BOC(1,1)。在文献[13]中可以找到关于 BOC 调制更详细的内容。

正确理解调制方程式(3.3)和式(3.4)具有重要的意义。基于此,图 3.7 重点关注产生特定时刻 $t = t_0$ 的信号 $c_{\mathrm{BPSK}}(t)$。把时间代入式(3.3),然后由此可以确定调制脉冲 $h(t_0 - nT_c)$ 的值。对于固定时刻 $t = t_0$,求和指数 $n \in N$,将其值从 $-\infty$ 开始以 1

为间隔递增,一直持续到 ∞。只有当 n 的取值使调制脉冲的输入参数 $(t_0 - nT_c)$ 落入区间 $[0, T_c)$ 时,函数 $h(t_0 - nT_c)$ 才能返回非零值。在特殊情况下,$h(t_0 - nT_c)$ 仅当 $n = 3$ 时非零。然后,n 的值用于码向量 c 的寻址。由于该序列是有周期性的,所以模运算确保当 n 到达序列末尾时,$n + 1$ 将再次指向向量的第一个元素。图 3.8 中示例了伪码向量,其长度为 $M = 5$。利用 BOC 调制同样也能得到相似的信号。

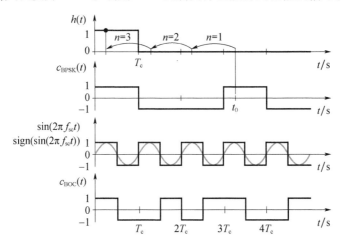

图 3.7　在时域产生 BPSK 和 BOC 调制信号的示例

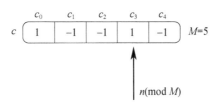

图 3.8　包含伪随机序列编码向量的示例

BOC 调制相对于 BPSK 的优点是什么呢？首先,定位精度与时间延迟 τ 估计精度紧密联系。时延估计的方差 σ_τ^2 理论上是有界的,例如,Cramér – Rao 下界(Cramér – Rao lower bound,CRLB)。它确定了方差的最低可能值,它可以通过任何无偏估计获得。如在文献[9]中所示,界限为

$$\sigma_\tau^2 \geq \frac{1}{\mathrm{SNR} \cdot F^2} \tag{3.5}$$

式中:SNR 为信噪比;F^2 为均方带宽,表示为

$$F^2 = \frac{\int_{-\infty}^{\infty} (2\pi f)^2 \mid \ell_c(f) \mid^2 \mathrm{d}f}{\int_{-\infty}^{\infty} \mid \ell_c(f) \mid^2 \mathrm{d}f} \tag{3.6}$$

图 3.9 中描述了 $c_{BPSK}(t)$ 和 $c_{BOC}(t)$ 的频谱。假设频率轴无限长,则两条曲线下包含的面积相同。因此,BOC 调制的均方带宽 F^2 明显高于 BPSK 调制的均方带宽 F^2,因此,对于相同的信噪比值,BOC 调制可以获得更高的时延估计精度,从而获得更好的定位精度。

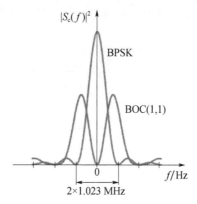

图 3.9 BPSK 和 BOC(1,1)频谱绝对值的平方

式(3.2)表示连续时域内的整个基带信号。然而,接收机通常采用模数转换器将信号转换为离散的数字信号。此外,在对这些导航信号进行计算机仿真实验时,采用的也是离散信号模型。如果以频率 f_s 对信号模型式(3.2)采样,则离散后的信号表示为

$$x[n] = x(nT_s) = As(nT_s - \tau)e^{j2\pi f_D nT_s} + j\phi(nT_s) \qquad (3.7)$$

式中:$T_s = 1/f_s$ 为采样周期。因为信号带宽为 B,所以采样频率 f_s 必须满足 $f_s \geqslant B$ 的条件。只有这样,离散信号才不会由于混叠效应而退化(见图 3.10)。

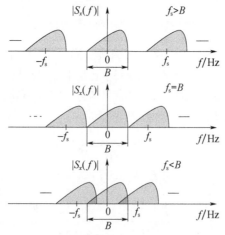

图 3.10 采样频率小于信号带宽时,频谱周期部分会因混叠效应而引起离散信号失真

3.3　信噪比和载噪比

GNSS 的最终目标是能使接收机确定自己的位置。由于噪声的普遍存在,计算出的位置始终只是对真实位置的一种估计。直观来看,估计的质量极易受到导航信号噪声强度的影响。信号强度可利用术语"功率"表述,这是一个至关重要的量。有用信号功率相对于噪声功率的大小对位置估计误差有显著影响。"信噪比"在式(3.5)中出现过,即 SNR,是以上两个功率的比值。

首先,应该解决噪声功率的这个概念性问题。在前一节中,噪声 $\tilde{n}(t)$ 的 PSD 被定义为常数,其值等于 $N_0/2$。由于噪声功率是通过对带宽上 PSD 的积分而获得,但是在这种情况下它是无限大的,所以总的噪声功率看起来似乎也是无限大的。但是在实际中,具有无限功率的信号(在这种情况下它表示噪声信号)是不存在的。解决这一悖论的关键是要认识到:具有恒定 PSD 的噪声模型只是现实世界的理想化。只有当噪声被理解为具有有限带宽的系统输入时,该模型在实践中才有意义。然后,传到该系统(此时传播到 GNSS 接收机)的噪声功率是有限的,它直接由 PSD 和系统带宽决定。换而言之,从 GNSS 接收机来看,噪声 PSD 只在输入带宽内取恒定值很重要,它在系统带宽之外如何并不重要。更详细的解释可以参见文献[21]。典型情况下,接收机包含射频输入滤波器,该滤波器是确定带宽的第一滤波器。现在需要弄清楚的是,SNR 概念隐含地假设了系统具有有限带宽,正因为此噪声功率才能为有限值。

图 3.11 描述了上述情况。该图展示了在 GNSS 接收机输入端滤波前后噪声的 PSD 以及有用信号的 PSD。有用信号的带宽在发射端已经受到了限制,但是噪声的带宽仅在接收机处受到限制。在图 3.11 中,有用信号的功率表示为 C,它可以计算为 PSD 下的面积。由于图 3.11 显示了双边 PSD 谱(这意味着也考虑了负频率),所以信号功率的一半集中在频率 $-f_c$ 附近,而后半部分集中在 f_c 附近。噪声功率的计算方法与有用信号功率的计算方法一样,因此 RF 滤波器(在正和负频率轴上加在一起)之后的总噪声功率 N 应表示为 $N = 2B(N_0/2) = BN_0$。因此,对于 SNR 可表示为

$$\text{SNR} = \frac{C}{N} = \frac{1}{B} \times \frac{C}{N_0} \tag{3.8}$$

式中:C/N_0 为载波与噪声功率谱密度的比值。显然,SNR 以及 C/N_0 可以等效地用来描述信号和噪声功率之间的关系。

正如上面所讨论的,负频率轴只是理论上的概念,并且只是为了数学上的方便。为了使图 3.11 更接近实际情况,可以简单地删除负轴,并将总信号和噪声功

率转移到正轴。在图3.12中,可以看出载波f_c周围的信号功率为C,噪声的PSD为N_0。这种表示是单侧的,因为它只考虑了正侧频率轴。很明显,此时信噪比仍然不变,因为信号和噪声功率保持不变。有人指出,图3.12比图3.11所更接近实际情况,这是因为对如图3.12所示的情况,无线电工程师可以直接在频谱分析仪上观察得到。噪声PSD的水平是N_0,它能直接在分析仪上看到。如果想利用双边表示的概念,则需要将噪声PSD调整为$N_0/2$,并且假设有用信号的功率也在两轴之间均匀分布,这也正是式(3.1)定义噪声PSD为$N_0/2$的原因。

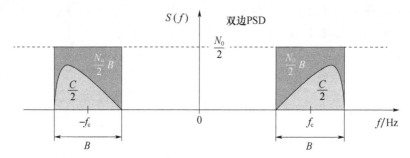

图3.11 导航信号和噪声过程双边PSD示意图

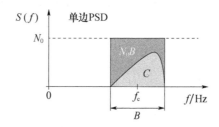

图3.12 导航信号和噪声过程单边PSD示意图

在无线通信领域中除了C/N_0之外,SNR也是一个常用的术语。因为它与带宽联系紧密。为了从通信信号中正确地解调出数据,接收机应该使用标准定义的带宽。因此,对于给定的数字通信信号,带宽可以被认为是常数。

然而,在GNSS中情况有所不同,C/N_0的度量是最优的,下面会对此进一步解释。由卫星发射的导航信号$s(t)$的带宽通常比较宽。例如,从第6章的图6.1中可以看出,GPS L1 C/A信号的带宽约为24 MHz。当然,接收机可以使用整个带宽来实现最佳定位性能,但是这样做没有必要,因为即使采用更小带宽,也有可能确定位置。对于GPS L1 C/A信号,其大部分(大约90%)功率集中在载波频率f_c附近,其带宽为$2 \times 1.023\mathrm{MHz}$(见图3.9)。它被认为是实际的标准,最小运行带宽应该总是覆盖主信号的波瓣。然而,GNSS接收机还可以利用更高的信号带宽来实现更高的定位精度,总之带宽B依赖于接收机参数。

需要注意两点。第一点是为什么较宽的带宽能获得较高的定位精度。单从延时精度来看,较宽的带宽意味着时域比较尖的信号边沿,这一点很重要。信号带宽对时延精度的影响也可以从式(3.6)的均方带宽给出,在该式中,假定总的信号带宽都能用,因此信号频谱可在无穷大的范围内进行积分。如果接收机带宽有限,相应地,频率间隔的积分也是有限的。这样就会产生较小的均方带宽值,根据式(3.5),理论上也会产生较高的时延估计方差。

第二点与输入带宽 B 有关,它确定了通过 RF 滤波器传播到 GNSS 接收机有用信号的功率。式(3.8)隐含着假设接收机天线上可用的总信号功率可以完全通过 RF 滤波器。然而,如上所述,这是不必要的,因为 GNSS 接收机的输入带宽可能小于发射导航信号的总带宽。因此,确切地说,应该区分 RF 滤波器之前和之后有用信号功率。如果 C 为滤波器前的功率,S 为滤波器之后的功率,则式(3.8)可扩展表示为

$$\mathrm{SNR} = \frac{S}{N} = \frac{\mu(B)C}{N} = \frac{\mu(B)}{B} \times \frac{C}{N_0} \tag{3.9}$$

式中:$\mu(B)$ 为确定有用信号功率通过 RF 滤波器的校正因子(见图 3.13),该因子取决于滤波器带宽以及实际信号频谱的形状。例如,如果 GPS L1 C/A 信号以带宽 $2 \times 1.023\mathrm{MHz}$ 被捕获,那么 $\mu(B) = 0.9$。式(3.9)展示了信噪比 SNR 与 C/N_0 之间的关系。这意味着,信噪比描述了滤波器输出信号和噪声之间的关系,而 C/N_0 描述的是输入滤波器之前的一种关系。在实际应用中,校正因子 $\mu(B)$ 通常接近于 1,因此可以被忽略。在此之后,这一假设也被应用于本文的其余部分,所以 $S = C$。

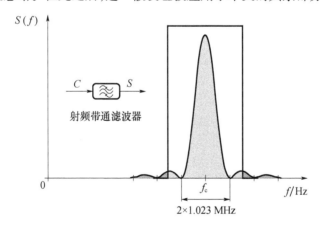

图 3.13　输入滤波器前后有用信号的功率和 PSD

之前讨论了为什么在 GNSS 应用中 C/N_0 是对 SNR 的最优度量。假如安排一名工程师来比较两部不同 GNSS 接收机的定位精度,其中每个 GNSS 接收机具有不同的带宽 B,且在其处理过程中均有一个 GNSS RF 发生器和噪声发生器。为进行公平和实用的比较,最简单的方法是向接收机提供具有功率 C 的有用信号,并且在

不小于接收机的输入带宽的频率范围内产生 PSD 为 N_0 的噪声。由于 C/N_0 是与带宽无关的量,它可以作为两部接收机比较的共同参考。另外,由于直接将信号和噪声的功率进行了比较,所以 SNR 更加直观,因为它直接表示了信号的噪声,而不需要考虑带宽。一般情况下,当视接收机为黑盒子时,那么 C/N_0 可能就是最优的度量指标;当考虑内部接收机信号处理算法时,SNR 可能更有用。

3.4 仿真中的噪声

对无线电信号的计算机仿真几乎总是在基带上进行,而不是直接在通带中进行。其原因在于,由于信号占用的频带较低,所以基带仿真不会产生较高的计算负担。此外,当使用复信号表示时,对信号的数学运算被简化并且更加直观。因此,在基带中分析无线电信号是一种非常方便的方法。

在处理 GNSS 信号时,一项典型的工作是根据式(3.2)仿真基带导航信号 $x(t)$,然后添加一定强度的基带噪声 $n(t)$,得到有噪信号 $y(t) = x(t) + n(t)$,达到给定的 C/N_0 值。然而,C/N_0 是一种只在通带内描述信号和噪声功率之间关系的量。因此,必须确保基带信号 $x(t)$ 和噪声 $n(t)$ 的功率,使得在给定值 C/N_0 的情况下,信号 $y(t)$ 能适当地模拟相应的带通信号。这项工作经常要考虑 3dB 误差的影响,即所生成的基带噪声信号 $y(t)$ 应当具有比它应有的低或高 3dB 的 C/N_0,以便能精确地对相应的带通信号进行建模。文献[24]致力于讨论解释一般通信环境的这种误差。本节最终目的是提供如何正确生成基带信号 $y(t)$ 的方法,以便能准确获得 C/N_0。

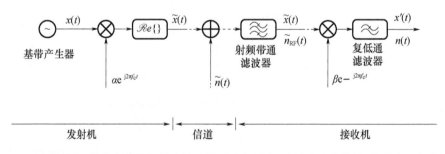

图 3.14 由发射机、信道和接收机构成的通用无线电链路(虚线表示实信号,实线表示复信号)

引起 3dB 误差的原因之一是有用信号在基带中产生,但是应该添加到信号中的基带噪声却是 C/N_0 参数指定的。因此,在本节中有用信号产生的过程是从其基带起始处到添加噪声。然后在接收端中对信号和噪声进行处理。尽管在现实中,信号和噪声已经在通带中进行了相加,由于整个系统被认为是线性的,因此叠加原理成立,所以可以单独将它们转化到基带分析。

引起 3dB 误差的另一个原因是由引入到信号路径中的不同缩放常数(通常是因子 2 或 $\sqrt{2}$)。因此,在随后的分析中,所有可能的缩放常数都用符号表示,以使其影响可见。

在继续讨论之前,将在时域计算中的一般复信号 $u(t)$ 的功率(如文献[1]所述)定义为

$$P\{u(t)\} = \lim_{T\to\infty}\frac{1}{2T}\int_{-T}^{T}|u(t)|^2\mathrm{d}t = \lim_{T\to\infty}\frac{1}{2T}\int_{-T}^{T}u(t)u^*(t)\mathrm{d}t \quad (3.10)$$

假定极限存在,该定义适用于确定性函数,也适用于随机过程。然而,对于一般的随机过程, $P\{u(t)\}$ 也是随机的。幸运的是,带限高斯白噪声过程具有常数 PSD,这里所考虑的是各态历经信号,根据式(3.10)它有很好的特性,即其功率是非随机量。有关遍历过程的更多细节,请参见文献[4]或[15]。对于接下来的讨论,需要注意的是,如果信号 $u(t)$ 被乘以实常数 γ ,则所得信号的功率是 $P\{\gamma u(t)\} = \gamma^2 P\{u(t)\}$ 。此外,将信号 $u(t)$ 乘以复指数 $\exp\{\pm jU\}$ 不会影响功率。

3.4.1　从基带到通带及回路

图 3.14 描绘了由发射机、信道和接收机构成的通用无线电链路系统框图。信号 $x(t)$ 在基带中生成,然后将其转换为通带信号,并在转换过程中加入噪声。最后,将信号与噪声一起转换回基带。现在的目的是研究如何在实际频带中把噪声添加到信号中去,并且在基带信号中如何直接添加。根据图 3.15,我们发现仅在基带就可对信号执行所有操作,这将大大简化图 3.14 所示的情况,这是基带无线信道模拟的优点。

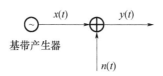

图 3.15　仅模拟基带信号的一般无线电简化链路

首先,发射机部分如图 3.16 所示。基带产生器产生信号 $x(t)$ 。其频谱的绝对值 $|S_x(f)|$ 仅在图中示意性给出。然后将该信号乘以 $\alpha\exp\{j2\pi f_c t\}, \alpha>0$,这将使频谱产生频率搬移,其中基带信号从位于零频附近搬移到载波频率 f_c 上。由于其频谱在零频率附近是非对称的,所以该信号仍然是复信号。这种信号在文献中被称为分析信号。运算 $\mathscr{R}e\{\}$ 确保输出是实信号,因为只有实信号可以直接从天线发送出去。注意 $\mathscr{R}e\{\}$ 运算对频谱的影响。该运算在频率 $-f_c$ 上产生对称的频谱图像。然而,它也降

低了从$(a\alpha)$到$(a\alpha/2)$的频谱值,其中 α 表示绝对频谱$|S_x(f)|$的幅度(见图3.16)。这是因为应用于信号 $u(t)$ 的运算$\mathscr{R}e\{\}$等于$\mathscr{R}e\{u(t)\} = \frac{1}{2}\{u(t) + u^*(t)\}$。

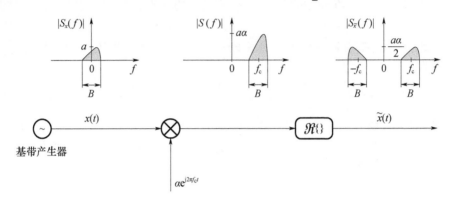

图 3.16　发射机部分示意图

图3.16 仅给出了带通信号 $\tilde{x}(t)$ 的产生原理。在实践中可根据图3.17实现传统的无线电发射机,这在图3.16 中可由欧拉公式 $\exp\{jx\} = \cos x + j\sin x$ 导出。当然,两种实现都提供完全相同的带通信号。

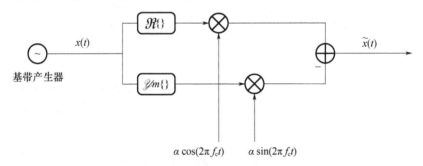

图 3.17　发射部分实际运行图

假设基带信号 $x(t)$ 的功率是 $P\{x(t)\}$。信号 $\tilde{x}(t)$ 的功率表示为$P\{\tilde{x}(t)\}$,从图3.16 可以清楚地看出,$\tilde{x}(t) = \mathscr{R}e\{\alpha x(t)\exp\{j2\pi f_c t\}\}$,将其代入式(3.10)可得

$$
\begin{aligned}
P\{\tilde{x}(t)\} &= P\{\mathscr{R}e\{\alpha x(t)e^{j2\pi f_c t}\}\}\\
&= P\left\{\frac{1}{2}\alpha x(t)e^{j2\pi f_c t} + \frac{1}{2}\alpha x^*(t)e^{-j2\pi f_c t}\right\}\\
&= \frac{\alpha^2}{4}P\{x(t)\} + \frac{\alpha^2}{4}P\{x(t)\} + \underbrace{\lim_{T\to\infty}\frac{1}{2T}\int_{-T}^{T}\frac{\alpha^2}{2}\mathscr{R}e\{x^2(t)e^{j4\pi f_c t}\}dt}_{\to 0}
\end{aligned}
$$

$$(3.11)$$

可以看出最后一项消失了,简单来说,这是因为指数函数导致被积函数产生了振荡,而导致积分的增长速度不比趋于 ∞ 时的 T 快。或者更直观地说,因为信号 $\tilde{x}(t)$ 由两个分离的谱段组成,所以总功率应该是与单个谱段相关联功率之和。所以

$$P\{\tilde{x}(t)\} = \underbrace{\frac{\alpha^2}{4}P\{x(t)\}}_{\text{沿} -f_c\text{的功率}} + \underbrace{\frac{\alpha^2}{4}P\{x(t)\}}_{\text{沿} f_c\text{的功率}} = \frac{\alpha^2}{2}P\{x(t)\} = C \qquad (3.12)$$

式中:C 为有用带通信号的总功率,这与之前的情况一致。

现在看接收机的输入端,如图 3.18 所示,假定带通信号 $\tilde{x}(t)$ 不受影响地通过 RF 滤波器。对于噪声 $\tilde{n}(t)$ 而言却不是这种情况,理论上,其无限带宽会受到滤波器的限制。RF 滤波器之后的噪声表示为 $\tilde{n}_{\text{RF}}(t)$,其功率为 $P\{\tilde{n}_{\text{RF}}(t)\} = 2\left(\frac{N_0}{2}B\right)$。因此,在 RF 滤波器之后的信噪比表示如下:

$$\text{SNR} = \frac{P\{\tilde{x}(t)\}}{P\{\tilde{n}_{\text{RF}}(t)\}} = \frac{\dfrac{\alpha^2}{2}P\{x(t)\}}{2\left(\dfrac{N_0}{2}B\right)} = \frac{1}{B} \times \frac{C}{N_0} \qquad (3.13)$$

这仅在式(3.8)成立,但现在该式还包含了基带信号 $x(t)$ 的功率。

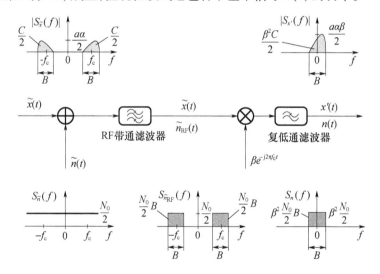

图 3.18　接收部分和噪声源的示意图

现在假定有用信号 $\tilde{x}(t)$ 和噪声 $\tilde{n}_{\text{RF}}(t)$ 均变换为基带信号。尽管在该点上接收信号不可分割地在一起,但变换时需要分别进行,这可以由叠加原理完成。该变换已经讨论过(见图 3.3),所以这里只做简要介绍。首先,考虑 $\tilde{x}(t)$ 信号,该信号乘以 $\beta\exp\{-j2\pi f_c t\}$,且 $\beta>0$,然后通过一个低通滤波器滤波,这样就产生一个基带信号 $x'(t)$,它和原始的信号 $x(t)$ 一样。它们仅有一个比例常数不同的区别,所以

功率不同。信号 $x'(t)$ 的功率为

$$P\{x'(t)\} = P\{\vartheta\{\beta\tilde{x}(t)\,\mathrm{e}^{-\mathrm{j}2\pi f_c t}\}\} = \frac{1}{2}P\{\beta\tilde{x}(t)\,\mathrm{e}^{-\mathrm{j}2\pi f_c t}\}$$

$$= \frac{\beta^2}{2}P\{\tilde{x}(t)\} = \frac{\beta^2}{2}C = \frac{\alpha^2\beta^2}{4}P\{x(t)\} \tag{3.14}$$

式中：$\vartheta\{\}$ 为图 3.18 中的低通滤波。这种滤波滤掉了一半的能量。注意，常数 α 和 β 通常在理论分析中被设置以使这些基带信号功率保持相同的值，在文献[21]中典型取值为 $\alpha = \beta = \sqrt{2}$，在文献[1]中典型取值为 $\alpha = 1$ 和 $\beta = 2$。

同样的变换也适用于产生基带噪声，其功率为

$$P\{n(t)\} = P\{\vartheta\{\beta\tilde{n}_{\mathrm{RF}}(t)\,\mathrm{e}^{-\mathrm{j}2\pi f_c t}\}\} = \frac{1}{2}P\{\beta\tilde{n}_{\mathrm{RF}}(t)\,\mathrm{e}^{-\mathrm{j}2\pi f_c t}\}$$

$$= \frac{\beta^2}{2}P\{\tilde{n}_{\mathrm{RF}}(t)\} = \beta^2\left(\frac{N_0}{2}B\right) \tag{3.15}$$

经过 RF 滤波器后，信号和噪声都以相同的过程转换到基带，所以 RF 滤波器之后基带信噪比保持相同。显然，此时接收机基带中的信噪比为

$$\mathrm{SNR} = \frac{P\{x'(t)\}}{P\{n(t)\}} = \frac{\frac{\alpha^2\beta^2}{4}P\{x(t)\}}{\beta^2\left(\frac{N_0}{2}B\right)} = \frac{\frac{\beta^2}{2}C}{\beta^2\left(\frac{N_0}{2}B\right)} = \frac{1}{B}\times\frac{C}{N_0} \tag{3.16}$$

式(3.13)和式(3.16)提供了相同信噪比。因此，即使各个信号分量的功率发生变化，基带和通带 SNR 值仍相同。从式(3.16)可以直接看到

$$\mathrm{SNR} = \frac{\alpha^2 P\{x(t)\}}{2N_0 B} = \frac{1}{B}\times\frac{C}{N_0} \tag{3.17}$$

式(3.17)可以解释为：为了保持带通情况下给定的 C/N_0，可以产生功率为 $C' = \alpha^2 P\{x(t)\}$ 的基带信号 $x(t)$，以及功率 $N' = 2N_0 B$ 的噪声 $n(t)$。值得注意的是，基于这种理解，如式(3.17)所示，基带噪声的 PSD 为 $2N_0$，然而，在 RF 滤波之后噪声的 PSD 为 $N_0/2$。该公式表明噪声发生器应提供的功率为

$$N' = 2N_0 B = \frac{\alpha^2 P\{x(t)\}B}{C/N_0} \tag{3.18}$$

现在，为满足给定的 C/N_0 值，需恰当地设定信号 $x(t)$ 和 $n(t)$ 的功率。在带宽 B 内，噪声的 PSD 恒定，但目前还缺少对噪声相关特性的讨论。此外，噪声 $n(t)$ 是一个复数信号，如何产生实分量和虚分量以及它们之间有什么关系（如果有）是下面要讨论的内容。

3.4.2 噪声相关

具有恒定 PSD 的高斯噪声是各态历经的，因此也是平稳过程。对于平稳过程

$u(t)$，认为其自相关函数 $\mathscr{R}_{uu}(t_1,t_2)=\mathrm{E}[u(t_1)u^*(t_2)]$ 只是一个关于时间间隔 $\tau=t_1-t_2$ 的函数，所以 $\mathscr{R}_{uu}(t_1,t_2)=\mathscr{R}_{uu}(\tau)=\mathrm{E}[u(t)u^*(t-\tau)]$。此外，对于平稳和各态历经过程，自相关函数等于其 PSD $Y(f)$ 的傅里叶逆变换，因此 $\mathscr{R}_{uu}(\tau)=\int_{-\infty}^{\infty}Y(f)\exp\{\mathrm{j}2\pi f\tau\}\mathrm{d}f$。

为清楚起见，这里考虑所有噪声信号的自相关函数，也就是 $\tilde{n}(t)$、$\tilde{n}_{\mathrm{RF}}(t)$ 和 $n(t)$。在射频滤波之前的噪声具有自相关函数：

$$\mathscr{R}_{\tilde{n}\tilde{n}}(\tau)=\frac{N_0}{2}=\int_{-\infty}^{\infty}\mathrm{e}^{\mathrm{j}2\pi f\tau}\mathrm{d}f=\frac{N_0}{2}\delta(\tau) \tag{3.19}$$

式中：$\delta(\tau)$ 为狄拉克函数，该式表明对于 $\tau\neq 0$ 情况，$\tilde{n}(t)$ 和 $\tilde{n}(t+\tau)$ 完全不相关。由于假定噪声是高斯分布，所以它们也是独立的。现在，如果噪声通过 RF 滤波器，则得到的信号 $\tilde{n}_{\mathrm{RF}}(t)$ 变成相关的，即

$$\mathscr{R}_{\tilde{n}_{\mathrm{RF}}\tilde{n}_{\mathrm{RF}}}(\tau)=\frac{N_0}{2}\int_{-f_c-\frac{B}{2}}^{-f_c+\frac{B}{2}}\mathrm{e}^{\mathrm{j}2\pi f\tau}\mathrm{d}f+\frac{N_0}{2}\int_{f_c-\frac{B}{2}}^{f_c+\frac{B}{2}}\mathrm{e}^{\mathrm{j}2\pi f\tau}\mathrm{d}f \tag{3.20}$$

$$=N_0B\mathrm{sinc}(B\tau)\cos(2\pi f_c\tau)$$

其中

$$\int_{-\frac{B}{2}}^{\frac{B}{2}}\mathrm{e}^{\mathrm{j}2\pi f\tau}\mathrm{d}f=\frac{\mathrm{e}^{\mathrm{j}\pi B\tau}-\mathrm{e}^{-\mathrm{j}\pi B\tau}}{\mathrm{j}2\pi\tau}=B\mathrm{sinc}(B\tau) \tag{3.21}$$

因为频谱是带限的，所以基带噪声 $n(t)$ 也是相关的。因为该噪声信号的 PSD 为 $2N_0$，所以其相关函数为

$$\mathscr{R}_{nn}(\tau)=2N_0\int_{-\frac{B}{2}}^{\frac{B}{2}}\mathrm{e}^{\mathrm{j}2\pi f\tau}\mathrm{d}f=2N_0B\mathrm{sinc}(B\tau) \tag{3.22}$$

图 3.19 描绘了所有的自相关函数。式(3.22)是一个重要的方程，因为它描述了仿真中要产生复噪声信号 $n(t)$ 的自相关性。为清楚起见，将噪声进一步表示为 $n(t)=n_{\mathrm{R}}(t)+\mathrm{j}n_{\mathrm{I}}(t)$，并研究自相关函数 $\mathscr{R}_{n_{\mathrm{R}}n_{\mathrm{R}}}(\tau)$ 和 $\mathscr{R}_{n_{\mathrm{I}}n_{\mathrm{I}}}(\tau)$ 以及互相关函数 $\mathscr{R}_{n_{\mathrm{I}}n_{\mathrm{R}}}(\tau)$ 和 $\mathscr{R}_{n_{\mathrm{R}}n_{\mathrm{I}}}(\tau)$，它们可直接表示为

$$\mathrm{E}[n(t)n^*(t-\tau)]=\mathrm{E}[\{n_{\mathrm{R}}(t)+\mathrm{j}n_{\mathrm{I}}(t)\}\{n_{\mathrm{R}}(t-\tau)+\mathrm{j}n_{\mathrm{I}}(t-\tau)\}]$$

$$=\mathscr{R}_{n_{\mathrm{R}}n_{\mathrm{R}}}(\tau)+\mathscr{R}_{n_{\mathrm{I}}n_{\mathrm{I}}}(\tau)+\mathrm{j}\{\mathscr{R}_{n_{\mathrm{I}}n_{\mathrm{R}}}(\tau)-\mathscr{R}_{n_{\mathrm{R}}n_{\mathrm{I}}}(\tau)\}$$

$$=\mathscr{R}_{nn}(\tau) \tag{3.23}$$

接下来，如文献[21]所述，对于 $f_c>B$，满足 $\mathrm{E}[n(t)n(t-\tau)]=0$。因此，

$$\mathrm{E}[n(t)n(t-\tau)]=\mathrm{E}[\{n_{\mathrm{R}}(t)+\mathrm{j}n_{\mathrm{I}}(t)\}\{n_{\mathrm{R}}(t-\tau)+\mathrm{j}n_{\mathrm{I}}(t-\tau)\}]$$

$$=\mathscr{R}_{n_{\mathrm{R}}n_{\mathrm{R}}}(\tau)-\mathscr{R}_{n_{\mathrm{I}}n_{\mathrm{I}}}(\tau)+\mathrm{j}\{\mathscr{R}_{n_{\mathrm{I}}n_{\mathrm{R}}}(\tau)+\mathscr{R}_{n_{\mathrm{R}}n_{\mathrm{I}}}(\tau)\}$$

$$=0 \tag{3.24}$$

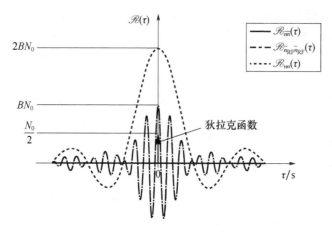

图 3.19　噪声信号的自相关函数

式(3.23)和式(3.24)构成一个方程组。可以看出复噪声式(3.22)的自相关函数是实值,该方程组的解为

$$\mathscr{R}_{n_R n_R}(\tau) = \mathscr{R}_{n_I n_I}(\tau) = \frac{1}{2}\mathscr{R}_{nn}(\tau) = N_0 B \mathrm{sinc}(B\tau) \tag{3.25}$$

且

$$\mathscr{R}_{n_R n_I}(\tau) = \mathscr{R}_{n_I n_R}(\tau) = 0 \tag{3.26}$$

式(3.25)和式(3.26)为在仿真中应该如何产生噪声 $n(t)$ 提供了依据。首先,从式(3.26)可以看出,噪声分量 $n_R(t)$ 和 $n_I(t)$ 根本互不相关。同样,由于假定它们是高斯过程,所以它们也是独立的。因为实部和虚部可以完全独立地生成,这也就简化了噪声生成。值得注意的是,尽管原信号频谱是围绕载波频率对称的,但这两个分量是不相关的频谱。换言之,如果式(3.22)中的积分区间不对称,那么 $\mathscr{R}_{nn}(\tau)$ 将不再是实值,这导致实部和虚部噪声分量之间为非零互相关。

此外,式(3.25)表示实部和虚部噪声分量完全一样的相关算法。由于每个噪声分量的功率可以通过对 $\tau=0$ 的自相关函数求值确定,所以该式还表明 $P\{n_R(t)\} = \mathscr{R}_{n_R n_R}(0) = N_0 B$ 和 $P\{n_I(t)\} = \mathscr{R}_{n_I n_I}(0) = N_0 B$。可以看出,复噪声的功率在实部和虚部之间是均匀分布的。

接下来是处理 $n_R(t)$ 和 $n_I(t)$ 这两个分量相关的问题。在仿真过程中真的需要产生相关的噪声分量吗?答案是否定的,为什么?注意,式(3.25)表示连续噪声 $n(t)$ 的实部和虚部的相关函数。为了得到相应的离散噪声采样的相关函数,在离散信号中,T 表示为 $\tau = kT_s = k/f_s$,其中 $k \in \mathbb{N}$。换言之,τ 是离散的,步长为 T_s。因此,由连续相关函数得到离散相关函数,该连续相关函数中延迟 $\tau = kT_s$ 计算如下:

$$\mathscr{R}_{n_R n_R}[k] = \mathscr{R}_{nRnR}(\tau)\big|_{\tau = kT_s} = N_0 B \mathrm{sinc}(B k T_s) \tag{3.27}$$

该公式对 $\mathscr{R}_{n_I n_I}[k]$ 同样适用。在仿真中如何正确选择采样频率也是一个重要的问题。由于目标是捕获带宽 B 中有限的连续信号,所以最小采样频率为 $f_s = B$。人们可以选择比带宽更高的采样频率,但是选择 $f_s = B$ 是有利的,事实上,对于 $f_s = B$

$$\mathfrak{R}_{n_R n_R}[k] = N_0 B \operatorname{sinc}(f_s k T_s) = N_0 B \delta[k] \tag{3.28}$$

式中:$\delta[k]$ 为 Kronecker 增量,图 3.20 给出了自相关函数,该图表明对于 $f_s = B$,当 $k \neq 0$ 时噪声采样不相关。另外,由于它们服从高斯分布,所以也是独立的。因此,可以得出结论:为了产生连续噪声 $n(t)$ 的离散噪声复值采样,只需要产生两个独立的高斯随机离散过程,每一个都具有功率 $N'/2 = N_0 B$。值得再次强调的是,这样处理的原因可能是频谱带宽沿载波频率 f_c 对称,也可能因为采样频率仅仅等于带宽 B。

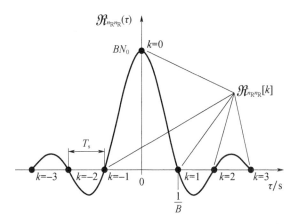

图 3.20　噪声以及噪声采样的自相关函数(采样频率 $f_s = B$,虚拟噪声分量的自相关函数相同)

此外,值得注意的是所产生的噪声分量具有零均值。常数 PSD 直接决定了其平均值为零,因为非零平均值会导致零频率处离散谱峰(δ 函数),而这违反了常数 PSD 的特性。

3.4.3　仿真设置

本节将介绍一种基带模拟装置,该基带模拟装置能够恰当地产生具有所需 C/N_0 的导航信号。

假设在实际仿真中随机发生器能提供零均值独立正态分布的真实样本,这些样本的方差为 1。由于是在离散域中仿真,所以要计算离散序列 $u[n]$ 的功率,它是以周期 T_s 对连续信号 $u(t)$ 进行采样获得。改变积分区间,然后通过求和来代替积分,式(3.10)中的功率做如下近似:

$$P\{u(t)\} \approx \frac{1}{T}\int_0^T |u(t)|^2 \mathrm{d}t = \frac{1}{T}\int_0^T u(t)u^*(t)\mathrm{d}t$$

$$\approx \frac{1}{MT_s}\sum_{n=0}^{M-1}|u[n]|^2 T_s = \frac{1}{M}\sum_{n=0}^{M-1}|u[n]|^2 = \frac{1}{M}\sum_{n=0}^{M-1}u[n]u^*[n]$$

$$= P\{u[n]\}$$

$$(3.29)$$

图 3.21 中总结了在整个计算机仿真中如何设置以产生合适 C/N_0 信号 $y[n]=x[n]+n[n]$ 的过程。采样频率为 $f_s=B$。基带发生器根据式(3.2)生成有用导航信号 $x(t)$ 的 M 个采样点,样本构成向量 $\boldsymbol{x}$。噪声发生器根据高斯分布产生方差为 1 的 M 个样本。这些样本存储于向量 $\boldsymbol{r}_R$。类似地,也可以形成向量 $\boldsymbol{r}_I$。根据两个实的噪声向量,创建复矢量 $\boldsymbol{r}$。然后,基于式(3.29)测量有用信号 $\boldsymbol{x}$ 的功率。基于该功率估计,适当调整噪声向量 $\boldsymbol{r}$ 以提供噪声向量 $\boldsymbol{n}$,它具有式(3.18)所要求的功率 N'。最后,将有用信号和噪声矢量相加,得到矢量 $\boldsymbol{y}$。应该注意 C/N_0 是一个线性尺度。不失一般性,假设 $\alpha=1$。需要提醒的是 α 是发射机中用于放大所产生信号的比例因子(见图 3.14)。

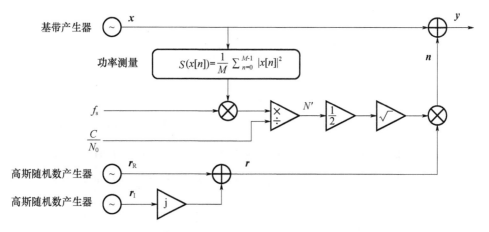

图 3.21　用于设置噪声功率的仿真流程(以便获取准确的 C/N_0,假设 $f_s=B$ 和 $\alpha=1$)

3.5　多普勒效应

本节主要对多普勒效应进行的直观解释,并对 GNSS 接收机的多普勒频移值进行评估,最后讨论这种效应对无线电导航信号的总体影响。本章的结果将扩展信号模型式(3.2),以完全彻底地理解多普勒效应的影响。

3.5.1　多普勒效应基理

众所周知,由于发射机和接收机之间的非零径向速度,多普勒效应会引起接收信号频率的变化。本节的解释是基于简单平面波在无界、均匀和非导电介质中的传播效果。这里所考虑的波动公式仅是波动方程最简单的解。波动方程本身是由麦克斯韦方程导出的微分方程。它提出了一些由电场和磁场矢量分量需要满足的限制条件。波动方程的一个简单形式是一维方程。它的解产生平面波——垂直于传播方向的无限大平面上具有恒定电磁场值的波。尽管这一平面波总体上是简单化的,但对它的分析仍能获得有价值的结果。这是因为在许多实际情况中,实际的电磁波可以由平面波来近似。平面波的最简单形式是由下式给出的谐波:

$$\psi(t,z) = \psi_0 \cos\left\{2\pi f_{T_x} t - \frac{2\pi f}{c} z\right\} = \psi_0 \cos\left\{\phi(t,z)\right\} \tag{3.30}$$

式中:t,z,ψ_0,f_{T_x} 和 c 分别为时间、z 轴上的位置、波幅、发射谐波信号的频率(下标 T_x 表示发射机)和电波传播速度。余弦函数的整个变量为瞬时相位,表示为 $\phi(t,z)$。假设电波在真空中沿 z 轴正方向传播(因此 c 实际上表示光速)。值得注意的是式(3.30)可以作为标准形式,该方程形式适用于电磁场的所有矢量分量。为获得与上述解释更多的相关理论信息,读者可以参阅文献[5,6,22]。

式(3.30)简单地描述了在给定时间 t 和位置 z 时的电磁场分量,该式的前提是电磁波已经从其源位置传播到该位置。图 3.22 描述了一种典型场景,其中发射机和接收机都处于静态,分别位于 $z = 0$ 和 $z = z_0$ 的位置。然后,图 3.23 给出了式(3.30)场景下的波形,左图描绘了特定时刻 $t = t_0$ 的情况,而右图显示了接收机从 t_0 开始一段时间内观察到的波形。该图说明了两个重要的波参数,即信号周期 $T = 1/f_{T_x}$ 和波长 $\lambda = c/f_{T_x}$。

图 3.22　静态场景示例(发射机位于 $z = 0$,接收机位于 $z = z_0$)

针对发射机或接收机两个物体中哪个静止、哪个移动等不同情况,多普勒效应的解释略有不同。下面的推导首先针对静态发射机和移动接收机。相反的情况随后研究。

1. 静止发射机和移动接收机

假设接收机以恒定速度 v_{R_x}(下标 R_x 代表接收机)从位置 $z = z_0$ 向发射机移动,如图 3.24 所示。运动可以很容易地在式(3.30)中进行建模,即将 z 坐标由

$(z_0 - v_{R_x}t)$代替即可。相应地,由移动接收机所观察到信号的瞬时相位表示为

$$\phi'(t) = \phi(t, z_0 - v_{R_x}t) = 2\pi f_{T_x}t - \frac{2\pi f_{R_x}}{c}(z_0 - v_{R_x}t) \tag{3.31}$$

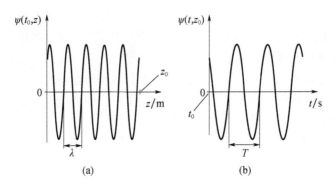

图 3.23　根据式(3.30)的平面波例子以及相对于图 3.22 的场景
(a)表示平面波沿 z 轴传播;(b)显示在接收机位置观察到的波形。
这里的波形开始于 $t = t_0$ 时刻,它是关于时间的函数

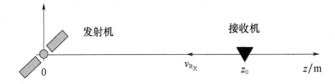

图 3.24　一个静止发射机和移动接收机的场景示例(接收机以固定速度 v_{R_x} 移向发射机)

一般来说,普遍认为相位相对于时间的一阶导数等于角频率 $\omega = 2\pi f$。因此,由移动接收机所观察到的信号频率 f'_{R_x} 可以表示为

$$f'_{R_x} = \frac{1}{2\pi}\frac{\mathrm{d}\phi'(t)}{\mathrm{d}t} = f_{T_x}\left(\frac{c + v_{R_x}}{c}\right) \tag{3.32}$$

从方程中可以看出,如果接收机的速度在朝向发射机的方向上增加,则接收频率也增加。相反,如果接收机朝相反的方向移动,则速度的符号为负,因此较高的恒定速度也会导致接收信号的频率较低。

另一个解释基于图 3.25,由 Young 等提出,它描述了两个运动的平面波。波前定义了电磁波在等相位面上振荡的一组点。波阵面之间的距离等于 λ,并且它们以速度 c 传播。假设用户在 $t = 0$ 时刻遇到第一波阵面,在 $t = T'$ 时刻遇到第二波阵面。在此期间,接收机以 v_{R_x} 移动。由于第二波前应该在 $t = T'$ 时刻到达接收机,所以它必须行进剩余的距离 cT'。从图中可以看出,$\lambda = cT' + v_{R_x}T'$,这意味着

$$T' = \frac{\lambda}{v_{R_x} + c} \Rightarrow f'_{R_x} = \frac{1}{T'} = f_{T_x}\left(\frac{v_{R_x} + c}{c}\right) \tag{3.33}$$

这与式(3.32)的结果一致。

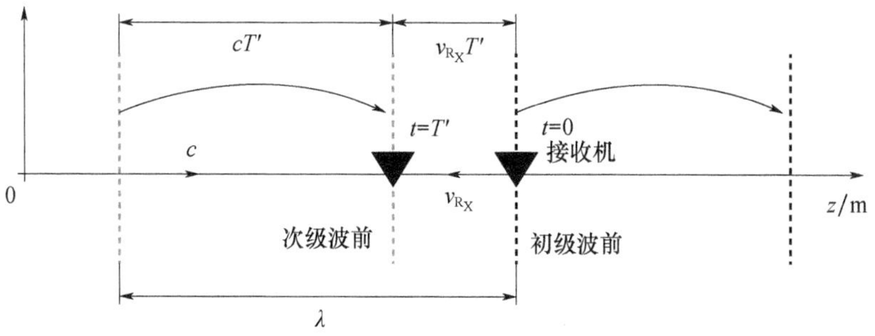

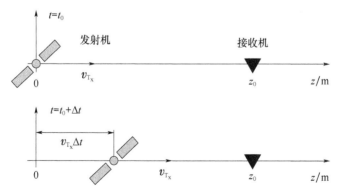

图 3.25　移动接收机多普勒效应示例解释

直观来看,沿着朝向发射机方向移动的接收机比以前能更快地与电磁波相互作用,因此它比静态情况下能更频繁地观察到特定信号相位值。接收频率的增加是因为更快的相位变化导致了更高的频率。

2. 移动发射机和静止接收机

由于当发射机以恒定速度 v_{T_x} 接近接收机时,认为接收机应该处于静止状态,所以此时情况发生了变化。与之的情况类似,在这种情况下推导多普勒效应的关键是找出接收机的相位变化。

首先,假设发射机位于位置 $z=0$,接收机位于 $z=z_0$,如图 3.26 所示。发射机在 $t=t_0$ 时刻开始移动,同时,它也开始产生具有初始相位 $\phi_1 = \phi(t_0, 0) = 2\pi f_{T_x} t_0$ 的无线电波。现在需要回答的问题是:电磁波的该特定相位在什么时间到达位于位置 z_0 的接收机。由于电磁波以光速传播,它在时刻 $t_1 = t_0 + z_0/c$ 到达接收机。这一结论可以通过相位 $\phi(t,z)$ 的评估很容易验证,在时刻 $t=t_1$ 和位置 $z=z_0$ 的确为 $\phi(t_1, z_0) = 2\pi f_{T_x}, t_0 = \phi_1$。因此,到目前为止可得到结论:在 t_1 时刻,接收机的信号相位为 ϕ_1。

图 3.26　静止接收机和移动发射机的场景示例,发射机以速度 v_{T_x} 移向接收机

此后表述中时间段表示为 Δt，发射机在距离 $v_{T_x}\Delta t$ 上移动。由于发射机产生的波相位仅由其本地振荡器决定，所以电流的相位不受发射机位置影响。因此，在 $t = t_0 + \Delta t$ 时刻，生成波的瞬时相位为 $\phi_2 = \phi(t_0 + \Delta t, 0) = 2\pi f(t_0 + \Delta t)$。波的这个相位什么时候到达位置 $z = z_0$ 的接收机？很明显，波需要行进 $(z_0 - v_{T_x}\Delta t)$。因此，它在时刻 $t_2 = t_0 + \Delta t + (z_0 - v_{T_x}\Delta t)/c$ 到达接收机，可以看出，在 t_2 时刻，接收机观察到相位为 ϕ_2 的信号。

因此，接收经历时间内的相位变化为

$$\frac{\phi_2 - \phi_1}{t_2 - t_1} = \frac{2\pi f_{T_x}(t_0 + \Delta t)\left(\dfrac{c}{c - v_{T_x}}\right) - 2\pi f_{T_x}t_0\left(\dfrac{c}{c - v_{T_x}}\right)}{\Delta t} \tag{3.34}$$

这样，辅助相位函数可定义为 $\phi''(t) = 2\pi f_{T_x}t\left(\dfrac{c}{c - v_{R_x}}\right)$，将其代入 (3.34) 可得

$$\frac{\phi_2 - \phi_1}{t_2 - t_1} = \frac{\phi''(t_0 + \Delta t) - \phi''(t_0)}{\Delta t} \tag{3.35}$$

当 $\Delta t \to 0$ 时，式 (3.35) 的右侧只不过是在点 $t = t_0$ 处 $\phi''(t)$ 的一阶导数。由于相位除以 2π 的一阶导数表示频率，因此由静态接收机观测到的信号频率为

$$f''_{R_x} = \frac{1}{2\pi}\frac{\mathrm{d}\phi''(t)}{\mathrm{d}t}\bigg|_{t = t_0} = \frac{1}{2\pi}\lim_{\Delta t}\frac{\phi''(t_0 + \Delta t) - \phi''(t_0)}{\Delta t} = f_{T_x}\left(\frac{c}{c - v_{T_x}}\right) \tag{3.36}$$

因此，可以看出，朝向静态接收机移动的发射机增加了观测信号频率，反之亦然。

参考图 3.27，基于下面的推理也可以得到简要的解释。首先，发射机发射具有信号周期为 T 的波阵面。然后，在该周期内，波阵面移动到距原点 cT 的点。假设接收机正好位于这个位置。当信号行进时，发射机在距离 $v_{T_x}T$ 上移动。当发射机到达其新位置时，它开始产生与在原始位置时相位完全相同的波前信号。这是因为信号周期正好等于 T。新的波前到达接收机时正好比前一个波前提前 T''。因此，从接收机的角度来看，信号周期似乎为 T''。从图中可以清楚地看出 $cT'' = (cT - v_{T_x}T)$，它直接表明：

$$T'' = T\left(\frac{c - v_{T_x}}{c}\right) \Rightarrow f''_{R_x} = \frac{1}{T''} = f_{T_x}\left(\frac{c}{c - v_{T_x}}\right) \tag{3.37}$$

这与式 (3.36) 的结果一致。

3. 考虑特殊的相关性

根据爱因斯坦狭义相对论的第二假设，在文献 [23] 的所有惯性系中，在真空中光速是相同的。在先前的多普勒效应推导中，仅当考虑由移动发射机发射的电磁波以光速在真空中传播时（而不是作为该速度和发射机的实际速度之和），才部分地使用该原理。然而，另一个与此假设直接相关的效应是时间膨胀问题。考虑在惯性参考系中的时钟（例如在航天器上）和位于另一个参考系中的观察者（例如

在地球上），假设参考系以恒定速度 v 相对于彼此移动。这种效应基本上表明，从观察者的角度看，时钟缓慢（相对于在时钟参考系中测量的标称时钟速率）因子可表示为

$$\gamma(v) = \frac{1}{\sqrt{1 - v^2/c^2}} \tag{3.38}$$

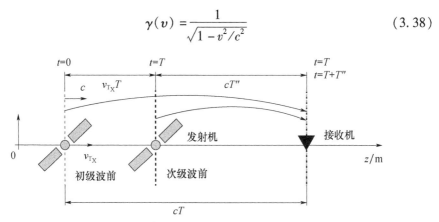

图 3.27　对于移动发射机多普勒效应的解释示例

现在我们使用该因子来校正先前推导出的多普勒频移方程。首先考虑移动发射机和静态接收机的情况。假设发射机配备了一个时钟周期为 T_0 的时钟。发射机利用该时钟产生一个频率为 $f_{T_x} = 1/T_0$ 的发射谐波。如果发射机和接收机之间相对静止，那么接收机将能够精确地测量该周期。然而，当发射机移动时，则在接收机的参考系中出现发射机中发生的所有物理过程，包括时钟周期变慢。特别地，此时接收到移动发射机发射的频率不再是 f_{T_x}，而是 $f'_{T_x} = 1/(T_0 \gamma(v_{T_x})) = f_{T_x}/\gamma(v_{T_x})$。在式（3.36）中，用 f'_{T_x} 代替 f_{T_x}，接收信号频率表达式为

$$f'_{R_x,rel} = f''_{T_x}\left(\frac{c}{c - v_{T_x}}\right) = f_{T_x}\left(\frac{c}{c - v_{T_x}}\right)\sqrt{1 - \frac{v_{T_x}^2}{c^2}} = f_{T_x}\sqrt{\frac{c + v_{T_x}}{c - v_{T_x}}} \tag{3.39}$$

现在重点分析静态发射机和移动接收机的情况。为了便于之后的说明，在发射机的参考系中放置一个附加的静态观测器。图 3.28 中描述了总体情况，其中观察者用圆点表示。考虑接收机在一个有限的时间周期内移动，该时间周期由其内部时钟的一个节拍给出。观察者观察这个运动，并测量出接收机需要在 z_0 点和 z_1 点之间移动时间。因此，对观察者而言，接收机时钟的一个节拍为时间 T_0。

由于这种移动，在观察者看来所有接收机的物理过程都比其本身实际经历要慢得多。因此，由观察者测量时钟周期的一个节拍比在移动接收机的参考系中测量的时钟周期要长。因此，接收机时钟的一个节拍小于 T_0，应该为 $T_0/\gamma(v_{R_x})$。

当接收机在 z_0 和 z_1 点之间移动时，它传递一定数量的周期信号，如图 3.28 所示。如果它是由观察者或接收机本身计数的，这个数是相同的。事实上，如果说接

收机的天线只是捕获了电波的最大值,那么观察者和接收机都一致。因此,根据观察者,接收机在时间 T_0 内通过给定的周期数。接收机经历相同的周期数,但现在更短的时间间隔等于 $T_0/\gamma(v_{R_x})$。由于接收信号的频率可以被视为在相应时间间隔上通过的信号周期的数目,所以接收机比观察者通过 $\gamma(v_{R_x})$ 因子测量更高的接收信号频率。

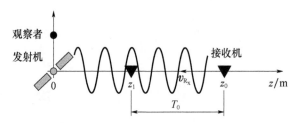

图 3.28　静止发射机和移动接收机的场景示例(接收机以固定速度 v_{R_x} 移向发射机)

如果忽略时间膨胀,则接收机上的时钟滴答的持续时间将是 T_0 而不是 $T_0/\gamma(v_{R_x})$,并且接收频率公式将是式(3.32)。为了引入相对论效应,接收频率仅由因子 $\gamma(v_{R_x})$ 决定,接收信号的频率为

$$f'_{R_x,rel} = \gamma(v_{R_x})f_{T_x}\left(\frac{c + v_{R_x}}{c}\right) = f_{T_x}\frac{\left(\dfrac{c + v_{R_x}}{c}\right)}{\sqrt{1 - \dfrac{v_{R_x}^2}{c^2}}} = f_{T_x}\sqrt{\frac{c + v_{R_x}}{c - v_{R_x}}} \tag{3.40}$$

可以看出式(3.39)和式(3.40)是相同的。因此,它们完全符合爱因斯坦的第一相对论假设,即物理定律在每个惯性参照系中都是相同的。因此,没有必要明确区分出谁在移动,谁在静止,唯一重要的是发射机和接收机之间的相对速度。最后,给出了包含特殊相对论的多普勒效应通式:

$$f_{R_x} = f_{T_x}\sqrt{\frac{c + v}{c - v}} = f_{T_x}\eta \tag{3.41}$$

式中:η 为多普勒因子,隐含了速度参数。公式中的速度符号表明如果速度 v 取正值,那么目标会逐渐接近。

应当注意式(3.39)和式(3.40)可以直接从平面波模型式(3.30)利用洛伦兹变换导出,如文献[3]中所述。

3.5.2　GNSS 中多普勒频移的实际价值

为了利用来自导航卫星的导航信号,GNSS 接收机需要确定相应频移 f_D 的值。由于多普勒效应引起的频移被简单地定义为接收和发射之间的频率差,因此

$$f_D = f_{R_x} - f_{T_x} \tag{3.42}$$

本节的目的是提供多普勒频移的区间。换句话说,它想回答一个问题,即 GNSS 接收机所能经历最大和最小的多普勒频移是多少。当 GNSS 接收机最初搜索导航信号时,该信息是有用的,因为它可以限制频率搜索范围。

这里提供了简化的分析,但它仍可提供合理的结果。假设位于地球上的一个静态接收机。忽略了地球极点上的扁率。为进一步简化数学推导,通过考虑圆轨道而不是椭圆轨道来简化绕地球的卫星轨道。这种方法可以通过卫星导航系统所用轨道的小偏心率来证实。例如,GPS、GLONASS、Galileo 和北斗 – M 导航轨道的偏心率分别小于 0.023、0.004、0.001 和 0.003[17]。

该模型如图 3.29 所示,其中 $R = 6370\text{km}$ 是地球半径,A 是卫星环形轨道在地球上方的高度,$r = R + A$ 是轨道半径,d 是接收机与发射机之间的距离,α 是 z 轴和地球质心与轨道卫星连线间的夹角。

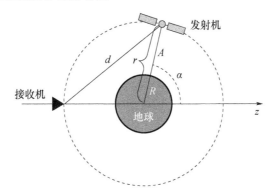

图 3.29　GNSS 卫星轨道和地球的简化模型

多普勒效应仅由物体间的径向速度决定。"径向"是非常重要的,因为它意味着这些物体之间的相对速度。换句话说,径向速度是单位时间内发射机和接收机之间距离的变化。距离 d 可以表示为如下函数:

$$d(\alpha) = \sqrt{(R + r\cos\alpha)^2 + (r\sin\alpha)^2} \tag{3.43}$$

为了把时间因素考虑进去,角度 α 只用轨道角频率 ω_P 简单表示为

$$\alpha = \omega_P t = \frac{2\pi}{T_P} t \tag{3.44}$$

式中:T_P 为卫星的轨道周期。把式(3.44)代入式(3.43),此时距离 d 作为时间的函数表示为

$$d(t) = \sqrt{(R + r\cos(\omega_P t))^2 + (r\sin(\omega_P t))^2} \tag{3.45}$$

现在,径向速度 v_{T_x} 由式(3.45)相对于时间的一阶导数给出。然而,距离随时间的负变化意味着卫星向接收机移动。因为希望在这个运动方向上保持速度为

正,所以此处的径向速度实际上是用一阶导数的负值来定义的,即

$$v_{T_x}(t) = -\frac{\mathrm{d}d(t)}{\mathrm{d}t} = \frac{Rr\omega_P\sin(\omega_P t)}{\sqrt{(R + r\cos(\omega_P t))^2 + (r\sin(\omega_P t))^2}} \tag{3.46}$$

根据式(3.46),图3.30给出了径向速度随 α 变化的情况。表3.1给出了轨道参数。可以看出,径向速度在 α = 180° 附近是对称的,极值在100°和260°附近距离变化最快。表3.2概括了从图中获取的最大径向速度 v_{T_x} 值,该表还展示了给定导航系统中使用的最大载波频率。将最大径向速度和最大载波频率一起代入式(3.41),获得接收频率以及多普勒频移 $f_D = f_{R_x} - f_{T_x}$。

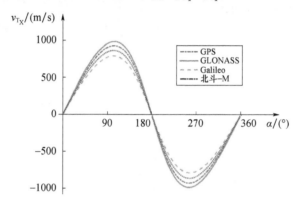

图3.30　(见彩图)径向速度

表3.1　文献[17]中的轨道参数

GNSS 参数	GPS	GLONASS	Galileo	北斗 – M
纬度 A/km	20182	19130	23222	21528
间隔 T_P/min	718	676	845	773

表3.2　多普勒频移计算的数值结果

参数/GNSS	GPS	GLONASS	Galileo	北斗 – M
最大径向速度 v_{T_X}/(m/s)	929	987	789	863
系统最大载频 f_{T_X}/MHz	1575.420	1605.375	1575.420	1589.742
接收信号最大载频 f_{R_X}/MHz	1575.425	1605.380	1575.424	1589.747
最大多普勒频移 f_D/kHz	4.879	5.281	4.146	4.573

从表3.2可以看出,基于简单模型估计的多普勒频移大致落在 ±5kHz 的范围内。然而,应该强调的是,此时接收机是静止的。因此,为了有一些预留以获得更高的置信度,以便多普勒频移的实际或真实值能落入这个区间,现在考虑接收机的速度。卫星对接收机的最大径向速度约为 1000m/s,如果同时也假定接收机

对卫星的径向速度相同,则会产生 ± 10kHz 的多普勒频移。由于 1000 m/s 已经是相对高的速度(大约是声速的 3 倍),所以在大多数情况下此扩展区间充分可信。

3.5.3　多普勒效应对接收信号的影响

先前关于多普勒效应的阐述隐含地假定了纯谐波信号。结果表明,如移动接收机所观察到的那样,多普勒效应改变了载波频率。在基带模型式(3.2)中,载波频率变化被简单地建模为信号 $s(t-\tau)$ 乘以复指数 $\exp\{j2\pi f_D t\}$。然而,这真的是多普勒效应对信号的全部影响吗? 答案是否定的,本节将研究这部分内容。

首先考虑以两个谐波信号的形式发送信号,每个谐波信号具有不同的频率 f_1 和 f_2。假设这两个频率之间的差值为 $\Delta f = f_2 - f_1$。根据叠加原理,该信号的两个谐波分量均受到多普勒效应影响。因此,每个分量分别在频域中产生移位。接收到的频率分别是 $f_1\eta$ 和 $f_2\eta$,其中,式(3.41)中定义了取决于发射机和接收机径向速度的因子 η。很明显,接收到的谐波分量频率差为 $\Delta f\eta$。在图 3.31 中示意出了这种简单的观测关系。

然而,更有趣的是考虑具有带宽 B 的连续谱信号。多普勒效应如何影响整个信号的频谱? 傅里叶变换理论认为,信号可以表示为加权谐波函数的积分。因此,如果分别处理每个谐波函数,那么对于两个谐波信号也可以应用上面的解释。因此,从图 3.31 可以看出,接收信号带宽被多普勒因子 η 扩展或缩小。

频域中的这种效应在时域中也有相应的对应关系。根据傅里叶分析可知,具有宽谱的信号在时域是尖的(如 δ 函数),反之亦然(如谐波信号)。因此,信号频谱的拉伸在时域中使信号得以加速,反之,收缩使其减慢。

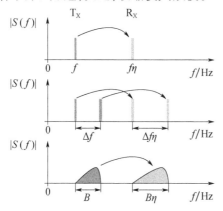

图 3.31　接收信号多普勒效应作用的表示

3.5.4 GNSS 信号模型修正

现在修正式(3.2)中介绍的信号模型,由于复指数构成的多普勒效应模型只考虑了载波频率频移。该模型完全忽略了多普勒效应对整个信号带宽的影响。该影响是否显著取决于信号带宽是否可以被认为是窄的或宽的。窄带定义不仅取决于实际带宽或带宽与载波频率之比,还取决于使用该模型分析或应用目的。如果可以忽略对带宽的影响,那么式(3.2)仍然适用,并且称为采用窄带近似模型。

如果这种近似不可接受,那么式(3.2)必须改进。在讨论模型修正之前,下面对信号带宽的多普勒效应进行更仔细的分析。为了便于数学分析,可以在基带中分析,这不影响结果。

该分析集中在伪随机序列 c 的信号 $c(t)$ 上,该伪随机序列使用矩形调制脉冲进行 BPSK 调制,见 3.2 节。为清楚起见,此处只分析了整个序列中的一个码片,该码片表示为 $p(t)$,位于 $[-T_c/2, T_c/2)$,如图 3.32(a)所示。

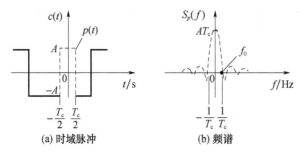

(a) 时域脉冲   (b) 频谱

图 3.32 脉冲的频谱分析

通过傅里叶变换给出该码片的频谱:

$$
\begin{aligned}
S_p(f) &= \int_{-\infty}^{\infty} p(t)\,\mathrm{e}^{-\mathrm{j}2\pi ft}\,\mathrm{d}t = A\int_{-\frac{T_c}{2}}^{\frac{T_c}{2}} \mathrm{e}^{-\mathrm{j}2\pi ft}\,\mathrm{d}t \\
&= \left[\frac{\mathrm{e}^{-\mathrm{j}2\pi f\frac{T_c}{2}} - \mathrm{e}^{-\mathrm{j}2\pi f\frac{T_c}{2}}}{-\mathrm{j}2\pi f}\right]_{-\frac{T_c}{2}}^{\frac{T_c}{2}} = AT_c\,\frac{\sin(\pi fT_c)}{\pi fT_c} \\
&= AT_c\,\mathrm{sinc}(fT_c)
\end{aligned}
\tag{3.47}
$$

如图 3.32(b)所示,频率满足条件 $fT_c = n$ 的频谱为零值,其中 $n \in \mathbf{N}$。频率 f_0 表示第一频谱零点的位置。很明显,$f_0 = 1/T_c$。这也意味着该段持续时间可以直接由第一频谱零点的位置决定,因此,如图 3.33 所示,频段周期和信号频谱之间存在明确且简单的关系。在多普勒效应的作用下,基于因子 η,整个频谱被扩展或收缩。第一个零的位置移动到频率 $f_0\eta$,因此,片段持续时间变到它的新值,该值为

$$T'_{\mathrm{c}} = \frac{1}{f_0 \eta} = \frac{T_{\mathrm{c}}}{\eta} \qquad (3.48)$$

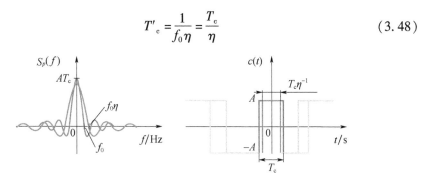

图 3.33　（见彩图）多普勒移动在频域和时域的影响

有两种可能的概念将这种效应纳入式(3.2)。第一,码片持续时间 T_{c} 可以简单地认为是调制脉冲 $h(t)$ 的显性模型参数。例如,形如 $h(t, T_{\mathrm{c}})$,其中可以根据式(3.48)直接控制码片的持续时间。第二,不需要附加的参数输入到调制脉冲。在这种情况下,脉冲仍然基于 T_{c} 的标称值,这意味着该参数是恒定的,并且不需根据多普勒效应进行调整。相反,时间变量 T 被"加速"或"减速",以模拟码片持续时间的变化。该解释基于图 3.34。当没有多普勒效应时,很明显,$h(t)$ 函数正好在 $t = T_{\mathrm{c}}$ 时刻结束。然而,由于多普勒效应,它似乎可以在标称时间 T_{c} 结束之前或之后出现。在这个例子中,假设脉冲被压缩,因此脉冲下降沿应该比标称情况提前到达,如时间 T'_{c}。这只需要将标准调制脉冲 $h(t)$ 的时间变量 t 乘以一个因子 $T_{\mathrm{c}}/T'_{\mathrm{c}} = \eta$ 就能实现。因此上调制脉冲 $h(\eta t)$ 预期在时间 $t = T'_{\mathrm{c}}$ 结束,如图 3.34 所示。

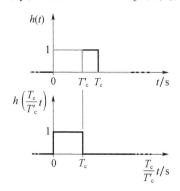

图 3.34　考虑多普勒效应的调制脉冲 $h(t)$

T_{c} 为标准脉冲间隔;T'_{c} 表示由多普勒效应影响而改变的间隔

因此,扩展的基带模型式(3.2)转换成以下形式:

$$x(t) = As(\eta t - \tau)\mathrm{e}^{\mathrm{j}2\pi f_0 t + \mathrm{j}\phi(t)} = As\left(\left\{1 + \frac{f_{\mathrm{D}}}{f_{\mathrm{T_x}}}\right\}t - \tau\right)\mathrm{e}^{\mathrm{j}2\pi f_0 t + \mathrm{j}\phi(t)} \qquad (3.49)$$

信号模型的这种修正是否有必要取决于其应用需求。例如,在文献[18]中指出,这种修正对于基于 GNSS 的室内定位是必需的,因为其中需处理具有相对长持续时间的导航信号。如果该模型没有充分考虑多普勒效应,那么需要决定在哪一时间段后,接收信号由于时间不对准差 T_c 时所造成与模型的差异问题。例如,对于具有 5kHz 多普勒频移的 GPS L1 C/A 码,这大约发生在 0.3s 之后。

3.6 小结

本章对 GNSS 信号相关模型进行了解释,并讨论了针对 GNSS 一些文献中经常被忽略的几个问题。本章讨论了带通和基带信号表示之间的联系,重点关注噪声信号建模问题。本章还对多普勒效应及其对导航信号的全面影响做了深入透彻的解释。本章将导航信号保留在介绍实际信号处理算法(如捕获、跟踪和位置估计)时再做介绍。这些算法可以进一步参考一些经典的书籍,如文献[8,12,16,19]。例如,可以在文献[1,4,9,10,14 – 15,20]中找到诸如信号、检测和估计理论等算法背后的基本原理。

致谢:该项工作得到了欧盟玛丽·居里初级培训联盟 MULTI – POS(多技术定位专家联盟)FP7 项目的资助,资助编号 316528。

参考文献

[1] S. Benedetto, E. Biglieri, Principles of Digital Transmission: With Wireless Applications. Information Technology Series (Springer, New York, 1999). ISBN:9780306457531

[2] L. V. Blake, Antenna and receiving – system noise – temperature calculation. Naval Research Lab, Washington DC (1961)

[3] R. P. Feynman, R. B. Leighton, M. L. Sands, The Feynman Lectures on Physics. TheFeynman Lectures on Physics, vol. 3 (Pearson/Addison – Wesley, Reading, MA, 1963). ISBN:9780805390490

[4] W. A. Gardner, Introduction to Random Processes: With Applications to Signals and Systems (MacMillan, New York, 1986). ISBN:9780029487907

[5] D. J. Griffiths, Introduction to Electrodynamics (Pearson Education, Harlow, 2014). ISBN: 9780321972101

[6] J. D. Jackson, Classical Electrodynamics (Wiley, New York, 1998). ISBN:9780471309321

[7] A. Joseph, Measuring GNSS signal strength, in Inside GNSS, November/December 2010, pp. 20 – 25

[8] E. Kaplan, Understanding GPS – Principles and Applications, 2nd edn. (Artech House, Boston, 2005)

［9］ S. M. Kay, Fundamentals of Statistical Signal Processing: Estimation Theory (Prentice – HallPTR, Englewood Cliffs, 1993), p. 595. ISBN: 0133457117

［10］ S. M. Kay, Fundamentals of Statistical Signal Processing Volume II: Detection Theory(Prentice – Hall PTR, Englewood Cliffs, 1998), p. 560

［11］ R. B. Langley, GPS receiver system noise, in GPS World (1997), pp. 40 – 45

［12］ P. Misra, P. Enge, Global Positioning System: Signals, Measurements, and Performance(Ganga – Jamuna Press, Lincoln, MA, 2001)

［13］ J. Nurmi et al. , GALILEO Positioning Technology. Signals and Communication Technology (Springer, Netherlands, 2014). ISBN: 9789400718296

［14］ A. V. Oppenheim, A. S. Willsky, I. T. Young, Signals and Systems. Prentice – Hall Signal Processing Series (Prentice – Hall, Englewood Cliffs, 1983)

［15］ A. Papoulis, S. U. Pillai, Probability Random Variables, and Stochastic Processes. McGraw – Hill Series in Electrical Engineering: Communications and Signal Processing (Tata McGraw – Hill, New York, 2002). ISBN: 9780070486584

［16］ B. W. Parkinson, J. J. Spilker, Global Positioning System: Theory and Applications, Volume1, vol. 1 (American Institute of Aeronautics and Astronautics, Washington, DC, 1996). ISBN: 1600864198

［17］ A. Rossi et al. , Disposal Strategies Analysis for MEO Orbits. Tech. rep. ESA, General StudiesProgramme, Internal Number: 12 – 604 – 01, 2015, p. 43

［18］ G. Seco – Granados et al. , Challenges in indoor global navigation satellite systems: unveilingits core features in signal processing. IEEE Signal Process. Mag. 29(2), 108 – 131 (2012). ISSN: 1053 – 5888. doi: 10. 1109/MSP. 2011. 943410

［19］ J. B. – Y. Tsui, Fundamentals of Global Positioning System Receivers: A Software Approach (Wiley, New Jersey, 2005), p. 352. ISBN: 0471712574

［20］ H. L. Van Trees, Detection, Estimation, and Modulation Theory, Part 1 (Wiley, Hoboken, 2004). ISBN: 0471463825

［21］ H. L. Van Trees, Detection, Estimation, and Modulation Theory, Radar – Sonar Signal Processingand Gaussian Signals in Noise. Detection, Estimation, and Modulation Theory (Wiley, New Jersey, 2004). ISBN: 9780471463818

［22］ R. K. Wangsness, Electromagnetic Fields (Wiley, New Jersey, 1986). ISBN: 9780471811862

［23］ H. D. Young et al. , University Physics, Nide 1 (Wiley, New York, 1996). ISBN: 0201571552

［24］ W. Zhang, M. J. Miller, Baseband equivalents in digital communication system simulation. IEEE Trans. Educ. 35(4), 376 – 382 (1992). ISSN: 0018 – 9359. doi: 10. 1109/13. 168713

第 4 章

GNSS 定位的特点

Susana María Sánchez – Naranjo, Nunzia Giorgia Ferrara, Maciej
Jerzy Paśnikowski, Jussi Raasakka, Enik Shytermeja, Raúl
Ramos – Pollán, Fabio Augusto González Osorio, Daniel
Martínez, Elena – Simona Lohan, Jari Nurmi, Manuel
Toledo López, Ondrej Kotaba, Olivier Julien

4.1 引言与背景

GNSS 定位原理是基本的几何求解问题。在该几何问题中，接收机位于四个球

作者联系方式

S. M. Sánchez – Naranjo (✉) · D. Martínez

Pildo Labs, Carrer Marie Curie 8 – 14, 08042 Barcelona, Spain

e – mail: smsanchezn@ unal. edu. co

N. G. Ferrara · E. – S. Lohan · J. Nurmi

Tampere University of Technology, Korkeakoulunkatu 10, 33720 Tampere, Finland

e – mail: elena – simona. lohan@ tut. fi; jari. nurmi@ tut. fi

M. J. Paśnikowski · M. T. López

GMV Aerospace and Defence S. A. U. , Calle Isaac Newton 11 P. T. M. , 28760 Tres Cantos,
Madrid, Spain

J. Raasakka · O. Kotaba

Honeywell Internationals. r. o. , V Parku 2325/16, 148 00 Prague, Czech Republic

E. Shytermeja · O. Julien

Telecom Lab, SIGNAV Research Group, École Nationale de l'Aviation Civile, 7 Avenue Edouard
Belin, 31055 Toulouse Cedex 4, France

R. Ramos – Pollán

Unidad de Supercomputación y Cálculo Científico, Universidad Industrial de Santander, Carrera
27Calle 9 Ciudad Universitaria, Bucaramanga, Colombia

F. A. G. Osorio

Facultad de Ingeniería, Universidad Nacional de Colombia, Cra 30 No. 45 03, Building 453
Office 114, Ciudad Universitaria, Bogotá, Colombia

体的交点处,每个球体中心位于一个具有已知坐标原点且半径等于卫星到接收机距离或伪距的卫星上,如图 4.1 所示[32]。

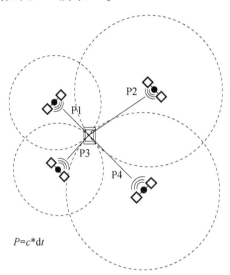

$P=c*\mathrm{d}t$

图 4.1　GNSS 定位是基于接收机位置未知、四颗卫星位置以及伪距已知的几何求解问题。

卫星和接收机之间的距离是利用电磁波沿连接它们路径上的传播时间来计算的,该传播时间乘以光速,即可获得信号的传播距离。在理想情况下,时钟完全同步,卫星轨道完全已知,信号在真空中以光速传播,在传播路径上没有障碍,也没有干扰。如果偏离这个理想假设都容易导致距离测量误差。GNSS 中的误差源包括[32]:

(1)卫星时钟:同步是一个关键因素,因为即使 1ns 卫星时钟的不准确度都会导致大约 30cm 的距离测量误差。即使它们具有非常精确的(铯)原子钟,也存在漂移和噪声问题,因此,需要对这些漂移和噪声进行建模,并作为卫星所能提供信息的一部分。

(2)星历误差:卫星轨道由位于地球上的几个站连续监测,它们的预期位置被传送到卫星,然后被转发给接收机。轨道预测精度在米级,这将在位置计算上大约产生几米的误差。

(3)精度因子:对于卫星接收机来说,卫星的几何排列影响接收机位置解和时间解的精度。接收机应合理使用卫星信号以最小化这种影响。

(4)大气效应:全球导航卫星系统信号先通过近乎真空的空间,然后再通过不同的大气层到达地球。电磁波只在真空或完全均匀介质中以直线传播,传播介质中的任何物质或缺陷都会导致其传播偏离最短路径,增加行程时间并影响距离的计算。因此,大气传播会引入传播时间上的误差。对于 GNSS,人们感兴趣的大气区域主要是对流层和电离层。对流层的范围从地球表面到海拔高度 17~20km,而电离层的范围则为 75~500km。

(5)多径:这种效应是由于两个或多个路径的信号到达,经多次反射,多个信号在接收天线中会引起破坏性的干扰,从而影响接收信号的质量。

(6)干扰:卫星信号到达地面的功率非常低,因此在很大程度上会受到外部信号的干扰。

全球导航卫星系统应用领域广泛,从军事用途到商业服务,如勘测、测绘、农业、运输、机器控制、海洋导航、车辆导航、移动通信,等等[30]。这样的广泛应用要求基于 GNSS 的定位系统应具有更高的性能。评估和处理误差源对于提供满足各部门日益增长的服务需求至关重要。

表 4.1 给出了不同来源误差的典型范围。从表中可以看出电离层误差是主要的误差源。另一方面,在城市环境中多径明显,并且随着潜在干扰的增加,其也成为 GNSS 所用户所关注的问题。本章详细介绍了电离层、多径和 RF 干扰误差源以及用于消除这些误差的策略。

表 4.1　不同误差源对 GNSS 位置计算的典型影响

误差源	误差范围/m
卫星时钟	±2
位置误差	±2.5
精度降低	±2
电离层延时	约10
对流层延时	±0.5
多径	±1

4.2　电离层误差

4.2.1　什么是电离层误差

电离层是海拔范围为 75~500km 的大气层,其特点是包含有大量与导航信号相互作用的自由电子。

电离层通过两种不同的方式影响 GNSS 信号[51]:首先,电离层的电子含量会引起介质折射率发生变化,从而引起电磁波传播速度和信号传播时间的变化。由于从卫星到接收机的距离计算是基于传播时间,所以在距离测量中可能存在 1m 以下到 100m 以上的误差。其次,由于电离层的不规则性,会产生闪烁效应。这种不规则性也会产生衍射和折射,进而导致影响接收机跟踪能力的短暂信号衰落[35]。很明显,这种情况下定位甚至变得不可能。特别是在低纬度地区(赤道附近),这种现象对 GNSS 信号影响特别明显。

电离层对信号的延迟与从卫星到接收机路径上的总电子含量(total electron content ,TEC)成正比。TEC 取决于接收机所处的地理位置、白天的时间和太阳活动水平。图 4.2 显示了 2016 年 5 月垂直 TEC 的地理分布情况[44]。该分布沿纬度线表现出强度差异。电离层活动高峰通常在沿亚赤道异常区,平均位于地磁赤道上下 15°。

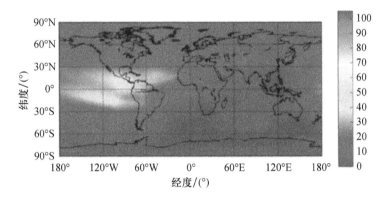

图 4.2　(见彩图)天顶方向总电子含量图(GPS L1 信号 0.1TECU$_s$ ≃1.6cm 的时延,格林尼治时间 2016 年 5 月 23 日 20:25:00,由 NASA/JPL – 加州工学院提供)

除了地理上的差异性,活动水平还随着太阳周期时间段和一天时间而显著变化[11]。尤其是,在南美洲和亚洲等低纬度地区,研究发现 TEC 有相当大的日变化特征[39,49,64]。

由于这些复杂的行为,缓解电离层误差一直是 GNSS 定位面临的一个挑战。当前已经采取了几种方法,包括修改接收机结构、处理信号时使用不同的模型和使用来自增强系统的校正等。在一些应用中还会同时组合几种缓解方法。

4.2.2　电离层误差抑制技术

处理电离层误差可采用不同的技术,这取决于应用和/或预期的性能水平。接下来将描述一些主要的方法和模型,并总结现有的针对单频用户的误差消减方法。

1. 双频组合

由于电离层是一种色散介质,GNSS 信号的折射取决于它的频率(平方倒数)。事实表明通过双频接收机,能将电离层折射影响能降低到一阶。然而,双频接收机

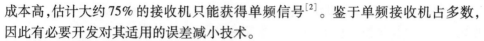
成本高,估计大约75%的接收机只能获得单频信号[2]。鉴于单频接收机占多数,因此有必要开发对其适用的误差减小技术。

2. 基于物理数据驱动的电离层模型

物理模型适用于针对单频用户。主要的模型包括为 GPS 开发的 Klobuchar 模型[34],以及为 Galileo 用户开发的 NeQuase 模型[13]。

物理模型只提供了一个简单的修正,在纬度非常低或非常高的地区精度有限。

3. 电离层地图

处理电离层误差的另一种方法是根据从接收机网络收集来的数据创建电离层地图。使用的主要电离层地图是国际参考电离层(IRI)和 GIM。IRI 提供了电离层高度范围内,特定位置、时间和日期的电子密度、电子温度、离子温度和离子组成的月平均值[7]。GIM 每2小时提供一次 TEC,分辨率为经度5°,纬度2.5°[26]。

电离层地图为电离层建模提供了一种更好的方法,但该地图也存在缺点,主要包括:在太阳活动较高的年份性能差[37],以及在某些区域的网络覆盖率低,这导致生成的地图必须依赖于对远程测量值的内插。

4. 电离层数据驱动模型

随着数据源和 GNSS 系统的不断增加,这为解决上述现存问题提供了新的视角。如国际 GNSS 服务(IGS)全球网络,如哥伦比亚的 GEORED[20]、厄瓜多尔的 REGME[55]、欧洲的 EPN[16]等区域网络,提供了全球导航卫星系统大量数据。以此可以生成完全基于数据的模型,即使针对高可变场景,机器学习方法也表现出较高的性能。

随着大量数据可用,人们已经探索了不同的机器学习方法。例如,人工神经网络(ANN)已经在巴西[38]、波多黎各[40]和印度[65]用于模拟电离层,并且可高精度地预测电子含量。已将火星与 IGS 地图 GIM[31]进行比较,并且能提供更高的精度。对于低纬度地区,随机森林回归[18]比物理模型和地图表现出更好的性能。

基于机器学习和大数据技术,利用不同来源的大量数据,使快速开发出可靠的本地化模型成为可能。

4.3 多径

当卫星发射的信号沿多个传播路径到达接收机时,GNSS 中会出现多径效应。当信号在接收机周围的物体表面发生反射时,就会出现这种情况。然而,所有的 GNSS 都是基于视距条件下工作设计的,在 GNSS 信号到达的失真环境中,多径情况会变得更加复杂,例如郊区峡谷和室内环境。

为了减缓这种影响,有必要建立一个多路径传播模型。最直接的多径模型可以被定义为一组离散的反射信号,与直接到达的信号相比,如文献[32]所述,它们一般具有更大的延迟、不同的幅度和载波相位。通常,接收机、卫星与产生多径反射信号的物体之间存在着相对运动,在更高级的模型中,这些参数都是时变的。一些模型中假设接收的载波频率在非直接和直接传播路径是相等的。这一假设很有用,例如在城市环境中,在以相当大速度移动的车辆上,安装的接收机可以滤除放大的反射信号和多径信号。此外,引起多径效应的许多反射和折射使得次级路径具有更长的传播时间,并且还导致接收信号的相位产生偏移。

根据文献[59],多径可分为两种:

(1)相干多径:典型的镜面反射产生的时延差或小于信号带宽的倒数,且多普勒频移差小于相干相关水平的差。

(2)非相干多径:具有时延、多普勒频移大于相干频移的典型漫反射。

文献[59]还指出,在 GNSS 中只有相干类型才具有相关性,因为它在接收信号的时延估计中引入了系统误差。相反,非相干多径不能提供视线(LOS)时延的任何信息。

多径效应另一个可能表征可以根据距离进行划分[19]:

(1)多径闭合:这多在反射面靠近卫星天线、延迟较小时发生;最佳抑制技术依赖于增加多径限制天线,如扼流圈或多波束天线;由于这种类型的多径导致理想相关函数产生微小的变化,所以基于相关器的多径缓解技术在多径抑制中性能较差。

(2)远距离多径:这多在当反射面距离天线较远时发生,如建筑物、树叶和山脉;对此基于相关器的缓解技术是目前最佳的方法。

从图 4.3 可以看到由多径引起的相关峰幅度降低,进而导致定位精度降低。因为它们不能通过差分观测来消除,所以多径误差与检测和缓解有关。更重要的是,由于与时间和位置相关,它们一般不能被建模。因此,观测域中的多径误差在时间上不是恒定的。根据文献[60],由于在卫星连续运动期间,直接信号和间接信号之间相对相位的变化,它们表现出正弦的特性。

影响多径时延估计的两个最重要因素是与直接信号相比的相对功率和多径分量在时间轴上的分布。下面部分将更加详细地描述多路径效应对 GNSS 可观测量的影响。

4.3.1　多径对伪码测量的影响

一般来说,在接收机中通过基于不同伪码跟踪环路形成伪码测量,通常在相关处理中通过 DLL(延迟锁相环)进行[5]。如图 4.3 所示,该过程受到多径的严重影响。一项早期的伪码多径研究表明[48]，在建筑物附近，该误差可达 100m，并且伪码多径具有非零均值的特征，因此不能简单地通过长周期平均来消除。文献[21]的研究表明，该误差甚至可达几百米。

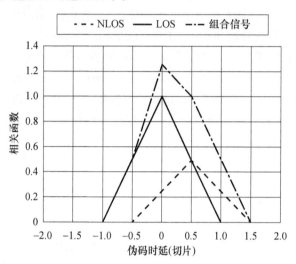

图 4.3　两路统计信道模型的相关函数实例

在大部分文献中，只描述了仅有一个反射物影响的情况，如文献[28]，但由于天线和接收机周围存在多个反射面，这种情况很容易描述但却不现实。在文献[62]中，信号反射到接收机时存在几百纳秒的延迟。低仰角卫星一般也会放大多径效应，随着仰角增加，时延缩短，功率增加。如文献[67]所述，多个时延信号的组合会导致相关峰值的显著失真，从而产生错误的相关峰，导致计算出的伪距误差达到码片长度的 0.4 倍。而对于较长的时间延迟，因为更容易区分反射信号和直达信号，多径效应的影响反倒不那么严重。

4.3.2　多径对载波相位测量的影响

多径对载波相位数值的影响有限。如在文献[27]中，它可能达到四分之一周期，导致大约 5cm 的误差。在文献[53]中提到多径对 GPS 载波相位的几种影响，例如在离天线有一定距离放置的反射源，可引起高频或快速变化的多路径，相反没有反射源会减少多径的变化。还指出 L1 和 L2 载波具有相同的多径幅度，但相位不同，L1 载波相比 L2 具有更高的多径频率。

此外，文献还提到，天线远处反射源比靠近产生的多径更弱，并且低仰角卫星会受到更多反射源的影响而更有可能引起载波相位多径，反射物体需要拥有很大的表面，才能产生较大菲涅耳区的强多径。这实际上与高仰角卫星正相反，因为它们不太可能产生多径,但是表面很小的反射源就可以产生强多径。伪码和数据位不影响信号的功率,因为它们几乎不改变相位,无论有无数据,载波或信噪比(SNR)都保持不变。

有趣的是,尽管与码相位多径相比,载波相位多径的多径效应值及其作用要小得多,但实际观测的载波相位误差受恶劣环境会产生周跳的影响,这会产生很大的危害。由于障碍物的存在,密集城市地区会造成很大的损失。针对这两种现象,结合一定数量的星座和可见人造卫星,有必要研究和探讨如何提高鲁棒性以应对周跳和多径效应的问题。

4.3.3 多径对信号强度和多普勒频率测量的影响

信号强度信息对识别多径效应是有用的,因为载噪比(C/N_0)是 GNSS 唯一可观测值,无需对测量值做任何处理,例如对观测值进行二次差分,就直接可见多径效应的影响。C/N_0 值变化类似一个卫星仰角函数,对于低于一定值的角度,可以观察到强噪声信号。该曲线主要由天线增益方向图确定,如文献[6,56,60]所述,并且该模型可用于识别和检测信号偏差。定性分析相当简单,但由于天线制造商在 C/N_0 的定义和应用算法方面的不一致,导致了定量分析变得困难,因为对这些值每个公司都有不同的计算方法。此外,由于不同接收机使用不同的量化电平,并且制造商通常不正式公布接收天线的增益图,这进一步导致了更多的问题。结果表明,对 C/N_0 的测量有助于减小反射和衍射效应对观测的影响。

关于多普勒频率多径的研究在文献中几乎没有描述,一般来说,多普勒观测与载波相位相反,不受周跳的影响,但会受到噪声的影响,但不会出现信号堵塞的现象。因此,正如在文献[61]中提到的那样,多普勒频率观测更加稳健。

4.3.4 系统对多径敏感性

可以看到,信号调制类型与多径缓解可能存在相关性。在 GPS L1 粗捕获(C/A)信号情况下,BPSK 调制使得相关函数在 1 个码片延迟内只有一个跟踪峰值。对于不同类型的 BOC 余弦相位调制(Galileo E1 信号调制),相关函数在 ±1 个码片延迟内具有更多的峰值。如文献[28]所述,特别是在长时间延迟中,可以注意到 BOC 调制优于 BPSK 调制,它有助于检测多径信号,但仍然会导致短时间延迟问题。另外,前端滤波器的带宽对相关函数形状的影响很小——如果带宽选择得不足够大,如文献[5]中所述,那么它可能由于舍入相关峰值,压缩相关函数进而影响相关峰值。

4.3.5 多径抑制

在过去几年中已经相继设计开发出了几种 GNSS 中的多径效应抑制方法,可以应用于不同的情况。

1. 多径抑制的相关技术

接收机的多径抑制和检测采用多种信号处理的方法和策略。由于反馈环路,接收机中的伪码跟踪结构通常与其延迟信号相关。基于相关性的多径抑制技术发展的第一步是迟早门(EML)技术。它使用两个相关器(超前相关器和滞后相关器)在一个片段距离内,创建一个鉴别器函数,该函数通过过零点来描述信号的延迟。然而,这种方法对减少多径效应无效,需寻找其他方法。随着接收机信号处理技术和反馈技术的发展,一系列基于增加相关器数量和缩小相关器分布的相关技术得以发展。还有一类技术则集中于参数估计,另一些则是多径相关函数的不变性。当前还开发了更先进的技术,其中应用于 NovAtel 接收机的 MEDLL(多径估计延时锁环)被认为是多径抑制的一个里程碑。该算法基于最大似然搜索,能很好地抑制长时延,但相关器的复杂度高。其他现代的、先进的技术集中在对相关函数峰值的估计领域。

对于特定类型的多径(短或长延迟)和特定类型的调制,每一种抑制方法都可以采用不同的行为。非常复杂的方法会增加接收机中反馈回路的复杂性,使其在实现中效率较低。文献[4]列举了许多非常好的基于相关性的抑制技术。

2. 基于测量的误差降低方法

经典的伪码观测抑制技术是信号平滑。经典平滑方法为载波相位观测,有时称为窗口滤波器,源于 R. Hatch 及其开发的算法[24]。该概念是基于多径对载波相位观测的影响要比码相位小这一事实,可用于加权过程,获得降噪后的码观测值,其结果取决于平滑时间[28],在文献[60]中通常取 100s。

在多径抑制中,另一种平滑码相位观测是基于多普勒频率来实现。文献[61]中提到,对于多径效应,多普勒观测比载波相位具有更强的鲁棒性,并且可用于平滑。然而叙述这一结论的文献还不十分充足。

在减缓多径效应的方法中,使用线性组合观测也是一种很流行的方法。正如文献[66]所述,使用宽通道、自由离子和无几何结构的组合能显著降低多径的影响。然而,它适用于收集全球导航卫星系统参考站的区域网络数据,而不适用于实时处理那些通常廉价(非大地测量)和非平稳接收机收集的城市数据。

3. 基于硬件的多径抑制

多径问题也可以采用一些硬件方案解决。其中之一是设计一种接地板天线,只接收来自上半球的信号来减少信号反射,然而在平面板的边缘会产生衍射;另外是引入扼流圈天线,衰减干扰信号。该解决方案主要存在天线大小的问题。另一种天线是基于 RHCP 信号灵敏度变化而设计,其原理在于 GNSS 信号采用了极化方式,而反射会改变极化。

多天线阵列可以减缓多径效应,因为它们对信号起到"空间滤波"的作用。如在文献[52,54]中所描述,第一次利用这种天线系统来降低多径效应。然而,天线阵列的使用会引入硬件的复杂度、与校准相关的非标称效应以及耦合等问题,并且还需要估算其他一些未知参数等。

如文献[22]中所述,单个 GNSS 天线也可以用于确定到达信号的方向,从而检测出错误信号。

4. 其他类型的误差抑制技术

其他类型的解决方案可与光线跟踪法相结合,利用 3D 城市模型、阴影匹配、粒子滤波或视觉等方法来检测可能的多径信号。它们的主要理念是基于接收信号识别和消除潜在错误信号。然而,这种类型的抑制方法需要设计高复杂度的程序算法,因此难以实现。

4.3.6　无抑制的多径检测

随着四大全球导航卫星系统更多卫星的出现,降低了可选方案的复杂度。多径检测方案能向用户提供足够的信息,这样用户反而能从多径传播的天线信号中得到帮助。根据多径检测结果,可以采用不同的信号处理方式。在一些情况下,需要处理的信号中只有多径信息与用户有关。为了满足权益或生命安全等重要需求,要求即时提供检测信息,因此出现了一些快速检测理论,参见文献[15,18]。

4.4　GNSS 中的射频干扰

由于 GNSS 接收机依赖于广播 RF 信号的卫星,所以它们很容易受到来自无线电发射机 RF 干扰信号的影响。由于接收机在地球表面以非常低的功率接收 GNSS 卫星信号(根据 GNSS 星座和信号)[17,45-46],接收的功率范围为 $-130 \sim -125\text{dBm}$,所以 RF 干扰问题严重。出现在 GNSS 频带中的干扰信号会严重地降低接收机性能。因此,为保证 PVT 解决方案的完整性,接收机需要检测干扰并能缓解其影响。

干扰也可能来自同一星座其他可视卫星发射的信号(系统内干扰)和其他星座其他可视卫星发射的信号(系统间干扰)。在本节中没有讨论这些干扰类型。

4.4.1 无意射频干扰

对 GNSS 接收机的无意射频干扰通常是造成无线电设备失灵的原因。由于发射机的杂散通常位于它们各自载波频率的谐波中,因此无意射频干扰的最可能来源是在 GNSS 载波频率次谐波下工作的无线电。表 4.2 和表 4.3 分别给出了 GNSS L1 和 L5 频带的 15 次谐波。对于 GNSS L1 和 L5 频段,使用带宽为 20.46MHz 和 24MHz 的参考接收机计算带内干扰频率范围。

表 4.2　GNSS L1 频率次谐波

次谐波	频率范围/MHz	频率分配
2	782.595 ~ 792.825	UHF TV
3	521.730 ~ 528.550	UHF TV
4	391.298 ~ 396.413	国防系统
5	313.038 ~ 317.130	国防系统
6	260.865 ~ 264.275	国防系统
7	223.599 ~ 226.521	广播
8	195.649 ~ 198.206	VHF TV
9	173.910 ~ 176.183	VHF TV
10	156.519 ~ 158.565	VHF 海事
11	142.290 ~ 144.150	VHF 军队
12	130.433 ~ 132.136	VHF
13	120.399 ~ 121.973	VHF
14	111.799 ~ 113.261	VOR/ILS
15	104.346 ~ 105.710	FM

表 4.3　GNSS L5 频率次谐波

次谐波	频率范围/MHz	频率分配
2	582.225 ~ 594.225	UHF TV
3	388.150 ~ 396.150	国防系统
4	291.113 ~ 297.113	国防系统
5	232.890 ~ 237.690	T – DAB
6	194.075 ~ 198.075	VHF TV
7	166.350 ~ 169.779	PMR
8	145.556 ~ 148.556	VHF

续表

次谐波	频率范围/MHz	频率分配
9	129. 383 ~ 132. 050	VOR/ILS/VHF
10	116. 445 ~ 118. 845	VOR/ILS/VHF
11	105. 859 ~ 108. 041	FM
12	97. 038 ~ 99. 038	FM
13	89. 573 ~ 91. 419	FM
14	83. 175 ~ 84. 889	VHF TV
15	77. 630 ~ 79. 230	PMR

可能对 GNSS L1 或 L5 频带产生射频干扰的商业广播服务包括：

AM 无线电广播：AM 发射频率段是在 ITU 的 2 区,频率范围为 535 ~ 1605kHz。即使调幅无线电发射机可以发射最大的功率(50kW),但是由于所需谐波的最小阶数在带内无法与 GNSS 频带对准,它们不大可能对 GNSS 频带造成任何干扰。对于 L1 频带,谐波的最小阶数为 985。对于 GNSS L5 频段,最小阶次为 735。

FM 无线电广播：FM 无线发射频率在 ITU 的 2 区的 88 ~ 108MHz。尽管调频无线电广播服务中有几个谐波落入了 GNSS L1 或 L5 频带,也可能对 GNSS 接收机工作造成严重的射频干扰,但是目前还没有一个由于调频无线电广播服务造成对 GNSS 接收机射频(RF)干扰的案例报告。

模拟电视广播：模拟电视广播工作在三个不同的频带。VHF 传输工作在两个不同的频带。第一频带位于 54 ~ 88MHz,第二频带位于 174 ~ 216MHz。UHF 波段位于 512 ~ 806MHz。每个信道具有 6MHz 带宽。UHF 频段的最大发射功率限制在 5MW。法律规定,杂散应限于 - 60dBc。模拟电视广播允许总杂散辐射为 7dBW。然而,在现场实际测量中发现来自模拟电视的杂散发射通常被抑制超过 100dB[57]。

数字电视广播：数字电视广播与模拟广播工作频率相同。数字电视广播比模拟电视广播具有更严格的功率和杂散泄露要求。数字电视广播的最大功率电平被限制在 1MW,并且杂散泄露必须被限制在至少 110dB,测量带宽为 500kHz。这限制了 GNSS L1、GNSS L5 频段的最大寄生发射分别为 - 33. 19dBW 和 - 33. 88dBW。

DME：位于飞机上 DME 应答器的工作频率为 1025 ~ 1150MHz。利用脉冲调制信号,峰值发射功率为 2kW,带宽为 1MHz。即使应答器以高功率(高达 2kW)传输,占空比通常在 0. 03% 左右。由于低占空比,应答器不会对 GNSS 接收机造成严重威胁。位于地面的 DME 应答器工作频率为 960 ~ 1215MHz。该频带与 GNSS L5 频带重叠,这可能会导致严重的射频干扰。DME 应答限于峰值功率 15kW 的 1MHz 带宽内。然而,典型的 DME 地面信标设备工作在 1kW 的峰值功率。此外,如果 TACAN 信标与 DME 信标共处,则在相同频率上它通常以 3. 5kW 的最大峰值功率发射。DME 应答器会对 GNSS 接收机造成严重的射频干扰。当在美国 DME 热点地区采用脉冲消隐抑制技术时,安装于飞机上的 GNSS 接收机的 SNR 损失预期高达 6dB [57]。

4.4.2 有意射频干扰

有意射频干扰是通过专门的干扰设备对正常 GNSS 接收机工作进行干扰,并且通常分为两类:压制和欺骗。

1. 压制

GNSS 压制干扰机是为了阻止 GNSS 接收机为用户提供 PVT 而设计的一类设备。它们通过发射和接近 GNSS 信号频率的高功率信号,对接收机进行压制干扰。文献[42]对不同商用的 GNSS 干扰机进行了综合评价。在研究中发现,所有用于评估的干扰机都使用扫频调制来产生干扰信号,大多数干扰机采用线性调频信号,干扰功率在 0.07~642mW 变化。

2. 欺骗

GNSS 欺骗干扰机是试图欺骗 GNSS 接收机,使其产生错误的 PVT 信息。关于如何成功欺骗 GNSS 接收机,已经出现了几种方法。在本节中,欺骗干扰被认为是对 GNSS 接收机射频信号的攻击。还有其他类型的攻击,例如恶意软件,可以用来欺骗 GNSS 接收机[58],但它们超出了本书讨论的范围。这里分三种不同情况讨论欺骗攻击[29]。

最简单的欺骗技术是使用 GNSS 信号模拟器来针对欺骗对象产生虚假的 GNSS 信号。如果被欺骗 GNSS 接收机获取并跟踪到这些虚假信号,最终导致它开始产生错误的 PVT。通常,这种类型的攻击与现实世界的 GNSS 信号是不同步的,这使得对其检测和抗干扰相对容易。用于测试 GNSS 接收机的 GNSS 信号模拟器可以看作是这种类型典型的 GNSS 欺骗干扰机。

更先进的欺骗器设计是欺骗信号发射器能发射与 GNSS 接收机同步的信号。这使得欺骗器和真实世界 GNSS 信号之间同步。如果欺骗发射器连接掌握发射天线和欺骗对象天线之间的空间指向关系的信息,那么它能够同步其发射信号,使得它们与被欺骗的接收机所看到的实际 GNSS 信号在时间和频率上一致。在实现这种同步之后,欺骗器可以就将被欺骗的接收机跟踪环路变为跟踪欺骗信号。当欺骗器逐渐使被欺骗的接收机不能获取正确的 PVT,被欺骗的接收机很难发现自己被欺骗干扰。然而,要实现这种类型的欺骗的困难之处在于,它需要很清楚欺骗干扰发射天线和被干扰 GNSS 接收机天线之间的空间指向关系。

最先进的欺骗干扰机是基于多个发射天线及实际的 GNSS 信号与欺骗干扰信号同步而设计的。这种类型的欺骗干扰需要非常了解被干扰接收机的天线相位中

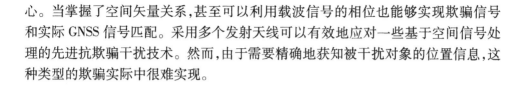

心。当掌握了空间矢量关系,甚至可以利用载波信号的相位也能够实现欺骗信号和实际 GNSS 信号匹配。采用多个发射天线可以有效地应对一些基于空间信号处理的先进抗欺骗干扰技术。然而,由于需要精确地获知被干扰对象的位置信息,这种类型的欺骗实际中很难实现。

4.4.3　抗干扰措施

为了减少射频干扰对 GNSS 接收机的影响,可以在 GNSS 接收机中采取不同的对策。这些对策总体上可分为干扰检测算法和干扰抑制算法两类。前一类算法的设计主要针对检测干扰射频信号是否进入 GNSS 接收机天线,而后一类算法的设计则主要针对抑制干扰信号造成的影响。

1. 干扰检测

干扰检测在接收机中是非常重要的一环,它能够确保 PVT 的完整性。接收机应具有干扰信号检测能力,以便能提供进一步的对策。至少,GNSS 接收机应具有告警指示能力,告知接收机工作状态不正常。此信息可用于提高接收机输出信息的完整性。

下面部分概述了当前经常使用的干扰检测算法。

(1)AGC:今天的 GNSS 接收机在射频前端使用多位模数转换器(ADC),它比单比特 ADC 能提供更好的性能。在 GNSS 接收机中使用多比特 ADC 时,自动增益控制(AGC)需要保持 ADC 输入的信号电平稳定。在 AGC 正常运行中,热噪声强度高于 GNSS 信号时会造成 AGC 跟随周围环境噪声变化[1]。当干扰射频信号出现在被干扰接收机天线周围时,由于接收机天线接收到过量射频能量,在 AGC 输出处可以观察到干扰射频信号的变化[1]。可以用增益电平的信息识别是否存在干扰信号。采用 AGC 干扰检测机制的难点在于 AGC 是基于接收机工作环境运行的,即使没有任何干扰信号,工作环境也在不断发生变化[1]。为了克服该问题,通过校准和热隔离可以进一步提高探测性能[1]。然而针对一些类型的干扰信号,例如脉冲干扰,AGC 的干扰检测器无法检测[47]。

(2)样本分布:根据 ADC 样本分布已经设计出了一种射频干扰检测算法。因为数字 AGC 采用样本分布测量来调谐 AGC 的增益,所以基于样本分布的射频干扰检测与数字 AGC 紧密相关。为从样品分布中检测射频干扰,可以采用卡方拟合优度检验[3,43]。对观察和参考用例之间的分布进行测试比较,并给出分布相似性度量。当射频干扰不服从高斯分布时,样本分布算法才能起作用。连续波干扰是此分布一个很典型例子,其中样本分布集中在连续波信号的峰值。

(3)频域:频域算法是通过傅里叶变换将预处理相关样本转换到频域,并尝试从预处理相关样本的频率中识别可能的干扰源。要么假设由于输入样本受环境白噪声影响,接收机通带内频谱平坦,要么在检测过程开始时进行校准以先确定无干扰频谱的内容。频域方法已广泛地结合自适应滤波技术,可用于调谐滤波器以滤除干扰信号[10,14,50]。频域干扰检测对 CW 等窄带干扰信号具有良好的检测性能,而对于宽带干扰,频域分析性能表现不佳[41]。

2. 干扰抑制

干扰抑制是为了降低射频干扰信号对 GNSS 接收机性能的影响。关于如何在 GNSS 接收机上进行干扰抑制,目前有几种方法。针对不同的射频干扰源采用不同抗干扰算法以提供良好的性能。

接下来讨论抑制射频干扰的常用方法。

(1)信号消隐:信号消隐法适用于只在短时间内存在的干扰信号。信号消隐需要检测出干扰信号何时有效,并且在该期间内输入空样本。从理论上讲,一个完美的脉冲消隐算法将导致 $10\log_{10}(1-\mathrm{PDC_B})$ 的 SNR 损耗,其中 $\mathrm{PDC_B}$(对消隐脉冲占空比)是所有脉冲总占空比超过阈值的部分。任何信号消隐算法都是一种次优的干扰抑制技术,因为它还消除了部分有用信号[25]。

(2)自适应滤波:自适应滤波算法是通过估计输入信号上的射频干扰,并适当地调整滤波器参数,以滤除输入信号上的所有射频干扰。自适应滤波的方法有多种,其中最小均方误差(LMS)技术通过迭代实现滤波器输出端信号功率最小化[8-9]。该方法的原理是:干扰信号的功率通常比噪声大得多,最小化信号输出处的功率将有效地去除射频(RF)干扰信号。自适应滤波对窄带 RF 干扰是最有效的。在宽带 RF 干扰下,自适应滤波器也滤除了大部分有用的 GNSS 信号,从而降低了干扰抑制性能。

(3)波束成形:基于波束形成的干扰抑制算法动态地控制天线方向图,以将最大增益指向卫星,或在干扰方向形成最小增益。基于波束形成算法与其他 RF 干扰抑制算法相比具有很好的性能。在大多数情况下,射频干扰源位于地面,这使得能够很好地保护接收机免受射频干扰,因为射频干扰的 DOA 与 GNSS 卫星信号的 DOA 很好区分。此外,由于滤波是基于 DOA 的,这些算法对不同类型的射频干扰都具有良好的表现[12]。波束形成存在的共性问题都是它们的硬件和计算昂贵。它们要求为多个天线单元中的每个天线单元计算 RF 前端配置参数和自适应加权函数。

4.5 小结

本章介绍了 GNSS 定位的三个主要误差源,以及不同的误差缓解技术。

电离层抑制技术既有优点又存在局限性。物理模型通过调整少量参数可以减少一定的误差。电离层地图提高了物理模型的精度,但是要求用户访问详细的网格信息,对于只有低粒度建模的接收机,则无法提供高精度的解决方案。数据驱动模型为低纬度地区提供了一个很好的替代方案,但是需要生成能持续更新的本地模型。实际应用过程应根据工作的复杂程度、可用资源和所能接受的延迟,相应地采用不同的解决方案。

多径现象以不同的程度和方式影响着所有 GNSS 的观测值。在某些方面,人们依赖卫星系统(获取更多的信号,以及先进的调制技术)来抑制多径效应。使用目前的一些抑制技术,长时延多径反射是可能被检测到的,然而,短延迟多径仍然是一个挑战性问题。每一种抑制技术在特定情况下效果都很好,但对环境复杂度都有一定要求。将这几种技术有效地集成,特别是在即将到来的多系统场景中,似乎是今后抑制多径影响的最佳方案。然而,在环境复杂度不高的情况下,多径检测仍不失为一个好方法。

由于卫星信号到达地球表面时非常微弱,容易受射频干扰是 GNSS 的另一个很大弱点。杂波信号会影响到接收机的性能,导致 PVT 解决方案的精度下降,甚至使得接收机不能定位工作。因此,接收机具有干扰检测并抑制的能力至关重要。针对不同的干扰类型,抗干扰技术也有不同的适应性。例如,基于频域的方法在检测窄带干扰信号方面具有良好的性能,但是针对宽带干扰时性能较差。在干扰抑制方面,消隐方法对 DME 脉冲效果很好。自适应滤波对窄带干扰效果更好。波束形成技术具有最好的抗干扰性能,但它们的硬件成本高和计算量较大。

致谢:该项工作得到了欧盟玛丽·居里初级培训联盟 MULTI - POS(多技术定位专家联盟)FP7 项目的资助,资助编号 316528。

参考文献

[1] D. M. Akos,Who's afraid of the spoofer GPS/GNSS spoofing detection via automatic gaincontrol (AGC). Navigation 59(4),281 - 290 (2012)

[2] B. Arbesser - Rastburg,The Galileo single frequency ionospheric correction algorithm,in Third European Space Weather Week,vol. 13 (2006),p. 17

[3] F. Bastide et al. ,Automatic gain control (AGC) as an interference assessmenttool,in ION GPS/GNSS 2003,16th International Technical Meeting of the Satellite Division of The Institute of Navigation (2003),pp. 2042 - 2053

[4] M. Z. H. Bhuiyan, E. S. Lohan,Advanced multipath mitigation techniques for satellite - based positioning applications. Int. J. Navig. Observ. 2010,1 - 15 (2010)

[5] M. H. Z. Bhuiyan, E. S. Lohan,Multipath mitigation techniques for satellite - based positioning applications,in Global Navigation Satellite Systems - Signal,Theory and Applications (In Tech, Rijeka,2012)

［6］ A. Bilich, K. M. Larson, P. Axelrad, Modeling GPS phase multipath with SNR: case study from the Salar de Uyuni, Boliva. J. Geophys. Res. Solid Earth 113(B4), B04401 (2008)

［7］ D . Bilitza, IRI international reference ionosphere, http://iri. gsfc. nasa. gov/. Accessed 24 May 2016

［8］ D. Borio, L. Camoriano, P. Mulassano, Analysis of the one – pole notch filter for interference miti-gation: Wiener solution and loss estimations, in Proceedings of the 19th International Technical Meeting of the Satellite Division of The Institute of Navigation (ION GNSS 2006) (2006), pp. 1849 – 1860

［9］ D. Borio, L. Camoriano, L. Lo Presti, Two – pole and multipole notch filters: a computationally effective solution for GNSS interference detection and mitigation. Syst. J. IEEE 2 (1), 38 – 47 (2008)

［10］ D. Borio et al. , Time – frequency excision for GNSS applications. Syst. J. IEEE 2(1), 27 – 37 (2008)

［11］ C. Cesaroni et al. , L – band scintillations and calibrated total electron content gradients over Brazil during the last solar maximum. J. Space Weather Space Clim. 5, A36 (2015)

［12］ S. Daneshmand et al. , Interference and multipath mitigation utilising a two – stage beamformer for global navigation satellite systems applications. IET Radar Sonar Navig. 7(1), 55 – 66 (2013)

［13］ G. Di Giovanni, S. M. Radicella, An analytical model of the electron density profile in the ionosphere. Adv. Space Res. 10(11), 27 – 30 (1990). doi:10. 1016/0273 – 1177(90)90301 – F

［14］ F. Dovis, L. Musumeci, Use of wavelet transforms for interference mitigation, in 2011 International Conference on Localization and GNSS (ICL – GNSS) (IEEE, New York, 2011), pp. 116 – 121

［15］ D. Egea – Roca et al. , Signal – level integrity and metrics based on the application of quickest detection theory to multipath detection, in Proceedings of the 28th International Techni-cal Meeting of the Satellite Division of the Institute of Navigation (ION GNSS + 2015) (2015), pp. 2926 – 2938

［16］ EUREF Permanent Network EPN, www. epncb. oma. be. Accessed 24 May 2016

［17］ European Union 2015, Galileo open service signal in space interface control document. Technical Report 1. 2. Accessed 24 May 2016

［18］ N. G. Ferrara et al. , Combined architecture. Enhancing multi – dimensional signal quality in GNSS receivers, in Inside GNSS Working Papers(2016), pp. 54 – 62

［19］ L. Garin, F. van Diggelen, J. – M. Rousseau, Strobe and edge correlator multipath mitigation for code, in Proceedings of 9th International Technical Meeting of the Satellite Division of The Institute of Navigation (ION – GPS96) (1996), pp. 657 – 664

［20］ Geodesia: Red de Estudios de Deformacion, geored. sgc. gov. co. Accessed 24 May 2016

［21］ S. Gleason, D. Gebre – Egziabher, GNSS Applications and Methods (Artech House, London, 2009)

［22］ D. E. Grimm, L. Steiner, R. Mautz, GNSS antenna orientation and detection of multipath signals from direction of arrival, in Proceedings of 25th International Technical Meeting of the Satellite

Division of the Institute of Navigation (ION GNSS + 2012) (2012)

[23] P. D. Groves et al. , Intelligent urban positioning using multi – constellation GNSS with 3D mapping and NLOS signal detection, in Proceedings of 25th International Technical Meeting of the Satellite Division of the Institute of Navigation (ION GNSS + 2012) (2012)

[24] R. R. Hatch, The synergism of code and carrier measurements, in Proceedings of the Third International Symposium on Satellite Doppler Positioning (1982)

[25] C. Hegarty et al. , Suppression of pulsed interference through blanking, in Proceedings of the IAIN World Congress and the 56th Annual Meeting of The Institute of Navigation (2000), pp. 399 – 408

[26] M. Hernandez – Pajares et al. , The IGS VTEC maps: a reliable source of ionospheric information-since 1998. J. Geod. 83(3 – 4), 263 – 275 (2009). doi: 10. 1007/s00190 – 008 – 0266 – 1

[27] B. Hofmann – Wellenhof, H. Lichtenegger, E. Wasle, GNSS – Global Navigation Satellite Systems: GPS, GLONASS, Galileo, and More (Springer, Wien, 2008)

[28] M. Irsigler, Multipath propagation, mitigation and monitoring in the light of Galileo and the modernized GPS. Ph. D. thesis, University FAF Munich, 2008

[29] A. Jafarnia – Jahromi et al. , GPS vulnerability to spoofing threats and a review of antispoofing techniques. J. Navig. Observ. 2012 (2012). doi: 10. 1155/2012/127072

[30] C. Jeffrey, An Introduction to GNSS GPS, GLONASS, Galileo and Other Global Navigation Satellite Systems (NovAtel Inc. , Calgary, 2010)

[31] S. – P. Kao, Y. – C. Chen, F. – S. Ning, A MARS – based method for estimating regional 2 – D ionospheric VTEC and receiver differential code bias. Adv. Space Res. 53 (2), 190 – 200 (2014). doi: 10. 1016/j. asr. 2013. 11. 001

[32] D. E. Kaplan, J. C. Hegarty, Understanding GPS: Principles and Applications, 2nd edn. (Springer/ Artech House, Wien/New York, 2006)

[33] P. M. Kintner Jr. , T. Humphreys, J. Hinks, GNSS and ionospheric scintillation – how to survive the next solar maximum, in Inside GNSS, July – August 2009, pp. 22 – 30

[34] J. A. Klobuchar, Ionospheric time – delay algorithm for single – frequency GPS users. IEEE Trans. Aerosp. Electron. Syst. 3, 325 – 331 (1987)

[35] J. A. Klobuchar, Ionospheric effects on GPS. GPS World 4, 48 – 51 (1991)

[36] R. J. Landry, A. Renard, Analysis of potential interference sources and assessment of present solutions for GPS/GNSS receivers, in 4th St. Petersburg International Conference on Integrated Navigation Systems (1997), pp. 1 – 13

[37] S. K. Leong et al. , Assessment of ionosphere models at Banting: performance of IRI – 2007, IRI – 2012 and NeQuick 2 models during the ascending phase of Solar Cycle 24. Adv. Space Res. 55(8), 1928 – 1940 (2015)

[38] W. C. Machado, E. S. da Fonseca Jr. , Artificial neural networks applied to VTEC prediction in Brazil. Redes Neurais Artificiais Aplicadas Na Previso Do VTEC No Brasil. Bol. Cienc. Geod. 19 (2), 227 – 246 (2013)

［39］ S. Magdaleno, M. Herraiz, B. A. de La Morena, Characterization of equatorial plasmade pletions detected from derived GPS data in South America. J. Atmos. Sol. Terr. Phys. 74, 136 – 144 (2012)

［40］ C. P Mantz, Q. Zhou, Y. T. Morton, Application of a neural network model to GPS ionosphere error correction, in Position Location and Navigation Symposium, 2004. PLANS 2004 (IEEE, New York, 2004), pp. 538 – 542. doi:10. 1109/PLANS. 2004. 1309039

［41］ L. Marti, F. van Graas, Interference detection by means of the software defined radio, in Proceedings of the 17th International Technical Meeting of the Satellite Division of The Institute of Navigation (ION GNSS 2004) (2001), pp. 99 – 109

［42］ R. H. Mitch et al., Signal characteristics of civil GPS jammers, in ION GNSS 2011 the 24th Int – ernational Technical Meeting of The Satellite Division of the Institute of Navigation, Portland OR (2011), pp. 1907 – 1919

［43］ B. Motella, M. Pini, L. Lo Presti, GNSS interference detector based on chi – square goodness of – fit test, in 2012 6th ESA Workshop on Satellite Navigation Technologies and European Workshop on GNSS Signals and Signal Processing (NAVITEC) (2012), pp. 1 – 6. doi:10. 1109/ NAVITEC. 2012. 6423070

［44］ NASA: Real Time Ionospheric Maps, http://ionojplnasagov/latest_rti_global. html. Accessed 23 May 2016

［45］ Navstar Global Positioning System: Interface Specification IS – GPS – 705. Technical Report, GPS Joint Program Office, 2003

［46］ Navstar Global Positioning System: Interface Specification IS – GPS – 200, Revision D. Technical Report, GPS Joint Program Office, 2006

［47］ A. Ndili, P. Enge, GPS receiver autonomous interference detection, in Position Location and Navigation Symposium, IEEE 1998 (IEEE, New York, 1998), pp. 123 – 130

［48］ R. D. J. Nee, Multipath effects on GPS code phase measurements. Navigation 39 (2), 177 – 190 (1992)

［49］ O. J. Olwendo et al., Comparison of GPS TEC variations with IRI – 2007 TEC prediction at equatorial latitudes during a low solar activity (2009 – 2011) phase over the Kenyan region. Adv. Space Res. 52 (10), 1770 – 1779 (2013)

［50］ M. Paonni et al., Innovative interference mitigation approaches: analytical analysis, implem entationand validation, in 2010 5th ESA Workshop on Satellite Navigation Technologies and European Workshop on GNSS Signals and Signal Processing (NAVITEC) (2010), pp. 1, 8, 8 – 10 doi:10. 109/NAVITEC. 2010. 5708055

［51］ R. Prasad, M. Ruggieri, Applied Satellite Navigation – Using GPS, GALILEO and Augmentation Systems (ARTECH House Publishers, Boston, 2005)

［52］ J. K. Ray, Mitigation of GPS code and carrier phase multipath effects using a multi – antenna system. Ph. D. thesis, National Library of Canada, Bibliothque nationale du Canada, 2001

［53］ J. K. Ray, M. E. Cannon, Characterization of GPS carrier phase multipath, in Proceedings of ION

National Technical Meeting (1999), pp. 243 – 252

[54] J. K. Ray, M. E. Cannon, P. C. Fenton, Mitigation of static carrier – phase multipath effects using multiple closely spaced antennas. Navigation 46(3), 193 – 201 (1999)

[55] Red GNSS de Monitoreo Continuo del Ecuador REGME, http://www. geoportaligm. gob. ec. Accessed 24 May 2016

[56] C. Rost, L. Wanninger, Carrier phase multipath mitigation based on GNSS signal quality me asurements. J. Appl. Geod. 3(2), 81 – 87 (2009)

[57] RTCA (Firm). SC – 159, Assessment of Radio Frequency Interference Relevant to the GNSS L5/ E5A Frequency Band (2004). RTCA/DO. RTCA

[58] L. Scott, Spoofing: upping the anti. Inside GNSS. Thought Leadership Series (2013), pp. 18 – 19

[59] G. Seco – Granados et al. , Challenges in indoor global navigation satellitesystems: unveiling itscore features in signal processing. IEEE Signal Process. Mag. 29(2), 108 – 131 (2012)

[60] M. Smyrnaios, S. Schon, M. Liso Nicolas, Multipath propagation, characterization and modeling in GNSS, in Geodetic Sciences – Observations, Modeling and Applications, ed. by S. Jin, Chap. 2 (InTech, Rijeka, 2013)

[61] M. Spangenberg et al. , Urban navigation system for automotive applications using HSGPS, inertial and wheel speed sensors, in ENC – GNSS 2008, Conference Europeenne de la Navigation(2008)

[62] Er. Steingass, A. Lehner German, Measuring the navigation multipath channel – a statistical analysis, in Proceedings of the ION GNSS 2004 (2004); Citeseer

[63] T. Suzuki, N. Kubo, GNSS positioning with multipath simulation using 3D surface model in urban canyon, in 25th International Technical Meeting of the Satellite Division of the Institute of Navigation 2012, ION GNSS 2012 (2012)

[64] H. Takahashi et al. , Diagnostics of equatorial and low latitude ionosphere by TEC mapping over Brazil. Adv. Space Res. 54(3), 385 – 394 (2014)

[65] D. V. Ratnam et al. , TEC prediction model using neural networks over a low latitude GPS station. Int. J. Soft Comput. Eng. 2(2), 2231 – 2307 (2012)

[66] L. Wanninger, M. May, Carrier – phase multipath calibration of GPS reference stations. Navigation 48(2), 112 – 124 (2001)

[67] R. Watson et al. , Investigating GPS signals indoors with extreme high – sensitivity detection techniques. Navigation 52(4), 199 – 213 (2005)

第 5 章

GNSS 在城市环境的服务质量

**Enik Shytermeja, Maciej Jerzy Pa'snikowski, Olivier Julien,
Manuel Toledo López**

5.1 常规全球导航卫星系统信号跟踪

近年来,全球导航卫星系统(GNSS)在城市导航应用和相关服务的发展中占据重要地位。随着 GNSS 的城市应用的不断增长,定位服务质量不断为人们所关注,不仅体现在服务的准确性、可用性和连续性方面,而且还体现在通过一整套的服务来满足各种应用需求[28]。在讨论城市导航问题之前,先介绍 GNSS 信号处理及接收机结构,如图 5.1 所示。

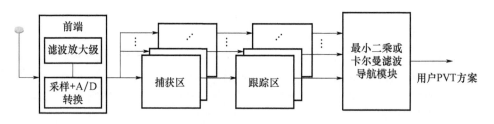

图 5.1　GNSS 接收机结构

作者联系方式:

E. Shytermeja(✉) · O. Julien

Telecom Lab, SIGNAV Research Group, École Nationale de l'Aviation Civile, 7 Avenue Edouard

Belin, 31055 Toulouse cedex 4, France

e – mail: shytermeja@ recherche. enac. fr

M. J. Pa'snikowski · M. T. López

GMV Aerospace andDefence S. A. U. , Calle Isaac Newton 11 P. T. M. , 28760 Tres Cantos,

Madrid, Spain

　　任何 GNSS 导航接收机设计的指导思想都是将从卫星接收到的时序信号进行处理,以计算用户的 PVT。与 CDMA 通信不同,GNSS 接收机依靠其本地时间与 GNSS 卫星时间之间的精确同步来进行距离(伪距估计)和速度(多普勒估计)的测量[27]。接收机处理包括:

　　(1)模拟射频前端是信号处理链路的第一步。它包括接收天线、低噪声放大器(LNA)、中频下变频器、中频带通滤波器和模数(A/D)转换。该过程的输出是一个空间信号(SIS)的中频离散形式。

　　(2)捕获策略是首先检测每个卫星信道是否有信号,然后,根据在二维搜索空间中接收机生成的 PRN 码和接收信号多普勒频移(f_D)(包括与卫星速度和用户接收机运动相关的多普勒项),粗略估计接收码的延迟(τ)。(τ, f_D)将被进一步送入后续的跟踪阶段,并修正估计值 τ。

　　(3)跟踪阶段涉及每个卫星,包括两个子模块:一个是利用 DLL 连续跟踪相关输入信号的编码相移($\delta\tau$),另一个是利用载波跟踪环路估计残余多普勒频移(δf_D)和载波相移($\delta\phi$)。仅用于估计(δf_D)的载波跟踪模块称为 FLL,同时估计(δf_D)和($\delta\phi$)的载波跟踪环路称为 PLL[3-4]。图 5.2 给出了单个跟踪信道的通用码和载波跟踪环路(DLL/FLL/PLL)结构图。

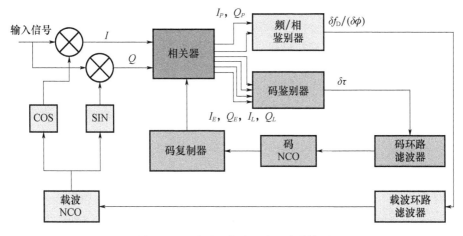

图 5.2　通用码和载波跟踪环路结构图

　　(4)导航模块是导航处理部分,也是最后一步,包括以下步骤:

　　① 位同步是在完成伪码和载波估计后,确定基于过零检测的所有比特转换时间的所在相位。

　　② 导航数据解调实现导航数据位的恢复,从导航报文中提取卫星星历表、GPS 周内时间和卫星时钟校正参数、接收信号的系统状态和时间戳[4,27]。

　　③ 卫星位置计算是根据当前的日期和时间,与发送信号卫星的健康状况标记

以及,关于发送信号的卫星的轨道信息,称为星历,而包含在 GNSS 程序中的卫星信息状态,称为年历。

④ 导航解算是接收机信号处理单元的最后一步。该部分的最终输出是使用加权最小二乘(WLS)算法或卡尔曼滤波(KF)估计技术进行的用户位置、速度和时间估计,而后者在信号受限的环境中提供了与状态前向预测模型相关的位置解决方案,并提高计算结果的可用性。这两种定位算法都以卫星对用户伪距和多普勒测量作为输入,通过跟踪电平和导航报文解码过程中的卫星位置信息获得。

接收机实际获得的每个跟踪卫星的伪距测量值可以建模如下:

$$\rho_i = d_i + c(\delta t_u - \delta t_{s,i} + \delta t_{iono,i} + \delta t_{tropo,i} + \delta t_{\in,i} + \delta t_{rel,i} + \delta t_{n,i}) \qquad (5.1)$$

式中:d_i 为第 i 颗卫星和接收机间的真实几何距离;δt_u 为接收机时间和 GNSS 时间的偏差;$\delta t_{s,i}$ 为卫星时钟偏置;$\delta t_{iono,i}$ 和 $\delta t_{tropo,i}$ 分别为电离层和对流层引起的误差;$\delta t_{\in,i}$ 为随时间缓慢变化的(1h 内 2m 均方根误差(rms))卫星星历误差;$\delta t_{rel,i}$ 为相对误差;$\delta t_{n,i}$ 包括噪声和码多径误差项。

需要注意的是,各项误差通常认为是服从零均值和零方差的高斯分布,并组合成总误差,即用户等效范围误差(UERE)。在自然条件下,对于单频 GNSS 接收机,其主要误差来自电离层。因此,通常利用 Klobuchar 模型实现电离层误差校正[16],它能够对 50% 左右电离层误差进行建模修正。但是,实现电离层误差校正更有效的技术是 IGS,它为世界各地的用户发布了一份全球 TEC 地图。IGS 模型需要用户插入自己的 TEC 并计算电离层延迟。IGS 精确电离层模型可以消除至少 80% 的电离层误差。NeQuick 是为欧洲全球导航卫星系统(Galileo)单频接收机计算电离层误差校正而提出的电离层模型[8]。然而,当涉及城市环境时,主要误差成分实际上是由多路径误差构成的,这增加了系统 UERE 误差的方差。此外,多路径误差影响定位精度,而伪距误差的计算没有考虑定位偏差。

随着捕获阶段的完成,数字中频信号被送到信号跟踪部分。通常在接收机中,信号跟踪部分实现了对所有观测卫星的同步跟踪。在这个阶段,接收机根据传入信号的参数生成一个本地码信号。跟踪阶段的目标是根据相关器输出输入信号码延迟和载波频率/相位的精确估计。图 5.2 给出了基本 GNSS 跟踪结构框图。基本 GNSS 跟踪结构主要包括以下几个主要模块。

(1)码/载波鉴别器:利用相关器输出的量,计算码延迟和载波跟踪误差;

(2)数控振荡器(NCO):负责将鉴别器输出转换成可以生成本地码的频率。必须注意,使用不同的数控振荡器来产生码和载波。

(3)环路滤波器:用于降低鉴别器在 NCO 输入端的噪声。滤波器参数(如带宽、积分时间、滤波器阶数)的选择与用户的运动特性密切相关。

在 GNSS 接收机中,码延迟和载波频率/锁相环需要共同使用。但是,为了更好地理解跟踪环路,在下文中,我们将分别详细分析码跟踪环路和载波跟踪环路。

5.1.1　码跟踪环路

　　码跟踪环路是一个反馈环路,负责精确地估计出输入信号的码相位延迟,并通过 DLL 使其与本地码延迟保持一致。必须指出的是,由于码片持续时间较长,码延迟跟踪提供了比载波跟踪更稳健的测量,这尤其适用于城市环境。DLL 结构的输入是数字信号 s_{in},如图 5.3 所示。

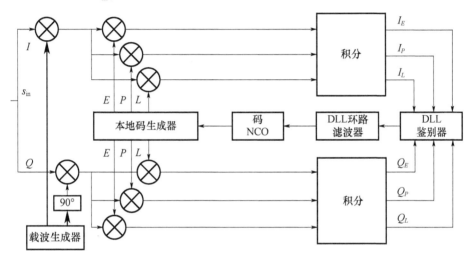

图 5.3　GNSS 延时锁环结构(加粗部分与载波跟踪有关,并且在 DLL 外部)

　　正弦和余弦映射函数产生两个信号分支,如图 5.3 中所示,为载波 NCO 和生成器产生 I 和 Q 信号分量,其相位相差 $90°$。I 和 Q 分量与本地码延迟(前一个,当前和后一个)相乘,可以表达为

$$\begin{cases} E = R_{\mathrm{c}}\left(t - \hat{\tau} - \dfrac{C_{\mathrm{s}}}{2}\right) \\ P = R_{\mathrm{c}}(t - \hat{\tau}) \\ L = R_{\mathrm{c}}\left(t - \hat{\tau} + \dfrac{C_{\mathrm{s}}}{2}\right) \end{cases} \tag{5.2}$$

式中:当前本地码 R_{c} 与输入信号编码对齐,而超前和滞后码分别是通过半码片 $\dfrac{C_{\mathrm{s}}}{2}$ 对输入信号码进行超前或延迟来获得。

　　最后,三个相关器输出到每个并行跟踪信道,可表示为

$$
\begin{cases}
I_P = A \cdot N \cdot R_c(\delta t_u) \cdot \dfrac{\sin(\pi \cdot \delta f_D \cdot T)}{\pi \cdot \delta f_D \cdot T} \cdot \cos(\delta\phi_c) + n_{IP} \\[2mm]
I_E = A \cdot N \cdot R_c\left(\delta t_u - \dfrac{C_s}{2}\right) \cdot \dfrac{\sin(\pi \cdot \delta f_D \cdot T)}{\pi \cdot \delta f_D \cdot T} \cdot \cos(\delta\phi_c) + n_{IE} \\[2mm]
I_L = A \cdot N \cdot R_c\left(\delta t_u + \dfrac{C_s}{2}\right) \cdot \dfrac{\sin(\pi \cdot \delta f_D \cdot T)}{\pi \cdot \delta f_D \cdot T} \cdot \cos(\delta\phi_c) + n_{IL} \\[2mm]
Q_P = A \cdot N \cdot R_c(\delta t_u) \cdot \dfrac{\sin(\pi \cdot \delta f_D \cdot T)}{\pi \cdot \delta f_D \cdot T} \cdot \sin(\delta\phi_c) + n_{QP} \\[2mm]
Q_E = A \cdot N \cdot R_c\left(\delta t_u - \dfrac{C_s}{2}\right) \cdot \dfrac{\sin(\pi \cdot \delta f_D \cdot T)}{\pi \cdot \delta f_D \cdot T} \cdot \sin(\delta\phi_c) + n_{QE} \\[2mm]
Q_L = A \cdot N \cdot R_c\left(\delta t_u + \dfrac{C_s}{2}\right) \cdot \dfrac{\sin(\pi \cdot \delta f_D \cdot T)}{\pi \cdot \delta f_D \cdot T} \cdot \sin(\delta\phi_c) + n_{QL}
\end{cases}
\tag{5.3}
$$

式中:I 和 Q 为同相和正交信号分量;E、P、L 为超前、当前和滞后相关器;A 为从信号载波噪声比 C/N_0 计算得到的接收信号幅度;N 为累积相关器采样数,设积分时间为 20ms,则将这个采样数设置为 20;R_c 为测距码的自相关函数;δ_τ 为码相位延迟误差;C_s 为相关器偏移,表示为 $C_s = k_{C_s} \cdot T_c$,其中 k_{C_s} 为码片单元中的相关器间距,T_c 为码片周期;δf_D 为本地载波(或多普勒)频率误差;$n_{I/P}$ 为相关器噪声,一般呈高斯分布,均值为零且方差为 $\sigma_{IQ}^2 = \dfrac{C}{2 \cdot T \cdot 10^{\frac{(C/N_0)}{10}}}$,它是利用文献[23]中载波功率和噪声功率之比 C/N_0 计算得到;$\delta\phi_c$ 为积分区间上的平均载波相位误差,可根据文献[26]计算如下:

$$
\delta\phi_c = \delta\phi_0 + \frac{T}{2} \cdot \delta f_0 + \frac{T^2}{6} \cdot \delta a_0
\tag{5.4}
$$

式中:零下标表示积分间隔起始值,δa_0 为载波频率速率误差(或相位加速度误差);E 和 L 相关器的间距与码自相关函数的锐度密切相关。因此,对于 GPS 卫星的 L1 信号,E 和 L 本地码在相位上相差 0.5 码片,而对于 Galileo 的 E1 信号,复合二进制偏移载波(CBOC)的相位差距减小到 0.2 码片[13]。DLL 是用于加性高斯白噪声(AWGN)情况下跟踪输入信号和本地码的相对延迟。为此,仅在输入码和本地码[14]同步的情况下,才采用鉴码器函数为零(null)的空搜索策略。最常用的鉴码器是非相干 EML 和直达单径(direct path,DP),这是由于它们对载波相位误差不敏感。可将它们定义为

$$
D_{EMLP} = (I_E^2 + Q_E^2) - (I_L^2 + Q_L^2)
\tag{5.5}
$$

$$
D_{DP} = (I_E - I_L) \cdot IP + (Q_E - Q_L) \cdot QP
\tag{5.6}
$$

在时刻 k 的码延迟估计 τ_k 可通过鉴码器的输出 $D_{EMLP/DP}$、K_{code}(DLL 环路滤波器增益)和 f_{code}(码片速率)等获得,公式为

$$\tau_k = \tau_{k-1} + K_{\text{code}} \cdot \frac{D_{\text{EMLP/DP}}}{f_{\text{code}}} \tag{5.7}$$

DLL 的性能取决于以下三个主要参数:

(1)累积时间:长累积时间可以降低 DLL 噪声,但是需要设置数字位转换周期的上限(例如,对于 GPS 的 L1 信号中 C/A 码的信号跟踪应设置为 20ms)。而在进行导频信号跟踪时,可不限制累积时间。此外,积分时间选择与用户动态成正比。

(2)DLL 阶数:DLL 阶数对跟踪误差有很大影响。因此,较高的 DLL 阶数可以提高码对跟踪环路动态误差的鲁棒性。在传统的 GNSS 接收机中,一阶 DLL 通常将与高阶 PLL 结合起来使用,能很好地处理动态误差。

(3)环路带宽:DLL 环路带宽越窄,降噪效果越好。

5.1.2　载波跟踪环路

载波跟踪环路是一种反馈环路,负责精确地估计接收到的 GNSS 载波的多普勒频率(f_D)及其载波相位(ϕ_c)。为此,可使用拥有两个不同的载波跟踪环路的 GNSS 接收机,如 FLL 和 PLL。FLL 能够跟踪信号的多普勒频率而不用考虑载波相位。一旦 FLL 给出载波频率的精确估计,就启动 PLL,以能在较窄的频带上锁定输入信号相位[9]。在常见的 GNSS 接收机中,需要利用拥有科斯塔斯环路(Costas loop)的 PLL 来实现载波跟踪,它对数据位转换时 180°相位反转不敏感[4,9]。载波跟踪环路的一般结构如图 5.4 所示。

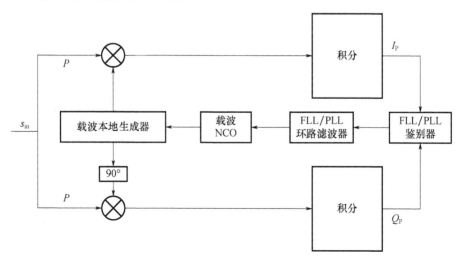

图 5.4　常规载波跟踪环路一般结构

FLL 和 PLL 跟踪环路都只使用来自基带信号处理器的即时(对齐)码,唯一的区别在于环路相位跟踪的三个量和频率跟踪的两个量[10]。如图 5.4 所示,有两次乘法:一个在输入信号 s_{in} 与本地载波相乘生成同相支路 I;另一个是输入信号与正交支路 Q 的 90°相移本地载波相乘。

然后,对两个信号进行低通滤波,消除双中频项,并反馈到载波鉴别器。GNSS 领域中最常用的 PLL 鉴别器是反正切鉴别器,定义为

$$\in_{\phi k} = \arctan\left(\frac{Q_P(k)}{I_P(k)}\right) \tag{5.8}$$

最后,对载波鉴别器输出进行滤波,预测和估计多普勒频率和用户动态。通常在 GNSS 接收机中,使用三阶 PLL 来估计载波相位误差、多普勒频移和多普勒调频率。载波鉴频器采用的相关器输出同时来自当前和前一时刻量。常用的 FLL 鉴别器有判决引导叉积(DDC)、交叉点积(COD)和反正切判别器,计算公式分别为

$$D_{FLL-DDC} = I_P(k-1) \cdot Q_P(k) - I_P(k) \cdot Q_P(k-1)$$
$$\cdot \operatorname{sign}(I_P(k-1) \cdot I_P(k) + Q_P(k-1) \cdot Q_P(k))$$

$$D_{FLL-COD} = \frac{I_P(k-1) \cdot Q_P(k) - I_P(k) \cdot Q_P(k-1)}{I_P(k-1) \cdot I_P(k) + Q_P(k-1) \cdot Q_P(k)} \tag{5.9}$$

$$D_{FLL-ATAN} = \arctan\left(\frac{Q_P(k)}{I_P(k)}\right) - \arctan\left(\frac{Q_P(k-1)}{I_P(k-1)}\right)$$

有关载波频率和相位误差估计及其鉴别器归一化关系的详细信息,参见文献[10,14]。必须指出的是,载波跟踪环路的性能取决于积分时间、环路阶数及其带宽。环路阶数和积分时间越高,环路带宽越低,载波跟踪环路的方差越低,但其缺点是容易导致信号失锁[13]。

5.2 城市环境问题

城市环境条件对 GNSS 信号的接收有较大影响,主要表现为以下几方面[28]:

(1)多径传播:接收信号可以是通视传播(LOS)和非通视传播(NLOS),非通视传播为信号被反射或衍射(如来自地面、建筑物、树叶、灯柱等)后的一种传播方式[28]。

(2)GNSS 通视传播信号的衰减或阻塞:由于城市环境特征对 GNSS 通视传播的部分或全部阻塞而产生的一种现象。

(3)信号干扰:由甚高频和超高频电视信号以及数字视频广播地面(DVB-T)系统和 GNSS 组成的电信网络的频带重叠而产生。

下面给出上述城市环境误差源在信号电平或位置域产生的影响:

(1)接收机的信号相关导致偏差:多径传播的干扰信号会与接收机本地生成

的副本之间产生偏差。这种偏差会严重影响信号跟踪精度,紧接着大大降低伪距测量精度和位置估计精度。

（2）仅接收到非通视传播信号:当 GNSS 通视传播信号被堵塞时,只能接收反射的信号。这会导致产生伪距测量误差,从而降低定位精度。

（3）多模 GNSS 测量的不一致性:当一组伪距测量值是来自一个或更多个 GNSS 观测卫星时,接收值会与其观测值大不相同,该情况是上述三个误差源导致的结果。

这些恶劣的城市条件将导致定位不准确,甚至导航失效。在信号受限的环境中,导航问题需要将 GNSS 与微机电传感器（MEMS）集成来解决,这样,无论何种城市传播通道情况,导航都不会受影响。人们之所以对 MEMS 利用的兴趣越来越高,与它们的小尺寸（厘米级）和低成本有关,这主要得益于硅的制造工艺。在最常见的配置中,MEMS 惯性单元含有加速度计,该加速度计通过对车辆沿其敏感轴的特定力 f 进行双重积分来确定用户位置;MEMS 陀螺仪用于测量车身在每个敏感轴上的旋转运动,涉及车身传感器框架和两或三轴加速度计和陀螺仪,以及测量车辆航向的磁力计。在陆地导航中,只有水平定位才是最重要的,使用两个陀螺仪和一个加速度计,可以根据航迹推算 MEMS 的位置[28]。MEMS 单独使用时性能很低,不适合作为定位和导航的主要手段。因此,需要将 GNSS/MEMS 集成互补,这可以带来许多好处,例如 MEMS 是一种独立系统,不受有意干扰、无意干扰及传播路径的影响。有关经典的 GNSS/INS 集成技术详细内容见文献[20,33]。

5.3　先进的信号处理技术

以下内容重点介绍先进的 GNSS 信号处理技术,减少城市环境的不良影响,以确保定位方法的准确性和可用性。

5.3.1　GNSS 非视距传播信号抑制技术

如前所述,在城市环境中接收机会经常收到非视距传播信号。这会导致伪距测量误差,致使位置精度下降。为了解决这一状况,使用视觉辅助传感器是一个很好的策略,它不是用于导航,而仅是用于避免测量错误。为说明这个问题,这里提出一种大视场（通常为 180°）鱼眼摄像机的使用方法。该摄像头安装在车顶上,以便在车辆沿轨道移动时可向上拍摄天空图像[28]。这种方法可识别出非天空区域的 GNSS 卫星信号,使其不参与位置计算。在文献[1]中首次提出了用于 GNSS 卫星检测的鱼眼摄像机技术,该技术基于序列图像处理过程,如图 5.5 所示。

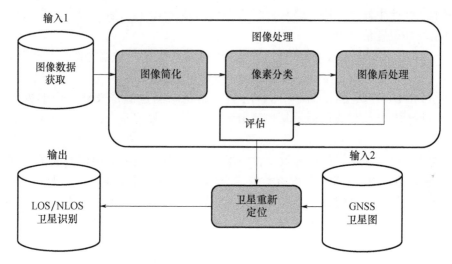

图 5.5 采用鱼眼相机的 GNSS 视距传播卫星探测框图[28]

鱼眼技术首先是图像数据获取。一旦获得数据,就进入图像处理阶段,包括 4 个步骤:

(1)图像简化:旨在将图像的颜色层次简化为能表征建筑物和天空区域的颜色。

(2)像素分类:采用图像聚类分类算法对天空和非天空(包括建筑物、植被、灯柱等)进行分类。

(3)图像后处理:对不属于上述两个类别的不确定区域进行重新分类。这些区域的产生是由于建筑物的反射和树影。

(4)评估:对以上的三种图像处理技术进行性能评估。在这一步中,图像处理计算时耗是考核实时性的关键指标[28]。

鱼眼技术的最后一个步骤是 GNSS 卫星的重新定位,即将车辆上 GNSS 接收机卫星图的位置坐标与简化鱼眼图进行重叠比较。最后,只有来自未阻塞或通视传播的卫星测量数据才被送入导航模块。还有一种有效的方法是对卫星在非天空区域获得的测量值进行加权。图 5.6 展示了在图卢兹市中心测量活动的鱼眼图像处理过程。

5.3.2　矢量跟踪技术

在使用标量跟踪(ST)时,当存在信号弱或信号功率显著下降时,受影响的卫星会发生失锁,因而导致数据不准确,其估计的伪距不会传递给导航处理器。矢量跟踪(VT)技术是减少多径干扰和非通视传播影响的一种有效方法,该技术第一次在文献[23]中出现,其中信号跟踪和导航由中央导航滤波器完成。传统的 ST 是对每个接收的卫星信道分别独立跟踪,而 VT 对所有卫星信道实施联合信号跟踪。此外,VT 利用了接收机位置和速度的信息,还可以进一步提高接收机的跟踪性能。

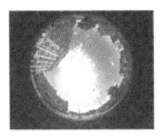
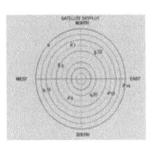

(a)测试中使用的
Eye UI-3240CP相机　　(b)处理算法初始阶段鱼眼相机的
图像输出(输入1)　　(c)观测到的GNSS卫星图

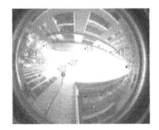

(d)经过像素分类和形态处理
后步骤的图像输出　　(e)视距传播检测算法的最终输出[28]

图 5.6　鱼眼图像处理过程

文献[23]对矢量延迟锁定环(VDLL)技术进行深入地研究,其 DLL 滤波器环路采用了扩展卡尔曼滤波器(EKF)。通过这种方式,来自 EKF 估计可以更新导航方案,并在反馈回路中产生每个跟踪信道的码 NCO,而载波频率/相位估计仍由 FLL/PLL 实现。VDLL 技术对 GPS L1 的弱信号跟踪性能已在文献[18、22、25、32]中得到证明,尤其在抑制信号干扰和衰减方面具有良好的鲁棒性。本节内容主要解析矢量延迟频率锁定环(VDFLL)结构的性能,这种结构是 VDLL 和矢量频率锁定环(VFLL)组合而成。从导航的角度来看,VDFLL 可以看作是一种融合技术,因为所有的跟踪信道 NCO 都由同一个导航滤波器控制。

这种双重结构的接收机可以获得更多的观测卫星数量,从而提高导航定位的准确性,可以显著提高城市峡谷和阴影区域导航方案的可用性[29]。VDFLL 结构包括三个子模块:含有 DLL/FLL 鉴别器的码/载波跟踪环路,EKF 及码/载波 NCO 修正。本节提出了一种双星单频带 L1/E1 VDFLL 结构,依据 EKF 解算的导航方案将码 DLL 和频率 FLL 跟踪环路相结合。图 5.7 为所述 L1/E1 VDFLL 结构的详细架构。

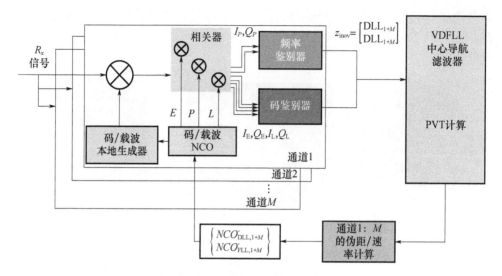

图 5.7　L1/E1 VDFLL 结构的详细框架

导航领域使用的卡尔曼滤波估计包含两个方程：

（1）时间更新（预测）方程：利用当前时间的状态向量 $\boldsymbol{X}_k^+$ 和协方差矩阵 $\boldsymbol{P}_k^+$，向前推测下一时间"先验"估计，得到 $\boldsymbol{X}_{k+1}^-$ 和 $\boldsymbol{P}_{k+1}^-$，其中 k 表示当前时间；

（2）观测更新（校正）方程：负责将当前观测量（表示为 $z_i n$）反馈到先验估计 $\boldsymbol{X}_{k+1}^-$ 和 $\boldsymbol{P}_{k+1}^-$，获得改进的"后验"估计 $\boldsymbol{X}_{k+1}^+$ 和 $\boldsymbol{P}_{k+1}^+$。

1. VDFLL EKF 状态模型

在提出的 EKF 中所选择的状态向量模型通常用 PVT 表示，如下：

$$\boldsymbol{X}_k = [x, \dot{x}, y, \dot{y}, z, \dot{z}, c \cdot t_{\mathrm{GPS-clk}}, c \cdot t_{\mathrm{GAL-clk}}, c \cdot \dot{t}_{\mathrm{clk}}]_k^{\mathrm{T}} \tag{5.10}$$

式中：接收机位置矢量 $[x(k), y(k), z(k)]^{\mathrm{T}}$ 及其速度矢量 $[\dot{x}(k), \dot{y}(k), \dot{z}(k)]^{\mathrm{T}}$ 的坐标在地心固定坐标系中（ECEF，简称地心坐标）；接收机的时钟动态性是与 GPS 和 Galileo 时间相关的时钟偏差及漂移分量 $[c \cdot t_{\mathrm{GPS-clk}}, c \cdot t_{\mathrm{GAL-clk}}, c \cdot \dot{t}_{\mathrm{clk}}]_k$，其中 c 为光速，因此时钟偏差和漂移分别以 m 和 m/s 为单位。如果卫星时钟的偏差已经完全纠正，则偏差的增加（即速率）只取决于接收机的时钟。因此，两个星图的时钟漂移相同。

EKF 在时域的连续模型可描述为

$$\dot{\boldsymbol{X}}(t) = \boldsymbol{\phi} \cdot \boldsymbol{X}(t) + \boldsymbol{B} \cdot \boldsymbol{w}(t) \tag{5.11}$$

式中：$\dot{\boldsymbol{X}}(t)$ 为状态矢量 $\boldsymbol{X}(t)$ 的导数；$\boldsymbol{w}(t)$ 为标准高斯白噪声；$\boldsymbol{\phi}$ 为系统矩阵，$\boldsymbol{B}$ 为有色噪声转移矩阵。在离散时域，VDFLL 导航滤波器的系统或动力学模型可以描述为

$$\boldsymbol{X}_k = \boldsymbol{\Phi} \cdot \boldsymbol{X}_{k-1} + \boldsymbol{w}_k \tag{5.12}$$

式中:$\boldsymbol{X}_k$ 为状态矢量由时间 $k-1$ 到 k 的推导结果;$\boldsymbol{\Phi}$ 为用户和时钟的时间变化,公式如下:

$$\boldsymbol{\Phi} = \begin{bmatrix} C & 0_{2\times2} & 0_{2\times2} & 0_{2\times3} \\ 0_{2\times2} & C & 0_{2\times2} & 0_{2\times3} \\ 0_{2\times2} & 0_{2\times2} & C & 0_{2\times3} \\ 0_{3\times2} & 0_{3\times2} & 0_{3\times2} & C_{\text{clk}} \end{bmatrix}_{9\times9} \tag{5.13}$$

其中,

$$C = \begin{bmatrix} 1 & \Delta T \\ 0 & 1 \end{bmatrix} \quad C_{\text{clk}} = \begin{bmatrix} 1 & 0 & \Delta T \\ 0 & 1 & \Delta T \\ 0 & 0 & 1 \end{bmatrix} \tag{5.14}$$

ΔT 代表相邻状态 $[w_b, w_d]_k^T$ 的时间间隔,即滤波器的测量更新时间。离散过程噪声矢量 w_k 为白高斯噪声向量,其均值为零,且离散协方差矩阵为 $\boldsymbol{Q}_k$。过程噪声 w_k 有两个,即用户动态噪声 $[w_x, w_{\dot{x}}, w_y, w_{\dot{y}}, w_z, w_{\dot{z}}]_k^T$(由用户位置和速度项组成)和接收机时钟噪声(本地振荡器 NCO 噪声),它们以单一向量分组表示为

$$\boldsymbol{w}_k = [w_x, w_{\dot{x}}, w_y, w_{\dot{y}}, w_z, w_{\dot{z}}, w_{b-\text{GPS}}, w_{b-\text{GAL}} w_d]_k^T \tag{5.15}$$

根据其特性,过程噪声的协方差矩阵 $\boldsymbol{Q}$ 的 5 个变量可以分成两大类:

(1)由用户运动产生:包括了 ECEF 坐标系内速度误差方差项($\sigma_{\dot{x}}^2, \sigma_{\dot{y}}^2, \sigma_{\dot{z}}^2$),可通过式(5.11)中的状态转移矩阵 $\boldsymbol{\Phi}$ 和有色噪声转移矩阵 $\boldsymbol{B}$ 转换到位置上。

(2)接收机的振荡器噪声:包括振荡器的相位噪声 σ_b 和振荡器频率噪声 σ_d,取决于振荡器本身的阿伦方差参数 h_0 和 h_{-2}[26]。

文献[29]详细给出了在离散域,过程噪声方差矩阵 $\boldsymbol{Q}_k = \text{diag}[Q_{x,k}, Q_{y,k}, Q_{z,k}, Q_{c,k}]$ 中各变量的计算。

2. VDFLL EKF 观测模型

状态与测量矢量之间的非线性关系为

$$z_k = h(\boldsymbol{X}_k) + \boldsymbol{v}_k \tag{5.16}$$

式中:h 为建立起测量 z_k 与状态 $\boldsymbol{X}_k$ 关联关系的非线性函数;$\boldsymbol{v}_k$ 为测量噪声矢量,为零均值的高斯白噪声且与过程噪声 w_k 不相关。对于 L1/E1 的 $j=1,2,\cdots,M$ 个跟踪通道,其码/载波跟踪输出的伪距 $\boldsymbol{\rho}_j$ 和多普勒测量值 $\dot{\boldsymbol{\rho}}_j$ 组成了测量矢量 V_k:

$$z_k = [(\rho_1, \rho_2, \cdots, \rho_M), (\dot{\rho}_1, \dot{\rho}_2, \cdots, \dot{\rho}_M)] \tag{5.17}$$

在笛卡儿 ECEF 坐标系,每个被跟踪卫星 j 的伪距 $\boldsymbol{\rho}_{j,k}$ 可表示为

$$\boldsymbol{\rho}_{j,k} = \sqrt{[x_{\text{sat}j,k} - X_k(1)]^2 + [y_{\text{sat}j,k} - X_k(3)]^2 + [z_{\text{sat}j,k} - X_k(5)]^2} \\ + X_k(7)[X_k(8)] + n_{\rho j,k} \tag{5.18}$$

其余 M 个通道的多普勒测量矢量计算如下:

$$\dot{\boldsymbol{\rho}}_{j,k} = (\dot{x}_{\text{satj},k} - X_k(2)) \cdot a_{x,j} + (\dot{y}_{\text{satj},k} - X_k(4)) \cdot a_{y,j} \qquad (5.19)$$
$$+ (\dot{z}_{\text{satj},k} - X_k(6)) \cdot a_{z,j} + X_k(9) + n_{\rho j,k}$$

式中：$(a_{x,j}, a_{y,j}, a_{z,j})$ 为接收机到第 j 个卫星沿 X、Y、Z 轴方向的 LOS 单位矢量；$(n_{\rho j,k}, n_{\dot{\rho} j,k})$ 分别为影响伪距和多普勒测量的零均值高斯噪声。设测量噪声矢量 $\boldsymbol{v}_k$ 为零均值的不相关高斯噪声，与过程噪声 $\boldsymbol{w}_k$ 无关，且测量噪声的协方差矩阵 $\boldsymbol{R}_k$ 的对角元素由以下项组成：

$$R_{jj} = \begin{cases} \sigma_{\text{DLL},j}^2 & j = 1, 2, \cdots, M \\ \sigma_{\text{FLL},j}^2 & j = 1, 2, \cdots, M \end{cases} \qquad (5.20)$$

式中：第一项表示被跟踪 GPS 和 Galileo 的伪距误差方差项；第二项是所有被跟踪卫星的伪距变化率误差方差项。

3. VDFLL 估计流程

评估流程是根据状态矢量更新的方向实施的，如图 5.8 所示。

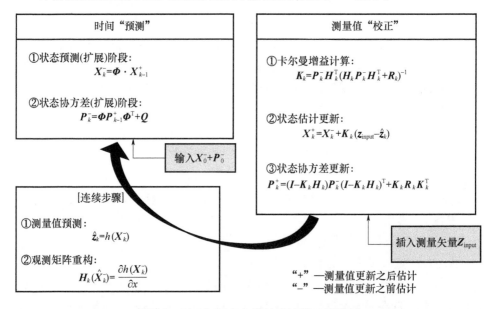

图 5.8　L1/E1 VDFLL 估计滤波器工作流程

按照图 5.8 的 VDFLL 估计流程，状态传递或预测之后是计算卡尔曼增益。为此，先要计算测量预测 z_k 和观测矩阵 $\boldsymbol{H}_k$。然后，根据输入到 EKF 导航滤波器的测量新息来更新状态矢量，该信息包括来自跟踪回路码和载波鉴别器输出。最后，根据 EKF 滤波器预测状态计算更新码和载波 NCO，使反馈回路与跟踪模块闭合。有关 L1/E1 VDFLL 估计过程的详细说明见文献[29]。

4. 城市环境测试

为了测试所提出 L1/E1 VDFLL 架构性能，采用了法国国立民航大学（Ecole

Nationale de l'Aviation Civile)的 GNSS 信号模拟器,该模拟器由 C 语言编译,能够同时产生多达 54 个信道的 GPS L1 和 Galileo E1 信号。此外,矢量跟踪算法也是用 C 语言实现,并利用快速 EKF 算法(跟踪输出频率为 50Hz,或 $T_{EkF} = 20ms$)加快运行速度。进行性能分析的 GNSS 接收机结构有以下三种:

(1)采用了 3 阶环路 PLL 和 1 所 DLL 的标量跟踪结构,用了一个 1Hz 的 EKF 定位模块计算 PVT,其中观测矢量为伪距和多普勒测量;

(2)结构与上述标量跟踪结构相同,除了集成了一个 50Hz 的 EKF 定位模块,与 VDFLL 算法的更新速率相同;

(3)VDFLL EKF 结构,其积分时间为 $T_{EkF} = 20ms$,码和载波频率的更新频率为 50Hz。

必须注意的是,KF 定位模块与矢量解的 EKF 相似,不同之处在于前者使用了闭环测量得到的协方差矩阵,且 KF 只计算锁定的卫星,而 VDFLL 则计算看到的所有卫星。仿真结果与左图卢兹市区的实际汽车轨迹吻合。模拟接收的条件包括模拟不同卫星信道中多路信号中断和功率显著下降情形,以便观察所述 VDFLL 架构相对于传统跟踪的跟踪性能。在这两个测试场景中,在 200 个 GPS 周期内,最多有 13 个能同时跟踪的 GPS L1 和 Galileo E1 通道。全面比较评估了标量配置和矢量化配置之间的性能,主要按照用户位置和速度估计精度、位置和速度误差统计以及抗衰减信号接收等方面进行比较。

设射频前端带宽为 24MHz。模拟了不同轨道卫星上的信号多次中断,将 C/N_0 下降到 20dB·Hz,类似室内环境的 C/N_0。因此,这种低 C/N_0 导航信号会导致跟踪环路发生失锁。如图 5.9 所示,在三个时间段内模拟信号的中断情况:

中断 1 为时间段 2~12(10s);

中断 2 为时间段 60~80(20s);

中断 3 为时间段 140~160(200s)。

在 2016 年 4 月在图卢兹进行的 40min 测量中,基于安装在汽车上的诺瓦泰公司(NovAtel)SPAN 接收机计算的参考轨迹,生成了高机动的实际汽车轨迹。必须指出,这是对持续时间为 200s 车辆路径轨迹的模拟,而不是城市信号接收条件,因为测量过程是在开阔的天空环境,只是接收到信号 C/N_0 值被强制降低了。图 5.10 为谷歌地球模式下的模拟汽车路径。

接下来,将位置域的比较扩展到标量跟踪架构下,其 KF 模块的工作速率与矢量化体架构同为 50Hz。图 5.11 所示 ECEF 坐标的位置误差图表明,在信号中断时刻,VDFLL 计算的导航解与参考轨道的明显一致,误差在 0.2m 范围内。图 5.11 中所示为 ECEF 坐标轴上的位置均方根误差,凸显了矢量架构在通信中断和高 C/N_0 情况下位置估计的鲁棒性。

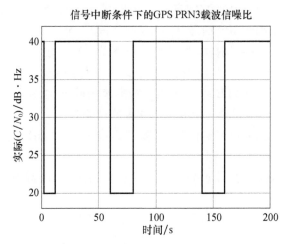

图 5.9　C/N_0 降低到 20dB · Hz 的信号中断示例
（模拟 4 颗卫星,即 GPS PRN3、GPS PRN 4、GAL PRN 51 和 GAL PRN 52）

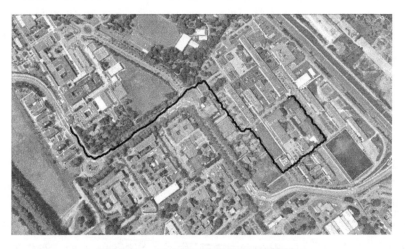

图 5.10　图卢兹区域模拟的汽车路径

很明显,在信号中断期间,在 1Hz 下运行的标量跟踪 + KF 模块的位置误差增加,在第 80 个时间节点处的误差峰值高达 2.75 m。而且,在图 5.10 中到达终点之前的最后一个转弯处,也即在第 190 时间节点处看到导航误差突然增加。而在所述的 VDFLL 算法中,位置误差在车辆整个轨迹中更平滑,误差明显更小。有一个值得分析的问题,对于使用 50Hz KF 定位模块的标量架构,其位置误差包络明显优于在 1Hz 时的情况。其原因在于,状态扩展和测量值更新过程的速度越快,估计位置收敛于参考轨迹的速度越快。不过之所以与 VDFLL 结构有相似的位置误差,是由于可观测的数据量很多(总共 13 个跟踪卫星信道)。VDFLL 结构在信号功率突然下降时的跟踪鲁棒性在文献[29,32]中得到了充分的阐述。必须强调的是,通过再捕获"失锁"信道的信号,矢量跟踪技术能连续跟踪接收到的信号。

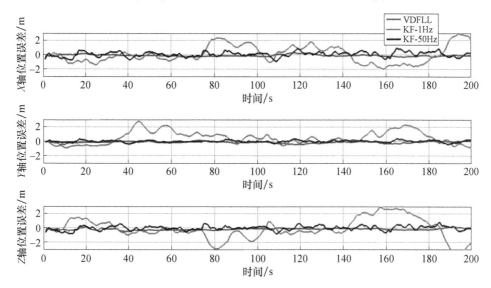

图 5.11　(见彩图)X、Y、Z 轴位置误差比较(1Hz 的标量跟踪 + KF 定位模型(红色),VDFLL 算法(蓝色),50Hz 的标量跟踪 + KF 定位模型(黑色))

5.4　城市环境中的载波相位测量

前面讨论的是最典型的 GNSS 观测量:码伪距和多普勒频移。而能提供最佳精度的观测量是载波相位。载波相位观测分析在城市环境中的应用越来越多,商业产品级的接收机制造商已经开始提供这种测量方法。载波相位处理是一个复杂的过程。事实上,这种可观测的信号很容易受到其他信号干扰,从而导致所谓的周期滑移。

载波相位测量是在锁定指定卫星信号后,伴随着接收机码伪距和多普勒频移测量。该观测值是在接收机载波跟踪环路中产生的,由对载波多普勒频移在时间上积分确定。积分时间结束时将各部分载波相位被记录为测量值。可以用公式进行数学描述:

$$\Phi_{L_n} = \Phi_{L_{n-1}} + \int_{t_{n-1}}^{t_n} f_D(\tau) d\tau + \Phi_{r_n} \tag{5.21}$$

式中:Φ_L 为指定 L 频率的累积载波相位;n 和 $n-1$ 为当前时段和前一时段;f_D 为载波多普勒频移,它是时间 τ 的函数;Φ_r 为部分载波相位输出。

现代大多数接收机的测量分辨率一般都优于 0.1mm。然而，由于无法确定卫星和接收机之间的整周期数，因而给测量带来了偏差。这个情况称为整周载波相位模糊度，必须解决它才能充分利用载波相位测量这种高精度测量优势。

模糊度问题对跟踪准确性有着至关重要的影响。当模糊度为整数值时，求解的收敛时间缩短。在文献[15]中描述了整周模糊度解算(integer ambiguity resolution，IAR)技术。IAR 过程通常包括三个主要步骤：第一步是生成可能的整数模糊度组合，并对其进行评估。这在搜索空间中完成，针对天线周围不确定的区域。对于静态定位，搜索空间可以由浮点模糊度构造，而在运动定位中，搜索空间可以通过码距的解来确定。减小搜索空间的维数可以提高计算效率，这对求解运动学问题尤为重要。第二步是识别正确的整周模糊度。这一步的关键拥有足够多卫星数，因为许多技术是以最小二乘中残差平方和的最小值作为基准。第三步是对模糊度进行验证。依据观测方程、观测精度以及整周模糊度估计方法本身等要素，利用模糊成功率完成验证。

IAR 过程可能会遇到以下问题：

(1)残差假设为正态分布：多径误差、轨道误差、大气误差会影响误差的分布，这是导致长基线解算失败的主要原因；

(2)模糊度的统计决策：最佳测量的整周模糊度组合应比其他组合明显要好。

在城市场景中，由于高功率信号的反射会导致出现多径和 NLOS 观测的问题，以及由于信号阻塞导致的 LOS 信号可视性降低和频繁的几何形状变化，使 IAR 过程将更加困难。文献[19,30]对城市和郊区的信号传播通道进行了描述。此外，模糊度的解决过程只能在浮点模糊度下进行，尽管稍微牺牲了测量精度，但可以拥有更快的计算速度，如文献[17]所述。

根据文献[24]，城市环境中载波相位信号的可用性有限，在开阔条件下，双星座接收机通常能锁定卫星达 15 颗，而在城市通常为 8 颗卫星(图 5.12)。另外，城市场景中能保持观测模式的持续时间为 1s，则中断时间达到 7s，实际中无法观测更长时间；观测时间为 3s，则中断时间达到 11 s。这种结果是由于城市环境中有效的载波相位观测不足导致，甚至在观测初期就会出现问题。这种情况，再加上由于观测值的 $C/N_0 < 40dB \cdot Hz$ 和周跳而导致城市环境中的码伪距质量下降[6,24](见图 5.13)，从而使城市环境中载波相位观测过程产生诸多问题。

周跳是载波相位测量中的一种不连续现象，由 GNSS 接收机载波跟踪环路失锁所导致。根据文献[12-13]，周跳产生的原因通常有四种：

(1)信号阻塞；

(2)低信噪比；

(3)接收机软件故障；

(4)接收机移动。

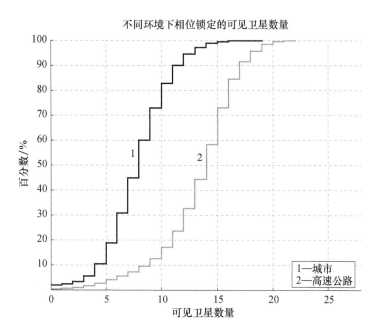

图 5.12　不同环境中可见卫星数量的累积分布函数

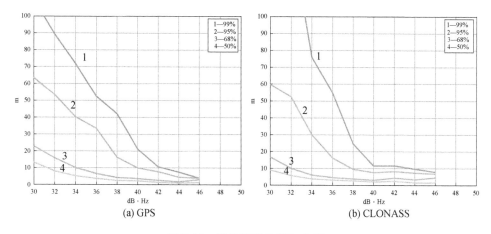

图 5.13　接收机码伪距和 C/N_0

(a) GPS;(b) GLONASS

　　当上述其中之一发生时,循环计数重新初始化,导致部分载波相位输出 Φ_i 的跳变周期数为整数。这导致跟踪载波相位模糊度发生变化,从而需要对跟踪载波相位的模糊度重新估计。若周跳未被检测到,则会降低精确定位的精度,导致无法控制的误差传递到位置估计中。

　　周跳检测是精密定位的关键,调频的变化取决于接收机是单频还是多频。多个频率允许构造一个观测组合。载波相位测量有一种特殊组合,称为无几何组合,它可以消除了包括时钟的几何影响,以及信号的相位扰乱。即便受到没有闪烁的电离层变化的影响,也可以通过低阶多项式的拟合来去除,这样信号就能变得非常精确和平滑。另外一个可能用到的观测方法是在 Melbourne – Wübenna 组合中使用码和载波相位观测,但这种方法受到码伪距多径影响。对于两个以上的频率接收机,这两种方法的组合也很有效。

由于没有可参考的对象,单频法更为复杂。根据文献[5],方法可分为两类:

(1)统计检验:利用一个假设的已知载波相位残差分布来进行统计检验;

(2)相位预测方法,将实测载波相位与预测载波相位进行比较,利用多普勒和惯导数据进行计算。

然而,单频周跳的检测与修正都是件困难的事。尤其是接收机的运动可能会给精确的多普勒频移估计[7]带来问题,或者对高精度定位引擎与惯性导航系统测量[31]的融合带来挑战。对于一个移动的接收机,建议在每个历元内解决一次模糊度问题[2]。另一种方法是将周跳估计为整数值,类似于解决模糊度问题[5]。

在城市环境,载波相位测量主要采用两种高精度定位技术:实时动态定位(real time kinematics,RTK)和精确单点定位(precise point positioning,PPP)。RTK 是一种与移动相关的定位方法,这方法将接收机之间、卫星之间、时间之间的不同观测值用于消除它们之间的常见误差,例如,将接收机时钟与卫星时钟相关。根据运动学分析原理,一个接收机保持固定,另一个接收机移动,需要确定它在任意时刻的位置。在实时情况下,由于固定接收机的观测结果和位置是已知的,因此其模糊度可以立即获得。误差源的去相关性将该方法限制在 20km 基线以内。在开阔地域的RTK(wide area RTK ,WARTK)[11],利用电离层校正可快速去相关并保留模糊度的整数性质。RTK 和 WARTK 可以得到解决方案的基线分别为 20km 和 400km,而它们都需要时间收敛,收敛时间最长可达几分钟。

在良好的观测、合适的模糊度及 6 颗空中的跟踪卫星等条件下,依据基线的长度,RTK 解的 1σ 级水平精度可为 5cm +5ppm[12]。但是,城市环境达不到这样的条件。城市峡谷会使解恶化到数十米,完全降低了载波相位测量得到的精度。

PPP 是利用外部资源提供的精确轨道和时钟数据,以及双频码伪距和/或载波相位观测进行定位的方法。需要确定的参数有位置、接收机时钟误差、对流层延迟和模糊度。还有其他需要考虑到的影响还有,如萨格纳克效应、固体潮、大洋载荷和大气载荷、极移地球定向效应、地壳运动、天线相位中心模型、天线相位异常等,以此建立精细化模型,可以提高计算精度。还可以通过观测值加权进一步提高精度。

PPP 理论上可以更容易地检测到异常。PPP 实施的关键问题是参考数据(轨道和时钟)和双频观测的质量。只要电离层的信息及轨道和时钟数据能一起提供,

则利用单一频率的观测是可能的。PPP 技术存在的问题有：

(1)一些参数的可观测性差,导致相关性高,这对收敛过程是不利的;

(2)轨道和时钟的系统误差;

(3)影响收敛过程的环境障碍;

(4)实时场景中的通信损耗会导致方案恶化(RTK 需要与基站保持畅通的实时通信链路,而 PPP 可以承受更长时间的通信损耗)。

如文献[17]中所述,PPP 完整性的主要指标如下：

(1)地球坐标系的定义;

(2)PPP 估计滤波器的协方差指标;

(3)在城市或能见度差的地区的相位测量残差;

(4)轨道和时钟的质量;

(5)为了补偿不同参数之间的初始强相关性,必须考虑收敛周期。

通过分析上面提到的因素,根据用户估计位置的可信度来选择相应的载波相位定位技术。类似 RTK 相对定位技术为基站提供的解决方案,在很大程度上消除了两种接收机的常见误差。像 PPP 这样的技术通常在全球坐标系中提供解决方案。因此,它更容易受到估计过程中所使用的数据质量的影响,但与参考数据的可用性无关。这两种技术都必须解决模糊度问题。PPP 使用无差异的观测数据,因此也可以在没有任何参考的情况下,利用宽带和窄带的数据组合,通常结合来自本地网络的信息(PPP – RTK 的概念[20])来进行模糊度解算。然而,对于 RTK 技术,完整性算法中必须包含的一个重要参数是模糊度相对差。在这两种方法的实时运用中,通信通道都是至关重要的,并且在提供给用户位置的可信程度时,必须考虑到通信通道会失效的情况。因此,我们可以看到,这两种技术都有同样问题,在确定输出可信度时,必须用不同的方式处理。

完整可靠算法的初步研究成果见文献[17]。在 PPP 方法的完整性方面的非常有价值的成果在文献[21]中有阐述,其中基于不同的多变量分布的统计方法(称为卡尔曼综合防护等级法,一种基于各向同性的防护等级法的扩展)已应用于 PPP 方法,展现了高精度的 PPP 解决方案和分米级的防护等级。同样的观点也可能在未来的 RTK 方法中得到应用。

5.5　小结

本章简要介绍了城市环境对 GNSS 信号接收带来的挑战,以及对定位精度的严重影响。此外,还着重描述和分析了导航方案计算所需的 GNSS 接收机体系结构,以及从信号跟踪到测量值生成的过程。为克服城市环境约束对定位性能影响较大的问题,提出了三种不同的定位方法,并对其进行了详细分析。

第一种方法是将 GNSS/视频传感器组合,通过使用安装在车顶上并向上定位以捕获天空图像的视频鱼眼摄像机。该方法是一种测量抑制技术,其目的是在 PVT 计算之前利用导航滤波器除去 NLOS 信号。

第二种方法是矢量跟踪机制,提出了一种基于 GNSS 域的先进信号处理与估计算法。具体来说,由一个 KF 完成联合信道的信号跟踪,KF 主要完成两项任务,一是导航解的计算,二是同步信号跟踪估计过程。实现了双星座单频 GPS L1/Galileo E1 VDFLL 算法,在增加观测量的同时,保持了信号估计过程的简单性。在这种结构中,码和载波滤波器环路被取消,取而代之的是中央 EKF,它对所有被跟踪的信道执行伪码和多普勒估计。通过模拟不同卫星信道下城市车辆轨道,对接收弱信号功率和 C/N_0 突降情况下的 L1/E1 VDFLL 定位鲁棒性进行了评估。与传统的标量跟踪技术相反,矢量化算法能够在信号中断时恢复频率和码延迟估计,而不需要在较小的位置误差范围内重新采集信号。通过基于矢量化体系结构中的前一时刻的位置/速度进行预测更新,从而建立起通道间的联系,实现信号跟踪。

第三种方法是载波相位测量,通过载波相位测量在城市场景中应用分析,阐述了其脆弱性和可用性问题。然而,可以看到载波相位测量可以提供最精确的测量值,因此在恶劣环境下载波相位测量可以很好地解决导航问题。简要介绍了 RTK 和 PPP 两种主要技术的优缺点。此外,还简要讨论了对用户估计位置可信度或完整性度量的要求,指出了一些必须考虑的问题。在本书的编写过程中,本课题的研究仍在不断推进。

致谢: 该项工作得到了欧盟玛丽·居里初级培训联盟 MULTI – POS(多技术定位专家联盟)FP7 项目的资助,资助编号 316528。

参考文献

[1] D. Attia et al. ,Image analysis based real time detection of satellites reception state,in 2010 13th International IEEE Conference on Intelligent Transportation Systems(ITSC)(IEEE, 2010), pp. 1651 – 1656

[2] M. Bahrami,M. Ziebart,Instantaneous Doppler – aided RTK positioning with single frequency receivers,in Position Location and Navigation Symposium(PLANS),2010 IEEE/ION(IEEE, New York,2010),pp. 70 – 78

[3] S. Bhattacharyya,D. Gebre – Egziabher,Development and validation of parametric models for vector tracking loops. Navigation 57(4),275 – 295(2010)

[4] K. Borre et al. ,A Software – Defined GPS and Galileo Receiver:A Single – Frequency Approach (Springer Science & Business Media,Berlin,2007)

［5］ S. Carcanague, Real – time geometry – based cycle slip resolution technique for single – frequency PPP and RTK, in Proceedings of the 25th International Technical Meeting of The Satellite Division of the Institute of Navigation(ION GNSS 2012)(2012), pp. 1136 – 1148

［6］ S. Carcanague, Low – cost global positioning system(GPS)/Globalnaya Navigazionnaya Sputnikovaya Sistema(GLONASS) precise positioning algorithm in constrained environment. Ph. D. thesis, Universite de Toulouse, 2013

［7］ P. Cederholm, D. Plausinaitis, Cycle slip detection in single frequency glsGPScarrier phase observations using expected Doppler shift. Nordic J. Surv. Real Estate Res. 10(1), 63 – 79(2014)

［8］ G. Di Giovanni, S. M. Radicella, An analytical model of the electron density profile in the ionosphere. Adv. Space Res. 10(11), 27 – 30(1990)

［9］ F. Dovis, P. Mulassano, Introduction to Global Navigation Satellite Systems. Politecnico I Torio (2009).

［10］ P. D. Groves, Principles of GNSS, Inertial, and Multisensor Integrated Navigation Systems(Artech House, London, 2013).

［11］ M. Hernandez – Pajares et al., Wide area real time kinematics with Galileo and GPS signals, in Proceedings of the 17th International Technical Meeting of the Satellite Division of The Institute of Navigation(ION GNSS 2004)(2004), pp. 2541 – 2554.

［12］ B. Hofmann – Wellenhof, H. Lichtenegger, E. Wasle, GNSS – Global Navigation Satellite Systems: GPS, GLONASS, Galileo, and More(Springer, Wien, 2008).

［13］ O. Julien, Design of Galileo L1F Receiver Tracking Loops, Library and Archives Canada, Bibliothque et Archives Canada, 2006.

［14］ D. E. Kaplan, J. C. Hegarty, Understanding GPS: Principles and Applications, 2nd edn. (Springer/Artech House, Wien/New York, 2006).

［15］ D. Kim, R. B. Langley, GPS ambiguity resolution and validation: methodologies, trends and issues, in Proceedings of the 7th GNSS Workshop – International Symposium on GPS/GNSS, Seoul, Korea, 30, No. 2. 12(2000).

［16］ J. A. Klobuchar, Ionospheric time – delay algorithm for single – frequency GPS users. IEEE Trans. Aerosp. Electron. Syst. 3, 325 – 331(1987).

［17］ M. D. Lainez Samper, M. M. Romay Merino, In – the – field trials for real – time precise positioning and integrity in advanced applications, in Proceedings of the ION 2013 Pacific PNT Meeting (Apr. 2013), pp. 146 – 167.

［18］ M. Lashley, D. M. Bevly, J. Y. Hung, A valid comparison of vector and scalar tracking loops, in Position Location and Navigation Symposium (PLANS), 2010 IEEE/ION (IEEE, 2010), pp. 464 – 474.

［19］ A. Lehner, A. Steingass, A novel channel model for land mobile satellite navigation, in Proceedings of the 18th International Technical Meeting of the Satellite Division of The Institute of Navigation(ION GNSS 2005)(2005), pp. 2132 – 2138.

［20］ L. Mervart et al., Precise point positioning with ambiguity resolution in real – time, in Proceedings of the 21st International Technical Meeting of the Satellite Division of The Institute of Navigation (ION GNSS 2008) (2008) , pp. 397 – 405.

[21] P. F. Navarro Madrid, M. D. Lainez Samper, M. M. Romay Merino, New approach for integrity bounds computation applied to advanced precise positioning applications, in Proceedings of the 28th International Technical Meeting of The Satellite Division of the Institute of Navigation(ION GNSS + 2015) (2015) , pp. 2821 – 2834.

[22] T. Pany, R. Kaniuth, B. Eissfeller, Deep integration of navigation solution and signal processing, in Proceedings of the 18th International Technical Meeting of the Satellite Division of The Institute of Navigation(ION GNSS 2005) (2001) , pp. 1095 – 1102.

[23] B. W. Parkinson, Progress in Astronautics and Aeronautics: Global Positioning System: Theory and Applications, vol. 2(AIAA, Washington, DC, 1996).

[24] M. J. Pasnikowski et al. , Challenges for integrity in navigation of high precision, in Proceedings of the 28th International Technical Meeting of The Satellite Division of the Institute of Navigation (ION GNSS + 2015) (2015) , pp. 2983 – 2994.

[25] M. G. Petovello, G. Lachapelle, Comparison of vector – based software receiver implementations with application to ultra – tight GPS/INS integration, in Proceedings of Institute of Navigation GPS/GNSS Conference Fort Worth, TX. Institute of Navigation(2006).

[26] M. L. Psiaki, Smoother – based GPS signal tracking in a software receiver, in 14th International Technical Meeting of the Satellite Division of the Institute of Navigation (ION GPS 2001) (2001) , pp. 2900 – 2913.

[27] G. Seco – Granados et al. , Challenges in indoor global navigation satellite systems: unveiling its core features in signal processing. IEEE Signal Process. Mag. 29(2) , 108 – 131(2012).

[28] E. Shytermeja, A. Garcia – Pena, O. Julien, Proposed architecture for integrity monitoring of a GNSS/MEMS system with a Fisheye camera in urban environment, in 2014 International Conference on Localization and GNSS(ICL – GNSS) (IEEE, New York, 2014) , pp. 1 – 6.

[29] E. Shytermeja, A. G. Pena, O. Julien, Performance comparison of a proposed vector tracking architecture versus the scalar configuration for a L1/E1 GPS/Galileo receiver, in Proceedings of European Navigation Conference Helsinki, Finland(2016).

[30] A. Steingass, A. Lehner, Differences in multipath propagation between urban and suburban environments, in Proceedings of the 21st International Technical Meeting of the Satellite Division of The Institute of Navigation(ION GNSS 2008) (2008) , pp. 602 – 611.

[31] T. Takasu, A. Yasuda, Cycle slip detection and fixing by MEMS – IMU/GPS integration for mobile environment RTK – GPS, in Proceedings of the 21st International Technical Meeting of the Satellite Division of the Institute of Navigation(ION GNSS 2008) (2008) , pp. 64 – 71.

[32] X. Tang et al. , Theoretical analysis and tuning criteria of the Kalman filter – based tracking loop. GPS Solutions 19(3) , 489 – 503(2015).

[33] D. Titterton, J. L. Weston, Strapdown Inertial Navigation Technology, vol. 17(IET, London, 2004).

第 6 章

多模全球导航卫星系统的现状与问题

Nunzia Giorgia Ferrara, Ondrej Daniel, Pedro Figueiredo e Silva, Jari Nurmi, Elena – Simona Lohan

6.1 引言

全球导航卫星系统(GNSS)卫星持续发射 L 波段的射频信号,使接收机能够确定 PVT。这种信号有三个主要组成部分:载波、测距码和导航数据。载波是给定频率的射频正弦波,结合测距和导航数据进行调制。测距码是一个二进制序列,用以计算到卫星的距离。这些序列称为 PRN 码。导航数据是一种二进制编码信息,包含定位计算的基本信息,如卫星星历、时钟偏差参数、历书、卫星状态和其他补充信息。GNSS 信号及其处理的详细说明见第 3 章。

卫星的定位和授时是一个成熟的领域,随着越来越多的卫星、越来越多的信号和越来越多的应用,卫星导航技术也在不断发展。美国的 GPS 是第一个全球可用的全球导航卫星系统。然而,定位和授时不再仅仅是 GPS,其他的 GNSS 目前也已经完全投入使用,如俄罗斯的 GLONASS 卫星,或者正在开发中,如欧洲 Galileo 卫星和中国的北斗卫星。到 2020 年,若如预期的那样,当其达到完全运行能力时,计划将有 100 多颗 GNSS 卫星可用于定位和授时,可在全球范围内提供不同类型的服务。因此,GNSS 接收机的概念正从原来的独立接收机的概念演变为能够处理来自多个系统的、并具有先进结构和性能的现代信号接收机。这种多模 GNSS 方案将带来一些优势,例如提高定位的准确性、可用性和可靠性。GPS 和 GLONASS 的使用以及新系统的引入将有助于减少在苛刻环境(如城市地区)中的 GNSS 限制,在这些

作者联系方式:

N. G. Ferrara(⊠) O. Daniel・P. Figueiredo e Silva・J. Nurmi・E. – S. Lohan

Tampere University of Technology, Korkeakoulunkatu 10, 33720 Tampere, Finland

e – mail: nunzia. ferrara@ tut. fi; jari. nurmi@ tut. fi; elena – simona. lohan@ tut. fi

环境中,信号可能受到非通视或多径传播的污染。此外,多星座多样化将是处理射频干扰的一个优势,而射频干扰又是对 GNSS 的主要威胁之一,这是因为卫星信号到达地球时,由于传输距离较长,信号非常微弱。因此,多星座融合需要解决几个问题和挑战。

本章介绍当前和未来的 GNSS,并概述多星座环境的优点及存在的问题。

6.2　全球导航卫星系统

每个 GNSS 都由三个部分组成:空间段、地面段和用户段。空间段是卫星发射的无线电信号,通过无线电信号进行测距;地面段负责维护卫星并确保其正常运行;用户段由处理数据的 GNSS 接收机,通过处理卫星信号,以获得 PVT 结果。

本节向读者提供 GNSS 概述,重点介绍星座、传输信号以及每个系统的时间和坐标参考系。

6.2.1　GPS

GPS 是全球第一个可用的、使用最广泛的 GNSS。它在 1995 年达到了完全运行能力,此后一直在持续工作,为世界范围内的民用和军用用户提供可靠的授时、定位和导航服务。为了满足日益增长的需求并保持与其他系统的竞争,美国政府启动了 GPS 空间和控制的改进计划,引入了新功能以提高系统性能,包括增加新的军事和民用信号。

1. 空间段

GPS 最初的星座由 24 颗卫星组成,在中地轨道(medium earth orbit,MEO)上飞行,高度约 20200km,正常周期为 11h 58min 2s,在每个恒星日重复一次几何轨迹。卫星分布在 6 个等距轨道平面上,相对于赤道倾斜 55°。每个平面包含 4 个基准卫星占据的槽。这种配置允许用户从地球上几乎任何一个地方观看至少 4 颗卫星。然而,为了确保基线卫星出现故障时的覆盖范围,负责开发、维护和运行空间段的美国空军一直在增加额外的卫星,这些卫星可以改善系统性能,但不被视为核心星座的一部分。

空间段在不断地维护和改进,截至 2016 年 5 月,GPS 星座有 31 颗卫星在运行。

2. 当前信号与规划信号

传统 GPS 信号的载波频率分别为 L1 和 L2,它们由卫星上原子钟产生的基频 $f_0 = 10.23\,\mathrm{MHz}$ 获得。

$$L1 = 154 \times 10.23\,\text{MHz} = 1575.42\,\text{MHz} \qquad (6.1)$$
$$L2 = 120 \times 10.23\,\text{MHz} = 1227.60\,\text{MHz} \qquad (6.2)$$

载波是由扩频码调制的直接序列扩频(direct sequence spread spectrum,DSSS),每个航天器(space vehicle,SV)使用不同的 PRN 序列。这意味着所有空间载体都用相同的载波频率以 CDMA 方式传输。特别地,每颗卫星都有两个独特的传播码:粗捕获码(C/A 码),也称为民码,仅在 L1 上调制;精密码(P(Y)),仅为授权民用用户和军事用途保留,并在两个载波 L1 和 L2 上调制。所有 GPS 信号采用的极化方式为右旋转极化。

图 6.1 所示为各 GPS 波段占用带宽和载频的频率规划分布图。

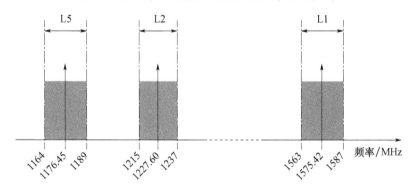

图 6.1　GPS 频率规划

目前,民用 GPS 接收机使用的是 L1 频率(1575.42MHz)上的 C/A 码,这是一个 1023 位的 Gold 码,每隔 1ms 周期性重复一次(即码片率为 1.023Mc/s)。该码是将模 2 加到导航数据中,以 50b/s 的比特率发送(因此,每个导航位中包含 20个完整的 C/A 代码)。代码 ⊕ 数据被 BPSK 调制到载波信号,其中 ⊕ 表示模2 加[1]。

在不久的将来,传统的民用信号将不再是唯一由 GPS 卫星广播的信号。事实上,导航系统现代化进程的一个关键是引入新的民用导航信号,它们被称为 L2C、L5 和 L1C。

GPS 现代化规划了第二个民用信号:L2C,专门为满足商业需求而设计,被调制到 L2 频率(1227.6MHz)上,每个卫星使用两个不同的 PRN 码:民用中(civil moderate,CM)码,序列长度为 10230 位,码片率为 511.5Kc/s,重复周期为 20ms;民用长(civil long ,CL)码,序列长度为 767250 位,码片率为 511.5Kc/s,重复周期为 1.5s。25b/s 的导航信号用 1/2 速率的卷积编码器编码成 50 波特流,生成 CM 码。L2C载波信号是由一个逐码片的位列分时复用组合进行 BPSK 调制,该组合是由带数据的 L2 CM 码和无数据的 L2 CL 码(以 1.023MHz 的速率在 L2 CM ⊕ 数据和 L2 CL

芯片之间交替变换)组成。L2C 民用信号的功率谱与 C/A 码相似,即 2.046MHz 的带宽。在这两种情况下,如同任何其他 GNSS 信号,由于测距码是周期性的,因此从傅里叶分析得出其频谱是离散的。然而,由于 C/A 码比 CM 码和 CL 码短得多,因此 L2C 最大频谱线宽度远低于 C/A 最大频谱线宽度。在存在窄带干扰时,频谱中较小的最大值具有一定优势。在最差的场景中,干扰信号位于或接近 GNSS 信号频谱的最大值时,频谱中最大值越小,干扰对信号的影响越小[2]。

为了满足生命安全和其他高性能应用的严格要求,设计了第三个民用 GPS 信号 L5。L5 信号的标称频率在 24MHz 频段中心内。

$$L5 = 115 \times 10.23\text{MHz} = 1176.45\text{MHz} \tag{6.3}$$

L5 信号采用两个相位正交的载波分量,即同相信号分量(I5)和正交相位信号分量(Q5),采用 BPSK 方案分别对每一个载波分量进行位列调制。一个位列是 I5 码、导航数据和同步序列的模 2 加,而另一个位序列是用 Q5 码和不同的同步序列构建的,没有导航数据。50b/s 导航信号用于调制 I5。但是,由于使用了与 L2C 相同卷积编码的前向纠错(forward error correction, FEC),因此整个符码率为 100 波特。它们的 PRN 测距码是独立的,但时间同步。它们都有 10230 个码片、10.23MHz 的片码率和 1 ms 的周期。四相相移键控(quadrature phase shift keying, QPSK)用于组合 I5 和 Q5。

最后,第四个民用信号由 GPS 卫星播送,目的是促进 GPS 和其他全球导航卫星之间的互操作性。这个信号被称为 L1C,它被调制到 L1 频率(1575.42MHz),且是民用的。L1C 信号包括两个主要部分:导频信号(L1C_P),该导频信号不受任何数据消息调制,仅通过测距码进行传播;第二部分(L1C_D),该部分通过测距码进行传播,并且还通过数据消息进行调制。L1C_P 和 L1C_D 码是独立的,且时间同步。它们长为 10230 个码片,速率为 1.023MHz,周期为 1ms。导频部分由卫星的唯一叠加码(称为 L1C_O)进行调制,该部分长 1800 位,速率为 100b/s,周期为 18s。无数据部分由 L1C_P 码和 L1C_O 码的模 2 加获得,采用时间复用二进制偏置载波(time - multiplexed binary offset carrier, TMBOC)调制方案对 L1 载波上的比特流进行调制。该技术依次使用 BOC(1,1)扩频码和 BOC(6,1)扩频码的混合,其中每个 BOC(6,1)扩频码由 6×1.023MHz 方波的 6 个周期组成,定义为二进制 1010101010,总持续时间为 1/1.023 ms。数据部分由 L1C_D 码和 L1C 消息符号列的模 2 加给出。L1C 通过 BOC(1,1)调制在 L1 载波上进行调制,副载波频率为 1.023MHz,码片率为 1.023Mc/s。

L1C 以与 L1 C/A 信号相同的频率传输,这种设计提高了 GPS 在恶劣环境中的动态接收能力。

除民用信号外,还计划以 L1 和 L2 频率传输一种称为 M 码的新型军用信号[3]。但这种信号不在本章讨论之列。

表 6.1 概述了目前和计划的 GPS 信号及其主要特征。

表 6.1　GPS 信号汇总

频带	载波频率/MHz	PRN 码	调制方式	码片率/(Mc/s)	数据速率/(b/s)	服务
L1	1575.42	C/A	BPSK(1)	1.023	50	民用
		P	BPSK(10)	10.23	50	军用
		M	BPSK(10,5)	5.115	N/A	军用
		L1C－I 数据	TMBOC(6,1,1/11)	1.023	50	民用
		L1C－Q 导频		10.23	—	军用
L2	1227.6	P	BPSK(10)	10.23	50	军用
		L2C M	BPSK(1)	0.5115	25	民用
		L2C L		0.5115		民用
		M	$BOC_{sin}(10,5)$	1.023	N/A	军用
L3	1176.45	L5－I 数据	BPSK(10)	10.23	50	民用
		L5－Q 数据	BPSK(10)	10.23	—	民用

3. 时间和大地坐标系

GPS 控制段负责根据卫星上的原子钟和全球监测站的原子钟来确定 GPS 时间(GPST)。时间尺度开始于 1980 年 1 月 5 日的 0 时的世界调整时间(universal time coordinated,UTC),但 GPST 不同于 UTC,因为两者本质不同,GPST 是一个连续的时间尺度,并利用整数闰秒进行周期性的修正。导航报文中包含了 GPST 和 UTC 之间的偏差信息,控制段负责将偏差保持在 50 ns 以内(概率为 95%)。

GPS 使用的大地坐标系是美国国防部研制的 1984 世界大地测量系统(world geodetic system 1984,WGS－84)。最新的 WGS－84 坐标系保持在国际地面参考坐标系(international terrestrial reference frame ,ITRF)的厘米级上。WGS－84 椭球参数如表 6.2 所列。

表 6.2　WGS－84 的椭球参数

参数	标识	值
椭圆的半长轴	a	6378137m
极扁率	f	1/298.257223563
地球自转角速度	ω_E	7292115×10^{-11} rad/s
引力常量	μ	$3986004.418 \times 10^8 \, m^3/s^2$

6.2.2　GLONASS

俄罗斯开发的卫星导航系统称为格洛纳斯(GLONASS)。该系统于 1993 年正式宣布投入运行,并于 1995 年有 24 颗运行卫星,达到最佳状态。在苏联解体后的一段时间,GLONASS 在运营的资金方面遇到了困难,直到 2011 年才恢复了整个卫星系统。与其他 GNSS 不同,GLONASS 使用 FDMA 技术,这意味着每个卫星都以自己的载波频率传输。由于同一轨道上的两颗卫星纬度相差 180°,即所谓的反相卫星,可以以相同的频率发射,因此事实上只需较少的载波频率即可。这背后的原因是,地球表面一个正在工作的接收机永远无法同时看到这两个卫星。因此,对于整个 24 颗卫星的星座来说,12 个通道就足够了。

1. 空间段

GLONASS 星座由分布在三个轨道平面上的 24 颗卫星组成,每个平面上有 8 颗卫星。圆轨道的高度约为 19100km,倾角为 64.8°,每个 SV 的轨道周期为 11h 15min。

2. 当前信号与规划信号

每颗 GLONASS 卫星在 L1 和 L2 波段传输两种导航信号:高精度和标准精度信号。

FDMA L1 的载波频率可利用以下公式求得

$$f_{K1} = 1602\,\text{MHz} + K \times 0.5625\,\text{MHz} \tag{6.4}$$

式中:K 为频率信道,任何导航卫星都可在历书中获得 K,且可用信道为 $K = -7$, $-6, \cdots, 6$。因此,GLONASS 卫星使用的 L1 波段的频率区间为 $[1598.0625\,\text{MHz}, 1605.375\,\text{MHz}]$。标准精度和高精度服务使用时钟速率分别为 $0.511\,\text{MHz}$ 和 $5.11\,\text{MHz}$ 的导航信号。利用导航报文、测距码和辅助明德序列的模 2 加对 L1 载波进行 BPSK 调制。对所有卫星来说,一个 511 位长 PRN 测距码的周期为 1ms,码片率为 $0.511\,\text{MHz}$。导航数据以 50b/s 的速率传输,辅助序列以 100 Hz 的速率传输。

DMA L2 载波频率可通过下式获得:

$$f_{k2} = 1246\,\text{MHz} + K \times 0.4375\,\text{MHz} \tag{6.5}$$

使用的频率信道 $K = -7, -6, \cdots, 6$,因此 GLONASS 卫星使用的 L2 波段的频率在区间 $[1242.9375\,\text{MHz}, 1248.625\,\text{MHz}]$。即使在 L2 波段,所采用的调制方案也是 BPSK,测距码与 L1 波段相同。

GLONASS 还计划在其第三代卫星(即 GLONASS-K 卫星)中引入额外的 CDMA信号,其中第一颗于 2011 年 2 月 26 日发射。该升级计划的第一步将使其与其他 GNSS 具有更大的兼容性,它在以 1202.025MHz 为中心的 L3 波段引入了第三个信号。采用 QPSK 方案对载波进行调制,采用同相数据信道和正交无数据信道。31 个截短的 Kasami 序列具有良好的互相关特性,并构成一组测距码。这些序列是长度为 $2^m - 1$ 的二进制序列,其中 m 是一个偶数。它们的全长是 $2^{14} - 1 = 16383$ 个字符,但测距码被截短为 $N = 10230$ 个码片的长度,其中码片周期为 1ms。

表 6.3 给出了当前和规划的 GLONASS 信号及其主要特性的总结,GLONASS 频率规划如图 6.2 所示。

表 6.3　GLONASS 信号汇总

频带	载波频率 /MHz	PRN 码	调制方式	码片率 /(Mc/s)	数据速率 /(b/s)	服务
L1	1602 + 0.5625k	C/A	BPSK(0.511)	0.511	50	民用
		P	BPSK(5.11)	5.11	N/A	军用
L2	1246 + 0.4375k	C/A	BPSK(0.511)	0.511	50	民用
		P	BPSK(5.11)	5.11	N/A	军用
L3	1202.025	L3 – I	BPSK(4)	4.092	100	民用
		L3 – Q	BPK(4)	4.092	—	民用

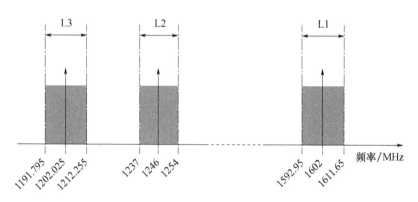

图 6.2　GLONASS 频率规划

3. 时间尺度和大地坐标系

就像 GPS 一样,GLONASS 拥有自己的时间和坐标参考系统。虽然 GPST 是连续的时间尺度,但 GLONASS 系统时间严格与莫斯科时间 UTC_{SU} 相关,并定期引入闰秒。

GLONASS 的卫星和用户坐标用的是 Parametry Zemli 1990(PZ – 90)坐标系统。自 2013 年 12 月起,采用了 PZ – 90 的新版本,即 PZ – 90.11。与 PZ – 90 和 PZ – 90.11 相关的参数如表 6.4 所列。

表 6.4　PZ – 90 和 PZ – 90.11 的椭球参数

参数	标识	值
椭圆的半长轴	a	6378136m
极扁率	f	1/298.257839303
地球自转角速度	ω_E	7292115×10^{-11} rad/s
引力常量	μ	$3986004.4 \times 10^8 \, m^3/s^2$

6.2.3 伽利略卫星导航系统

伽利略卫星导航系统(Galileo)是欧洲的卫星导航系统、计划在2020年完成。当达到完全运行能力时,每个Galileo卫星将使用四个频段,即E1、E6、E5a和E5b。不同的广播信号将根据不同的用户需求提供不同的服务:

(1)开放式服务(open service,OS):在全球范围内提供免费服务。在三个不同频率上传输的信号提供这个服务,当使用单频接收机时其性能与GPS L1C/A基本相当。一般来说,Galileo信号的OS与GPS信号结合使用,将增强在恶劣环境下(如城市地区)的性能。

(2)公共安全服务(public regulated service,PRS):提供两个加密信号给政府控制下的安全部门(警察、军队等)使用。由于这种类型的服务需要高鲁棒性和持续性,因此引入了改进的调制/加密方案,以增强应对干扰和欺骗的能力,为此,还使用两个PRS导航信号。

(3)商业服务(commercial service,CS):此服务通过引入两个额外的信号来提供,数据速率更高(高达500b/s),并受商业加密保护。

(4)此外,Galileo还将成为MEOSAR的一部分,MEOSAR是国际卫星搜救系统计划的中轨道搜索和救援(medium earth orbit search and rescue,MEOSAR)组成部分。Galileo卫星配备了搜索和救援应答器,将能够捕获406~406.1MHz波段应急信标发出的信号,并将其送回称为中轨道当地用户终端(medium earth orbit local user terminals,MEOLUT)的专用地面站,该站随后对信标进行定位,并对信标进行解码,然后将信息发送给卫星搜救任务控制中心。

与GPS类似,Galileo使用CDMA技术来区分卫星,即所有卫星使用相同的频率,但使用不同的测距码。卫星信号可以包含数据和导频信号。

1. 空间段

当Galileo星座全部运行时,将由三个轨道平面上的30颗卫星(27颗工作卫星和3颗备用卫星)组成,每个平面上平均分布10颗卫星。轨道高度为23222km,轨道周期约为14h,向赤道倾斜56°。与GPS系统相比,这种倾角将提供更好的极地覆盖。

2. 当前信号与规划信号

Galileo E1将支持OS、CS和PRS,这三部分导航信号将在L1波段广播,以1575.42MHz为中心频率。E1 – A是加密的,只能由授权的PRS用户访问。其余两个部分分别是数据通道和导频通道,开放了信号接收权限,所有用户都可以访问未加密的测距码。CS和PRS信号将使用由CBOC(6,1,6/11)方案实现的多路二进制偏置载波(multiplexed binary offset carrier,MBOC)调制。E1信号在基带中定义为

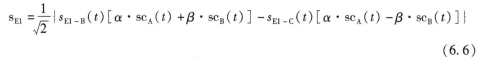

$$s_{E1} = \frac{1}{\sqrt{2}}\{s_{E1-B}(t)[\alpha \cdot sc_A(t) + \beta \cdot sc_B(t)] - s_{E1-C}(t)[\alpha \cdot sc_A(t) - \beta \cdot sc_B(t)]\}$$

$$(6.6)$$

其中副载波$sc_A(t)$和$sc_B(t)$定义如下：

$$sc_A(t) = sgn[\sin(2f_{s,E1A}t)]$$

$$sc_B(t) = sgn[\sin(2f_{s,E1B}t)]$$

$$(6.7)$$

副波频率分别为$f_{s,E1A} = 1.023 \text{MHz}$和$f_{s,E1B} = 6.138 \text{MHz}$，$\alpha = \sqrt{\frac{10}{11}}$和$\beta = \sqrt{\frac{1}{11}}$。

E1 – B 是传输速率为 250b/s 的完整导航报文和一个 PRN 码（C_{E1B}）的模 2 加。E1 – C 是一个导频信号，通过使用辅助码序列C_{E1C_s}生成，以修改主码C_{E1C_p}周期的连续重复次数。C_{E1B}和C_{E1C_p}主代码是 4092 个码片的伪随机内存码序列，速率为 1.023MHz，其定义见文献[5]。辅助码C_{E1_s}的二进制序列为 00111000001101011011010010。

E5 信号由四部分组成：E5a – I 由未加密测距码C_{E5a-I}调制的导航数据流 DE5a – i 组成；E5a – Q（导频部分）来自未加密的测距码C_{E5a-Q}；E5b – I 由未加密测距码 E5b – I 调制的导航数据流 DE5b – I 组成；E5b – Q（导频部分）来自未加密测距码C_{E5b-Q}。E5a 和 E5b 信号在全带宽内共同构成 E5 信号。E5a、E5b 和 E5 的载波频率分别为 1176.45MHz、1207.140MHz 和 1191.795MHz。数据通道D_{E5a-I}和D_{E5b-I}的传输速率分别为 50b/s 和 250b/s。Galileo E5 使用了一种编码速率为 10.23MHz、副载波频率为 15.345MHz 的改进型 BOC，称为交替二进制偏置载波（alternate binary offset carrier, AltBOC），这是一种以 1191.795MHz 传输的宽带信号。Galileo E5 的两个组成部分 E5a 和 E5b 分别是载波频率为$f_{s,E5a} = 1176.45 \text{MHz}$和$f_{s,E5b} = 1207.14 \text{MHz}$的 QPSK 信号，因此它可以由用户接收机独立处理。E5 基带的 AltBOC 信号定义为

$$s_{E5} = E5b - I(t)sgn(e^{j2\pi f_{s,E5}t}) + E5a - I(t)sgn(e^{j2\pi f_{s,E5}t})$$
$$+ E5b - Q(t)sgn(e^{j(2\pi f_{s,E5}t + \pi/2)}) + E5a - Q(t)sgn(e^{j(2\pi f_{s,E5}t - \pi/2)})$$

$$(6.8)$$

E6 信号将支持 CS 和 PRS 服务。三个导航信号将由 Galileo 卫星以 1278.75MHz 的频率在 E6 波段进行广播。与 E1 类似，一个信号（即 E6 – a）是加密的，只能由授权的 PRS 用户访问。另外两个是 E6 – B 和 E6 – C，分别是一个数据通道和一个导频通道，是商业接入信号。E6 信号形式如下：

$$s_{E6}(t) = \frac{1}{\sqrt{2}}[s_{E6-B(t)} - s_{E6-C(t)}]$$

$$(6.9)$$

E6 – B 信号是将导航数据流与测距码C_{E6B}模 2 加，导频信号 E6 – C 由多层码构造生成，且无数据。E6 测距码速率为 5.115MHz，但文献[5]中未公开。

表 6.5 给出了规划的 Galileo 信号及其主要特性的概要，Galileo 频率规划如图 6.3 所示。

表 6.5 Galileo 信号汇总

频带	载波频率/MHz	PRN 码	调制方式	码片率/(Mc/s)	数据速率/(b/s)	服务
E1	1575.42	E1 – A 数据	$BOC_{cos}(15,2.5)$	2.5575	N/A	PRS
		E1 – B 数据	CBOC(+)(6 ,1,1/11)	1.023	250	OS,CS
		E1 – C 导频	CBOC(–)(6 ,1,1/11)	1.023	—	OS,CS
E6	1278.75	E6 – A 数据	$BOC_{cos}(10,5)$	5.115	N/A	PRS
		E6 – B 数据	BPSK(5)	5.115	1000	CS
		E6 – C 导频	BPSK(5)	5.115	—	CS
E5a	1176.45	E5a – I 数据	AltBOC(15,10)	10.23	50	OS
		E5a – Q 导频		10.23	—	OS
E5b	1207.14	E5b – I 数据		10.23	250	OS,CS
		E5b – Q 导频		10.23	—	OS,CS

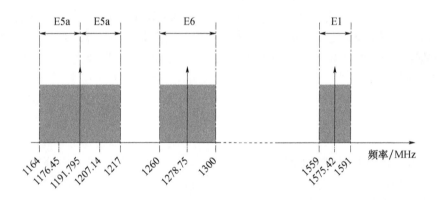

图 6.3 Galileo 频率规划

3. 时间尺度和大地坐标系

Galileo 系统时间(Galileo system time,GST)是由 Galileo 任务段(Galileo mission segment,GMS)负责的一个连续时间尺度,其起始时间为 1999 年 8 月 22 日的 0 小时。Galileo 到 GPS 的时间偏差(Galileo to GPS time offset,GGTO)和 GST – UTC 偏差将由 Galileo 卫星广播。

6.2.4 北斗

北斗是中国的全球导航卫星系统、计划 2020 年完成。与 GPS 和 Galileo 一样,北斗选择 CDMA 来区分卫星,使用了 L 波段的三个子波段,分别称为 B1、B2 和 B3。

北斗卫星发射右旋圆极化(right hand circularly polarized,RHCP)信号。与其他全球导航卫星一致,北斗将有两个级别的定位服务:开放级和限制级。开放服务的信号为 B1I 和 B2I,授权服务信号为 B1Q、B2Q 和 B3。

1. 空间段

北斗星座将由 35 颗卫星组成:5 颗地球同步轨道(geostationary earth orbit,GEO)卫星在 35786km 的高度上运行,分别位于 58.75°E、80°E、110°E、140°E 和 160°E;3 颗倾斜地球同步轨道(inclined geosynchronous orbit,IGSO)卫星在 35786km 的高度上运行,与赤道面呈 55°倾角;27 颗中轨道(medium earth orbit,MEO)卫星在高度 21528km 的轨道运行,与赤道面呈 55°倾角。

2. 当前信号与规划信号

本节只重点关注开放服务信号,接口控制文件(interface control document,ICD)已于 2012 年公布。B1I 信号的标称频率为 1561.098MHz,该载波采用 BPSK 调制,通过测距码(CB1I)和导航报文(D1)的模 2 加进行调制。B1I 测距码是一个平衡 Gold 代码,用最后一个码片截断。B1I 的长度为 2046 码片,码片率为 2.046MHz。D1 导航报文包含基本导航报文(与其他全球导航卫星的时间偏移量、所有卫星的历书信息和广播通信卫星的基本导航报文),速度为 50b/s,并由 MEO/IGSO 卫星广播。

在二期中,B1 开放服务信号是一个以 1561.098MHz 为中心和带宽为 4.092MHz 的 QPSK 信号,而在北斗第三期,计划将 B1 中心频率改为 1575.42MHz,并使用类似于 Galileo L1 OS 信号和 GPS 民用的调制 MBOC(6,1,1/11)信号(L1C)。

B2I 信号的标称频率为 1207.140MHz,该载波为 BPSK 调制,通过测距码(CB2I)和导航报文(D2)模 2 加进行调制。对于每一颗卫星,B2I 测距码与 B1I 测距码相同。D2 导航报文包含基本导航和增强业务信息,由 GEO 卫星广播,速率为 500b/s。

北斗二期的开放业务信号及其主要特性汇总见表 6.6,相应的频率规划如图 6.4 所示。

表 6.6　北斗二期信号主要特性汇总

频带	载波频率/MHz	PRN 码	调制方式	码片率/(Mc/s)	数据速率/(b/s)	服务
B1	1561.098	B1-I	BPSK(2)	2.046	500(GEO) 50(MEO/ISGO)	开放
B2	1207.14	B2-I	BPSK(2)	2.046	500(GEO) 50(MEO/ISGO)	开放

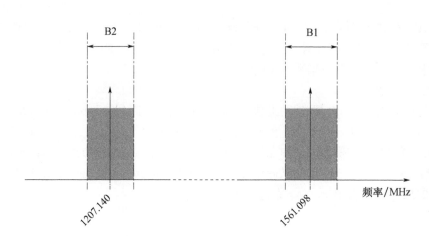

图 6.4　北斗二期频率规划

3. 时间尺度和大地坐标系

北斗采用连续时间尺度,即北斗时间(BeiDou time,BDT),开始于 UTC 时间 2006 年 1 月 1 日 0 时,并与 UTC 同步。导航报文包含相对于 UTC 的偏差,该偏差控制在 100 ns 以内。

北斗采用的坐标系是中国大地坐标系 2000(China geodetic coordinate system 2000,CGCS2000),其参考椭球的参数如表 6.7 所列。

表 6.7　CGCS2000 的椭球参数

参数	标识	值
椭圆的半长轴	a	6378137m
极扁率	f	1/298.257222101
地球自转角速度	ω_E	7292115×10^{-11} rad/s
引力常量	μ	3986004.418×10^8 m³/s

6.3　多模全球导航卫星系统的优势

本节介绍多模 GNSS 解决方案相对于单系统接收机的优点。接收来自不同系统的更多导航卫星信号将在可靠性、连续性、准确性和可用性等方面带来显著的好处。

(1)精度提高:接收到的信号越多,意味着接收机将有更多的测量数据用于 PVT 解算。有结果表明,在定位精度方面,多模 GNSS 方案优于单系统方案[6-7]。此外,多信号可以更容易地减少多径和干扰的影响。例如,由于提供了各种样式信号和实施多模 GNSS 信号选择机制,因此存在干扰的情况下,多模 GNSS 性能比单系统得到显著改善[8]。4 个系统联合使用的另一个好处是改进几何精度因子(geometric dilution of precision,GDOP),如文献[9]所述,这种几何增强结构将进一步提高定位精度。

(2)可靠性提高:多频多系统接收方式将能更好地防范有意和无意的干扰。即使一个信号受到干扰严重影响,仍然可以通过选择和依靠另一个受影响较小的信号来获得良好的 PVT 解算方案。此外,集成多个载波在测量中获得的更多冗余的数据,可用于电离层和多径误差估计[10]。多系统的抗欺骗监测必将更容易实现,因为同时欺骗所有系统需要更多的资源。

(3)连续性改进:实际上,GPS、GLONASS、Galileo 和北斗都是独立的系统,这意味着严重的系统问题同时发生的可能性非常小。如果系统之间的时间尺度偏差已知或已校准,则至少需要四颗卫星来保持有效的位置定位。如果接收机从多个星座寻找卫星,则保持定位持续性的可能性更大。

(4)可用性改进:在 PVT 解算中,多星座的主要作用之一是增加可用卫星数量[9]。这对于在恶劣环境中导航尤为重要,因为城市峡谷很难通过天空卫星获得清晰路径,诸如高层建筑之类的障碍物会遮挡卫星信号,但随着天空中的卫星越来越多,恶劣环境中定位的成功率也会增加。

(5)完备性监测:可用卫星的增加也为完备性监测带来了好处。有了更多可用的卫星,当卫星到用户的距离计算出现较大的差异时,系统可以更容易地判断出一些卫星是否出现故障[2,11-12]。

6.4 多模全球导航卫星系统的问题

一方面,多系统的多样性会带来一些好处,另一方面,在利用多星座提供解决方案时,也会出现一些问题。

这 4 个导航系统在信号传输方面都有各自复杂的特性和规范。例如,都使用了新的频率、调制方案和导航报文结构。因此,接收机必须能够处理这些不同的 GNSS 信号。接收机的模拟信号部分必须在多频段、多系统和更大信号带宽下工作,并且在定位计算部分,必须采用新算法。上述需求无疑会导致更高的复杂性,导致接收机的成本更高。在基带处理方面,必须开发出新方法,以能够正确利用先进信号增强导航能力。这势必增加了对计算复杂性、资源性能需求,最终也增加了接收机的成本。对于这些原因,可通过在可编程处理器上实现接收机软件化方法,以减小对硬件的需求,尤其随着处理器计算能力持续快速增长,该方法无疑是一种适用于多模 GNSS 接收机的最佳方法。

除了上述要考虑处理大量信号的复杂硬件之外,在 PVT 解算时,由于时间尺度和参考坐标系的不同,也会出现一些问题。尽管所有导航系统都参考了 UTC 时间,但地面控制时间对每个导航系统都是独立的,从而导致 UTC 和各系统之间的时间不同。因此,用户需要考虑和估计每个系统之间的时间偏差,或利用地面控制提供时间偏差[13]。北斗的设计允许用户轻松计算任何其他 GNSS 系统的时间偏差[14]。而且,其他导航系统也会广播一些参数,以便确定多星座用户之间的时间偏差。

参考坐标系在定位计算中起着重要的作用,每个导航系统都使用一个特定的地球大地水准面。GPS 和 Galileo 分别对应坐标系 WGS – 84 和 ITRF,最高可达到厘米级。可以认为这两个系统坐标相同。而 GLONASS 偏差较大,坐标问题必须加以考虑。目前,PZ – 90 和 WGS – 84 之间的转换可通过官方渠道获得[15]。这些专题讨论和进展可通过 GNSS 国际委员会获得[16]。

多模 GNSS 的另一个严重问题是系统间的干扰。这 4 个星座将以共用频段发送信号。从接收机设计的角度来看,这一方面可能是有利的,但另一方面,来自其他 GNSS 广播信号的干扰会增加。在 4 个系统共存的情况下,每个 GNSS 的系统间干扰的结果见文献[9]。

6.5 小结

本章介绍了全球导航卫星系统的 4 种系统。其中两个卫星导航系统,即 GPS 和 GLONASS,已经全面投入使用,而北斗和 Galileo 计划在 2020 年完成。

未来,很快将有 100 多颗卫星在不同的频段发射不同的信号,这种多样性和冗余性将在服务的可用性、准确性、连续性和可靠性等方面带来优势。然而,不同的系统也会产生一些问题:多个 GNSS 共用同一频段会增加系统间的干扰,由于采用的时间和坐标系不同,会遇到更多的未知问题需要解决。然而,控制每个 GNSS 的机构之间需要进行协作,不仅要减轻可能的干扰问题,还要增强彼此的系统,以为用户终端提供更好的服务。确保兼容性和实现互操作性的国际合作至关重要。

在硬件方面,设计一个能同时处理几个 GNSS 的接收机是一项具有挑战性的工作。拥有多个系统意味着可跟踪卫星数量的增加,这需要处理不同的频率、时间偏差、伪码等。硬件的增加意味着接收机硬件引入误差的增加,虽然这个问题可以解决,但软件接收机的开发也被视为处理多系统接收机的一种很好方法。

参考文献

[1] Navstar Global Positioning System Interface Specification is – GPS – 200, Revision D. Technical report, GPS Joint Program Office(2006)

[2] E. D. Kaplan et al., Understanding GPS – Principles and Applications, 2nd edn. (Artech House, Boston, 2006)

[3] Navipedia, GPS Future and Evolutions. Accessed 19 Dec 2016. http://www.navipedia.net/index.php/GPS_Future_and_Evolutions

[4] W. M. Mularie, World geodetic system 1984 – its definition and relationships with local geodetic systems. Technical report(2000)

[5] European Union 2015, Galileo open service signal in space interface control document. Technical report, 1. 2. Accessed 24 May 2016

[6] D. Minh Truong, T. Hai Ta, Development of real multi – GNSS positioning solutions and performance analyses, in 2013 International Conference on Advanced Technologies for Communications (ATC) (IEEE, Ho Chi Minh City, 2013), pp. 158 – 163

[7] S. Soderholm et al., A multi – GNSS software – defined receiver: design, implementation, and performance benefits. Ann. Telecommun. 71(7), 399 – 410(2016)

[8] H. Bhuiyan et al., Performance analysis of a multi – GNSS receiver in the presence of a commercial jammer, in 2015 International Association of Institutes of Navigation World Congress (IAIN) (IEEE, Prague, 2015), pp. 1 – 6

[9] N. G. Ferrara, E. S. Lohan, J. Nurmi, Multi – GNSS analysis based on full constellations simulated data, in 2016 International Conference on Localization and GNSS(ICL – GNSS) (Barcelona, 2016)

[10] M. Sahmoudi, R. Landry Jr., F. Gagnon, Robust mitigation of multipath and ionospheric delays in multi – GNSS real – time kinematic(RTK) receivers, in IEEE/SP 15th Workshop on Statistical Signal Processing, SSP'09(IEEE, Cardiff, 2009), pp. 149 – 152

[11] K. Borre et al., A Software – Defined GPS and Galileo Receiver: A Single – Frequency Approach (Springer, Dordrecht, 2007)

[12] GMV, Navipedia, Integrity. Accessed 19 Dec 2016. http://www.navipedia.net/index.php/Integrity

[13] A. Druzhin, A. Tyulyakov, A. Pokhaznikov, Broadcasting system time scales offsets in navigation messages. Assessment of feasibility. Technical report(2013)

[14] China Satellite Navigation Office, BeiDou navigation satellite system signal in space interface control document – open service signal. Technical report, 2. 0(2013)

[15] Russian Institute of Space Device Engineering, GLONASS interface control document. Technical report, 5 Jan 2008

[16] Working Group D International Committee on GNSS, Report of working group: referenceframes, timing and applications. Technical report(2010)

第 7 章

无缝导航

Pekka Peltola, Terry Moore

7.1 研究目的

在城市和室内环境中,导航仍然存在很大的挑战。GNSS 接收机无法处理这些区域内 GNSS 信号存在的严重多径效应和衰减问题。因此,诸如 WiFi 或蓝牙等替代技术可能会成为室内导航的有效解决方案。

本章简要回顾了能填补这一空白的传感器以及已经被验证了的一些方法。本章分 4 个部分,第一部分讨论为实现无缝导航系统所需采取的适应性措施。无缝导航是本章中用于导航系统的一个术语,它是指在任何环境下都能提供导航解决方案的系统。第二部分讨论不同的定位情景和行为情景。针对不同的定位情景,导航滤波器设置不同。当步行、跑步或乘坐公共汽车时,行为情景就会发生变化。第三部分将介绍可用传感器以及针对定位之前经过测试的传感器。第四部分使用前面的结果,讨论将传感器数据融合成最终导航解决方案的一些常用方法。如果能将多传感器融合方法很好地进行设计,则可以利用不同传感器进行优势互补,这比使用单一技术的解决方案更为有效。

Rainer Mautz 在文献[24]中阐述了室内定位的一般目的。无缝导航的目标是实现量化用户需求、评估传感器技术和融合方法之间的最优匹配。此外,为了能够使用无缝导航系统,需要实现 4 个重要方面:

(1)亚米级的水平定位精度;

(2)楼层辨识;

作者联系方式:

P. Peltola(✉) · T. Moore

The Nottingham Geospatial Institute, The University of Nottingham, Triumph Rd, Nottingham
NG7 2TU, UK

（3）大于 99% 的可用率；

（4）低的安装成本。

Paul Groves 在文献[9]中提到了多传感器导航系统面临的 4 个挑战，这里会做一个简要的解释。情境检测能优化导航滤波器的设置，这样模糊解就可以正确地被解算。数据存储、检索和处理通常由特定的应用程序来处理完成。定位精度和计算时间或系统成本之间往往需要折中考虑。

7.2　适应性

到目前为止，导航适应性仅仅是用户的事情。最简单的例子就是在开车时使用 GPS，然后，为在商业中心内找到需要的商店，需要查看广告牌地图。为了提高无缝导航的水平，用于汽车导航的手机应能提供与广告牌地图相同的信息。在出行时，如果手机上的应用程序能够帮助用户导航到正确的商店，则意味着无缝导航水平进一步增强。

在前面的案例中，可以明显区分出自适应设备的两种行为，首先，导航设备应能灵活配置以能够将用户引导至商店，此外，导航设备还应具有对汽车导航和室内导航的环境适应性。

7.2.1　配置灵活性

用于导航的组件包括基础设施、移动设备传感器、移动设备硬件以及导航软件。基础设施和传感器是导航解算所采用技术的基础，它直接影响导航解决方案的可用性，例如，如只用 GNSS 就无法解决室内导航问题。在硬件方面电源配置会限制软件的使用，如电池、处理器的性能和类型等。应用软件将影响导航解决方案最终的效率和准确性。图 7.1 描述了该情况，并列出了各级不同的影响状况。

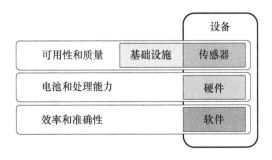

图 7.1　配置在不同级的调整（左侧为受影响的功能）

传感器是多种多样的,有温度传感器、加速度传感器和变形传感器等。即插即用传感器模块全部使用统一定义的串行接口,这无疑减轻了硬件设计师的工作量。智能传感器可以根据应用目的调整设置和使用。利用现场可编程门阵列(field programmable gate array,FPGA)传感器硬件可以节省更多的空间,并且也可以对FPGA进行重新编程。

7.2.2 环境适应性

对于真正的无缝导航系统,即使环境不断变化也不应影响定位方案的实施。无缝导航系统通过足够好的传感器、硬件和软件组合,可获得高质量的定位解决方案。传感器的适当配置能够为导航应用程序提供足够的定位信息。应用程序的使用也应该足够智能灵巧,能够选择出最佳的定位方案,减少受环境因素的影响。换而言之,导航系统应该能够适应周围环境。

无缝导航系统可能同时用到硬件资源和运行的应用程序信息(例如日历)。文献[18]列出了三类资源。第一类来源是传感器测量的定位信息。第二类是来自其他导航和定位的历史数据,通过推算得到当前定位信息。第三类是与用户的交互信息,可用于解决方案的设计。图7.2展示了在情景引擎下不同信息的组合。

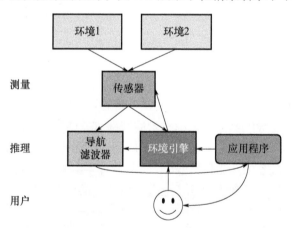

图 7.2　信息组合图(环境引擎融合用户、应用程序及传感器等提供的信息。
环境引擎设置导航滤波器参数,以便获得最佳定位方案)

7.3　情景

无缝导航的运用情景可以由物理传感器、虚拟传感器(应用程序)和逻辑传感

器(根据物理和虚拟推断)来确定[34],情景信息会随位置而变化。情景不同,用户
的动作特征也会不同。此外,如前一节所述,用户间的交互也会影响到情景的确
定。此外,导航目的地和路线的选择在某些方面决定了情景。这些将在下面的小
节中进行说明。

　　移动应用程序通过检测场景信息,运行情景推理算法找出用户所在的位置。
无论是商业用途还是个人应用,确定正确的环境关联信息都可以帮助预测用户模
式和满足未来需求。导航滤波器可以利用这些信息,选择出最合适的传感器和相
应的数据来提供最佳的定位解决方案。

7.3.1　位置

　　文献[34]利用5种分类方法进行了关于位置检测的试验,包括朴素贝叶斯方
法、决策树方法、袋装树方法、神经网络方法和 K - 最近邻方法,其中袋装树方法的
结果最好。在袋装树方法中,多个决策树使用相同数据集的不同子集进行训练,每
棵树都有一个权重。在分类效果较好的区域,通过表决系统赋予树更大的权重。
多适应于研究家庭、工作地等地点。

　　首要或者说最重要的相关检测是介于室内和室外之间的环境。在文献[5]
中,开发了一种简单的室内/室外检测方法,它根据 GNSS 接收机获得的指示,能成
功地区分出一个人是在室外走动还是在室内走动。

　　蓝牙低功耗(bluetooth low energy,BLE)电子监控器以固定的周期向周边推送
通告。如果 GNSS 接收机不能提供位置,蓝牙则可替代的邻近传感器将开始提供
当前位置信息。另一种可选择的方案是使用在线图像数据库与相机图像进行匹配
定位。

　　地图是最直接的位置表示方式。为了向用户提供位置信息,大多数导航应用
程序需要一个预加载的或在线的地图数据库。对于盲人和聋人来说,基于触摸和
音频的导航数据库是不错的选择。在这两种情况下,都是在利用地图确定位置信
息,但效果都取决于定位方案的好坏。

　　地图更新是非常重要的,尤其是当传感器基础设施(如 BLE 设备固定某处)发生
变化时,至少在用户到达地点附近之前,这个变化需要通知到用户地图。GNSS 信号
包含有卫星位置的信息,这可以从导航报文中获得。采用类似的方法,BLE 等设备可
以很容易更新地图:BLE 锚节点能够发送其位置,这将减轻建立地图数据库的工作量。

7.3.2　行为

　　室内空间包括楼梯、走廊、办公室、房间、电梯等,用户在这些不同空间中的移

动从而引起自身位置的变化。由于空间的限制,用户通常步行,而在开放区域,特别是当日程表发现错过的会议时,用户可能会冲刺并跑步一段时间。在出租车和火车上,会有车辆振动现象。

通过惯性传感器可检测到用户行为状态的变化。Khalifa 等人对此进行了研究[16],并将行人的运动分类为与位置相关的活动。步行、跑步和爬楼梯都是行为状态不断变化的例子。此种行为活动信息也与车辆的类型有关[9]。车辆有自身可被感知的特征。例如,如果在骑车时,智能鞋可检测到脚的圆周运动,指示出用户的骑车行为,如图 7.3 所示。爬楼梯和骑车时,惯性轨迹有其各自独特的特点。情景引擎可以检测出这些差异,并向导航滤波器或其他应用程序发送指令。

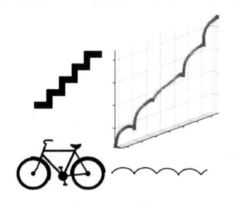

图 7.3   爬楼梯和骑自行车时脚上安装的惯性测量装置测量结果

可以在不同的抽象层次上实现行为的检测。例如,如果用户穿着能够感应惯性运动的智能鞋子,则传感器可以通过两种方式处理测量数据,一种是发送原始或经过本地处理过的数据,另一种是发送格式化的、高级抽象的传感器数据。这就节省了移动设备端的处理资源,进而可以处理其他更相关的内容,比如推导导航解决方案等。传感器和移动设备之间的接口设计影响着系统的整体性能。

7.4 传感器

物理传感器测量的是物理现象,虚拟传感器测量虚拟事件,如日历事件或用户交互等。传感器可提供的数据范围包括从原始的加速度值到与朋友的预定会议。测量信息可以抽象分为 4 个层次[35]。图 7.4 将这种垂直抽象划分为原始数据、特征、模式和决策。物理和虚拟传感器可以通过其各自功能一一对应到表里。而要使系统能够在不同的环境中工作,必须要有足够的水平异质性。水平抽象由一组可利用传感器探测的物理现象组成,不同的传感器适用于不同的现象。

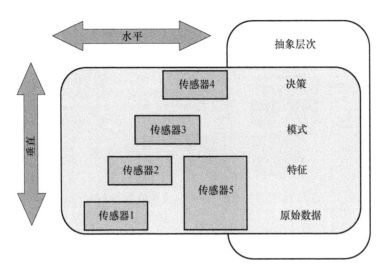

图 7.4　传感器输出信息的水平和垂直抽象

7.4.1　地图与基础设施

地图能表示地点和基础设施之间的相对位置关系,WiFi 和蓝牙提供的位置信息就是一个典型的例子。地图属于大多数人都能理解的抽象级工具。除了建筑 CAD 图纸和建筑设计,目前还没有许多广泛使用的、详细的、能用于导航的标准平面地图。开放地理空间联盟旨在为室内导航提供一个通用的简图框架[28]。其他现有的相关标准和范例包括 CityGML、IFC、X3D、ESRI BISDM、Google、Bing 和 Here maps 等。

来自不同传感器的信息需与地图数据相结合,行人的运动学模型和移动模式与汽车传感器数据的组合方式不同。由于室内尺寸较小,因此室内对定位精度的要求较高。墙壁、街道、公园或其他开放区域对用户位置均有约束作用,这些约束有助于应用程序捕捉到用户位置信息并给出合理的地图位置。这种在地图上使用约束的方法称为地图匹配。其一般流程如图 7.5 所示,当使用低功耗蓝牙、超宽带(ultra – wideband,UWB)和惯性测量装置(inertial measurement unit,IMU)传感器定位技术得出定位结果后,在最后会与地图数据库进行匹配。

建筑走廊通常是对称的,并且只有几个主要方向。Pinchin 等人根据建筑物的基本信息将用户轨迹与主要方向进行匹配[29]。

如果 GNSS 信号受到高层建筑遮挡,则该建筑物的高度信息可用于阻挡信号的计算。阴影匹配可以克服 GNSS 信号多径问题,但是对三维地图的细节处理需要很高的处理能力。目前,可替代的虚拟建模及其他更有效的描述法正在被不断研究。

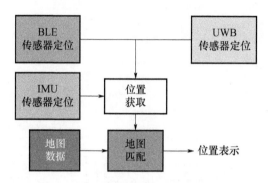

图 7.5　地图匹配结合基础设施和传感器输入之间的关系获得最终的解决方案[15]

查阅某些建筑物的楼层地图数据往往受到诸多限制。楼层地图信息可通过众包的方式集中在公共区域。闭路电视(closed circuit television，CCTV)和监控摄像机也可以用于定位,但必须首先解决好隐私保护问题。

7.4.2　里程表和触觉传感器

触觉定位是基于传感器或探针测量或接触到障碍物(物体表面)的测量数据进行定位。里程表传感器是连续接触,触觉和里程表传感器输出来自物理接触感测的物理距离(或速度测量)。简单的触觉传感器只输出二进制数据,即开或关。压力传感器和里程表传感器的输出往往转换为压力测量值或用户的速度信息。

在文献[32]中,一个小型机器狗使用压力传感器和关节运动传感器来记录步态周期。汽车和四脚机器人的里程表模型明显不同。文献[14]中研究了根据汽车运动特性变化建立的汽车航向滤波器测量模型。里程表测量车速,它与陀螺仪角度信息一起使用,能够在没有 GPS 的情况下也能进行系统的航迹推算。这就相当于一个小的能提供移动模型决策的环境感知系统。使用多个里程表,通过对安装在车身和车轮圆周上的各里程表的位置信息进行差异化对比分析,就可以更有效地跟踪航向和计算行驶距离[4]。

坐标测量机是非常精确和昂贵的设备,需要通过精确地安置在工作台上,它们不适用于行人或汽车的导航。压电或电容式触摸表面、杠杆或按钮可用于识别特定位置。楼层上的称重传感器可用于感应用户在建筑物内的位置。文献[2]中使用一个 LDT0 压电式 PVDF 传感器制作了一个撞击检测传感器。

在文献[3]中,从用户的角度出发讨论了感官过载问题。在车内驾驶时,可能会收到来自收音机、环境、导航仪和乘客等太多嘈杂的声音。因此,可以通过使用振动带进行导航,由振动带来告诉驾驶员下一个转向位置。然而与纯音频引导的方法相比,该方法给予驾驶员的总信息又较少。

7.4.3　声音和压力

空气中声音的传播速度约为 346m/s,远低于射频信号传播速度。声音从源头传送到目标需要通过空气这一介质。因此在设计基于声波的定位系统时,需要考虑空气介质的温度和压力等特性。

声音定位系统由声源和录音机组成。根据锚节点(固定点)的布置,声音定位系统可分为计算到达时间(time of arrival,TOA)或到达时差(time difference of arrival,TDOA)两种方法。虽然噪声会干扰声音的定位效果,但如果可能,可以利用视线检测等方法修正计时测量偏差。

两种广为人知的声音定位系统是 DOLPHIN 和 CRICKET[12]。DOLPHIN 超声波系统由发射和接收超声波传感器组成。该系统以两种方式工作。由移动传感器发送声音、锚节点接收并返回声速飞行时间,或锚节点发送声音、移动单元接收并计算自身的位置。CRICKET 系统的接收机安装有标签,此外,为保持系统同步还采用射频脉冲方案。关于声音如何被用于定位的几个研究包括:带有信号振幅包络检测功能的手机上的啁啾信号[13]、几乎听不见的环境声源[33]、多麦克风及脚间距离估计[19]。图 7.6 展示了超声波传感器的实物图。

图 7.6　超声波传感器

与摄像系统相比,音频数据吞吐量和数据量要小得多。音频信号的组成和强度应根据目标环境的外部声源、噪声以及特性进行设计。

大气压力传感器可以用来检测建筑物楼层高度,其原理就在于气压随着海拔的升高而降低。在文献[1]中,利用具有实时校准功能的气压计能够检测出用户当前所在的楼层。为了能够正确计算楼层,系统的硬件设计要考虑温度、参考压力和测量压力等三个最相关的参数。

7.4.4　惯性传感器

惯性传感器用于测量传感器的运动,刷新率一般为100Hz。如果传感器被固定在一个物体上,比如一只靴子,那么靴子的运动就可以被跟踪。跟踪的好坏程度取决于惯性测量装置(IMU)的准确性。用于在飞机或军用车辆上的IMU精度要求很高,可能要花费数万英镑。而在移动电话上,IMU的成本必须保持在较低的水平,因此这些移动设备传感器的精度会很差。惯性传感器包括用于感知姿态变化的陀螺仪和用于运动跟踪的加速计。

惯性跟踪是一种航迹推算跟踪方案。在这种方案中,即使刚开始的位置推测是准确的,但是随着时间的推移也会变得很糟。除非不断从外部(通常是非航迹推算系统)引入额外的测量数据进行修正。Harle在文献[10]中综述了行人惯性导航系统,主要内容和技术如图7.7所示。

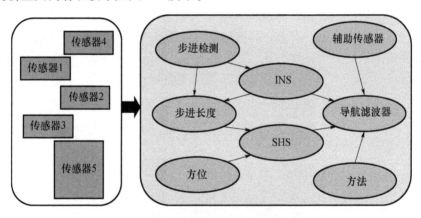

图7.7　步行惯性测量设备主要研究对象[10]

冷原子干涉法和晶片级原子钟仍在研究之中[8]。在更精确的惯性测量技术没有获得成功之前,行人导航系统仍还必须依靠外部绝对定位技术(如 GNSS、WiFi和蓝牙)的帮助。同样,对于在 IMU 出现大的漂移误差之前,引入汽车导航约束(如限制在道路上)是必要的。

惯性航迹推算的挑战在于时间漂移问题,它无法保证对加速度数据双积分后得到的位置是准确的。漂移是指根据测量推导的位置与真实位置之间的偏差随时间的推移而不断增加这一现象,因此它通常被描述为在经过的时间内或覆盖的距离内偏离真实值情况。这就是为什么需要零速更新、地图匹配和辅助系统等约束来提供额外的位置信息。即使对于高质量的战术级惯性导航系统,这种漂移在几分钟内也会达到数百米。

IMU 误差建模很重要。Quinchia 等人将惯性传感器误差分为确定性误差和随机误差[30]。确定性误差,如制造和安装中的误差,可以进行校正。随机误差则需要建模,随机误差可以是偏移偏差、正交误差或标度因数误差。运行中的热变化也会影响误差特性和固有噪声。状态卡尔曼滤波方法考虑了 IMU 测量中的这些误差。

图 7.7 展示了一种基于 IMU 数据生成定位方案。在步态和航向系统(step and heading systems,SHS)中,步态长度和航向被估计。步态检测常用的方法有峰值检测、过零检测、运动方差检测、幅度检测、角速度能量检测、模板匹配和频谱频率分析等。步态可以分为站立和摆动两个阶段。在站立阶段,脚通常在地面上,速度为零(除非在湿滑的地面上)。零速更新可用于补偿 IMU 漂移。如果传感器位于脚部,则步态更容易被检测。但如果传感器放在口袋里,检测就变得相对困难了。

在导航开始阶段,如何对 IMU 初始化是面临的另一个挑战,如果起始位置和航向在一开始时就有误差,那么这些误差会在导航过程中不断地被累积。

GNSS 通常是与惯性导航系统(inertial navigation system,INS)集成的系统。如果 GNSS 和 INS 松耦合,那么它们是独立的,系统会产生各自的解,然后将在卡尔曼滤波器中融合。而在紧耦合情况下,INS 的观测结果会引入到 GNSS 接收机的跟踪反馈环路中。

从 IMU 数据中跟踪位置变化的其他方法还有:统计模型比较、人工神经网络和回归森林等学习方法。这意味着使用特定的位置学习方法可将 IMU 值映射到轨迹中[27]。

7.4.5 GNSS、伪卫星和广播信号

移动设备通常配有低成本的 GNSS 接收机和带有适配天线的手机通信芯片,其中 GNSS 接收机的位置更新率约为 1~10Hz。首次定位需要几分钟时间,具体时间取决于接收机的质量。首次定位时间是指从设备启动到 GNSS 接收机解算并得到第一次位置所耗费的时间。GNSS 接收机能够接收 GNSS 信号和伪卫星信号,同时能够利用通信芯片处理广播信号。

在室内或城市地区,GNSS 接收机的工作效果并不好。这是因为金属物体或水面会反射射频信号,而且木材或混凝土也会使信号衰减。射频信号在室内存在反射和散射,即所谓的多径。多径需要通过将环境中的物体进行映射建模,从而估计信号的衰减。

室内 GNSS 信号强度(-190~-170dBW)比室外(-158dBW)弱 5~30dB。一些高灵敏度接收机通过并行相关和长时相关运算解决 GNSS 信号微弱问题。GPS 和 GLONASS 是一直运行的导航卫星系统。此外,伽利略和北斗正在建立中。

多星座接收机提供了更稳健的导航解决方案。此外,当更多卫星联合运行,搜索所在区域最好的卫星信号也更容易了[24],也会使可用的信号更多,从而使接收机能全时段无缝隙地提供正确的位置信息。

GNSS 接收机将本地生成的伪随机码与从卫星传来的伪随机码进行相关比较,软件无线电接收机利用软件实现 GNSS 信号处理(硬件加速)。

伪卫星是安装在地面和建筑物上、能模拟 GNSS 信号的发射器。由于伪卫星会产生很强的信号,这使得使用脉冲伪卫星的 GNSS 接收机可以更好地应对弱信号无法被探测的问题。Locata 是一个与 GNSS 信号类似的伪卫星系统,其各节点采用了精确的时钟同步信号,主收发服务器与本地网络同步,这使得 Locata 的定位精度很高[6]。

在室内利用电视广播和蜂窝信号比 GNSS 信号的定位效果好。不过,利用这些信号实现的定位精度不高(>50m)。为了提高定位覆盖率,TCOFDM 系统正在通过共享蜂窝通信网络频谱,使这些信号的通信数据中也包含有导航信息。这样可使移动接收机可以更加无缝地导航,而且首次定位的速度也更快[6]。

7.4.6 WiFi、蓝牙和超宽带

移动设备扫描 WiFi 接入点需要几秒钟,然后通过读取接收信号的强度进行定位。传统的蓝牙同样需要双向连接才能测量信号强度,另外,低功耗蓝牙有一个广播模式,即每隔 20ms 测量信号强度。超宽带收发机使用时间的方法测量物体彼此之间的距离,虽然与蓝牙相比功耗高,但其测量速率约为几赫兹。

在新的射频通信标准中考虑了对定位的需求。以前的定位必须使用仅面向通信的协议来实现。Groves[8]预计,与新标准相比,未来对信号传播介质的建模将是一个更大的挑战。针对多墙壁模型描述环境效应的路径损耗,光线跟踪分析是一种建立射频环境效应模型的方法。

现有的 WiFi 接入点很多。我们通常想获得信号强度和传播时间。而 802.11v 标准还包括一个定位协议。接入点的信号强度取决于接入点与移动单元之间的距离以及它们之间的障碍物。另一种测距方法是测量接入点和移动设备之间信号传播的精确时间。在不久的将来,众包的 WiFi 接入点和信号强度指纹是扩展 GPS 的一个很有前景的方法。WiFi 接入点位置和信号强度地图在市场上已经有售。此外,协同定位为实时跟踪提供了另一个维度信息,例如,共享附近车辆的位置信息可以使交通流更加顺畅[37]。

Yang[37]提出了减少过量信息的问题。在协同测距和定位中,传感器数量和测距信息应保持在最佳水平。

在解决多径问题方面 UWB 具有独特的优势。UWB 是无线电短脉冲,这使其

更容易检测到多径分量。可重复性是超宽带方法的另一大优势。这意味着定位结果在一段时间内能保持一致[25]。图7.8显示了Decawave公司的一个UWB测试模块。在文献[38]中,UWB标志物被放在鞋子和头盔上。由于非通视条件,鞋子上标记点的测量会有很多异常值。虽然UWB信号的高时间分辨率使其很容易区分原始信号和多径信号,但在非视距条件的情况下这仍然是一个挑战。

图7.8 Decawave公司的UWB模块(精确到分米,检测距离可达数十米)

ZigBee和射频识别(radio frequency identification,RFID)是可用于定位的另外两个无线电协议。通过模型可以把信号强度转换为距离。此外,在这些射频技术中,可以利用计时和角度信息来推导用户位置。鉴于信号强度及接入点的独特性,指纹定位技术可能是目前最具吸引力的方法之一。指纹定位的主要缺点之一是环境的不稳定性。指纹定位包括离线阶段和在线阶段,离线阶段收集信号辐射强度图,在线阶段利用信号辐射强度图确定自身当前位置。如果无线电环境发生变化,将会影响在线阶段的定位精度[22]。

7.4.7 磁传感器

霍尼韦尔三轴磁阻传感器HMC5843输出数据的速率为116Hz。但是如果环境磁场异常或室内受到干扰,如金属物体或无线电设备,则很容易造成磁传感器不能确定方位。因此,室内磁环境可以用于跟踪定位,但像指纹识别技术一样并不十分可靠[20]。鉴于这个原因,在室内的磁极测量效果不好。车内也是同样的情况,不断变化的磁场也会干扰到测量结果。

文献[39]提出了另外一种利用磁场测量的方法。该文献测量了站立时的稳定磁场,如果在站立过程中检测到任何角度变化,则可用来校正偏航漂移和陀螺仪偏差。磁传感器也可用于检测脚的摆动周期。与所述相一致,使用 IMU 进行航迹推算时需要额外的技术来克服漂移问题。

7.4.8 可见光和红外传感器

如今便宜的数码相机随处可见,它们至少可以以三种不同的方式用于导航。照相机图像可以与众包图像数据库进行比较和匹配,通过多个特征的分析和对已知目标特征描述符的比较,解决照相机的姿态问题。此外,使用视觉里程计,通过比较图像序列中的图案,并从图像流中获得跟踪位置。立体视觉可以应用于更精确的照相机运动估计。激光扫描仪可提供更高分辨率的测距数据。

Mulloni 等人[26]在会议地点周围放置标记物,利用手机的相机检测出各标记,并根据采集到的标记图像进行定位。这种人工标记在各种光线条件下都能被很好地识别,并且在小的局部范围内使用也非常便利。不过,它还需将标记物的位置映射到区域地图。为了提高检测成功率,相片上的标记图像至少要有两个像素。此外,抓拍图像的功耗不能太高。CLIPS[24]是一个类似的系统,它将激光点投射到墙上,形成能被相机识别的图案,然后,利用这个投射的激光标记图案来确定位置。

微波辐射计和基于 Golay 盒的红外摄像机非常昂贵,不适用于行人导航。热电堆和热电传感器虽然精度较低,但价格很便宜,在低照明条件下,当传统图像处理方法无法工作时,这些技术方案可能是首选[17]。

在图像处理和计算机视觉方面的文献中包含了许多有用的案例和基于相机导航的创意。图像中消失点的不变性或极限约束可用于图像比较。图像中的图案存储(离线阶段)在数据库中,然后进行比较(在线阶段)。图像比较需要一定的先验知识。数据库收集阶段称为离线阶段。在利用收集到的数据库进行导航称为在线阶段。在稳定的照明环境中,可以根据光流测量数据,使用光流算法跟踪像素的运动。特征跟踪也是一种可选的方法,在该方法中,记录一系列连续的图像,并对其中的特征进行比较。因此,在移动平台上的优化特征检测和匹配算法就显得尤为重要。因为计算能力越强,由图像来计算运动所需的能耗和时间就越少。但相机的快速移动会产生模糊的图像,这使得特征的检测变得困难。

Torres - Solis 等人[36]研究了基于图像的位置检测:第一步是图像采集;第二步是图像分割和特征提取(SIFT/SURF、Canny 边缘检测、FAST 或 HARRIS 角点检测);第三步是搜索匹配,将特征与已有的信息进行比较。光束平差法、RANSAC、

GOODSaC 和 BaySaC 等算法都可用于细化匹配特征和剔除异常值。该步骤还包括图像旋转和亮度分析。最后计算相机的位置和姿势。

　　飞行时间摄像头由一个图案投影仪和一个摄像头探测器组成。除了获得环境图像之外,此相机还能生成深度信息。在 Google 的 Tango 平板电脑中,红外图案投射到环境中,然后使用 RGB 相机进行注册。图 7.9 显示了这款平板电脑的工作情况。

图 7.9　Google 的 Tango 平板电脑使用飞行时间摄像头创建周围环境的深度信息

7.5　传感器融合

　　准确性和效率这两个指标往往需要根据导航实际应用需求进行折中。不同的定位技术会产生不同的数据,这就需要进行不同类数据的融合。传感器数据主要在抽象层次方面会有所不同。此外,根据所采用的传感器以及应用目的,应相应地设计最好的传感器数据融合层级。一个很好的例子是基于 INS 和 GNSS 集成系统的不同应用。在松耦合情况,GNSS 和 INS 系统在位置域进行融合,GNSS 的位置有助于 INS 的解决方案。而在紧耦合情况,在距离域进行融合,而在超紧耦合情况下,则是在接收机相关信道环路内进行融合。

　　融合可以以集中或分散的方式进行。在集中模式下,在一个节点上进行数据融合,而在分散式模式中,有多个小的融合中心,它们分别融合部分传感器数据,然后再交由融合中心进行融合。在文献[31]中进一步讨论了不同的融合策略。最著名的融合案例可以参考实验室联合名录(joint directories of laboratories,JDL)。

对于所有抽象级的传感器数据,有着不同的融合方法。图7.10展示了改进的卡尔曼滤波器和粒子滤波器。在文献[23]中采用高斯跟踪器作为估计方法进行研究。卡尔曼滤波的改进以及协方差法适用于低层的抽象数据,通常用时变量来描述其原始数据。

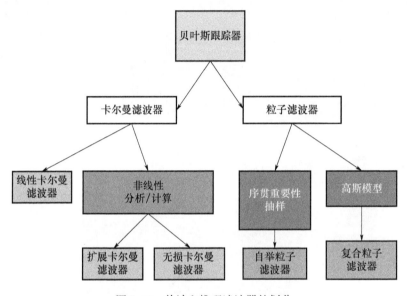

图7.10 估计和推理滤波器的划分

粒子滤波器对于快拍处理或非连续测量来说,可能是不错的选择。推理方法包括粒子滤波、模糊逻辑和贝叶斯推理。这些方法更接近人类语言在推理过程所发挥的作用,都是通过预先定义的模型得出逻辑结论。其中后两种方法都是基于阈值将传感器测量值进行分类[11]。

7.5.1 估计

估计方法的共同之处在于:它们均会使用模型从测量数据中获得近似的位置估计。原始输入数据的噪声或误差分布取决于测量参数。在估计方法中,传感器输出的数据通常是原始数据,例如,加速计读数等。最小二乘法和改进卡尔曼滤波则属于估计方法。

贝叶斯滤波包括两个步骤:预测和校正,两个步骤都使用模型。预测模型估计下一时刻的状态,并通过该模型得到预测状态向量的协方差。

测量模型决定了测量如何影响状态估计,将预测结果与实测结果进行比较,并进行相应的加权处理。

卡尔曼滤波器可用于处理线性运动目标的跟踪问题。扩展卡尔曼滤波器能够跟踪非线性运动的目标。无迹卡尔曼滤波器有点像粒子滤波器,它使用一组称为sigma点的小样本点,这些样本点通过无迹模型传播。

并非所有的测量值都是正确的。尽管假定做硬数据关联的数据都是正确的,而在软数据关联中,需要通过对多个测量值分析,选择出这些测量中最接近或最好的一个,或者使用多个假设权重来选择质量高的测量值。卡尔曼增益本身调整着预测和测量之间的相对权重。图 7.11 显示了一个简单的卡尔曼滤波器回路。

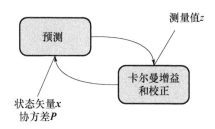

图 7.11　卡尔曼滤波器回路(状态和协方差通过预测和测量模型)

7.5.2　分类

分类就是将输入映射到输出。当输出连续时,映射还可以称为回归,而对于离散情况则称为分类。机器学习方法为导航提供了另一种思路方法。

定位系统的特征是一组参数,如位置和速度等。这些参数可以通过学习的方法进行跟踪和优化。例如,如果同一个人每天以相同的速度通过某一地点,则可以使用该信息来标识此人。有两种方法可以学习,一种是使用历史数据进行预测,另一种是通过描述获取数据和测量知识。机器学习在空间和时间上往往较为复杂,因此,在实际应用中在效率和预测准确性之间存在矛盾。在 Nguyen 等的研究中[27],使用统计模型将传感器读数映射成为位移信息。

常见的分类方法包括高斯过程、主成分分析、支持向量机、决策树和神经网络等。

7.5.3　推理

逻辑推理是典型的高级抽象推理过程,模糊推理就是这一类过程的典型范例。在模糊推理中,输出变量被分为不同的权值区域,结合权重和不同输入变量进行推理输出。模糊推理或 DS 证据理论(Dempster – Shafer theory)可以用于描述不确定性问题。在模糊推理系统中,可以将参数值分为若干个集合,利用这些集合进行逻辑推理。DS 证据理论进一步将对这些集合或置信的操作扩展到一个更复杂的置信选择领域。对于存在噪声或不确定测量和先验数据的情况,DS 证据理论提供了一个有力的解决方案。DS 证据理论不是概率分布,而是一种置信度,即可转移信度模型下的一种置信函数[21]。

序贯重要性抽样(sequential importance sampling, SIS)是粒子滤波器的核心。通过生成样本和权重以不断初始化滤波器,其中样本由系统模型产生,权重重新进行计算并归一化。在粒子滤波过程中计算状态向量的均值和协方差。此外,还可以使用类似测量的方法来获得权重。粒子滤波方法非常适合于多模态推导或多假设密度函数。在这种方法中,如果状态向量很大,那么所需的样本量也会很大。如果一些状态可以通过建模而不是采样获得,则可以选择使用卡尔曼滤波器,计算也会变得相对容易一些,这被称为 Rao – Blackwellation 技术[11]。图 7. 12 展示了一个简单的粒子滤波流程。

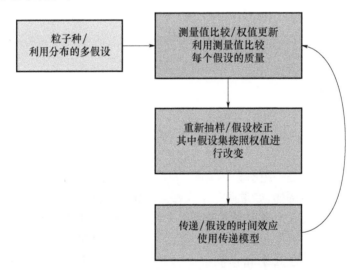

图 7. 12　粒子滤波流程(粒子过滤器以粒子种启动,测量比较每个粒子的权重。在重新抽样后,
　　　　　质量好的粒子继续存在。在新的迭代之前,在时序上粒子推算是的最后一步)

在自举粒子滤波器的粒子集重新采样中,权重较小的粒子会逐渐消失,而权重较强的粒子则被复制。可以采用不同的重采样策略,为防止出现样本贫化现象,重采样后需进行正则化处理。通常情况下,较强的粒子会集中在某些值上并反复重复,如果贯序测量无法体现位置估计的特征化差异,则粒子滤波就可能会发散。正则化使粒子以随机方式缓缓分离,从而防止了样本贫化。在一个最佳的 SIS 粒子滤波器中,选择重要性密度函数即权重时要特别注意,重要性加权可以在粒子传递之前计算,最优的选择应使权值的变化最小[11]。

7.6　小结

　　不同传感器产生不同的定位信息,这些异构的数据是互补的。当一个传感器失效或无法使用时,可借助于其他更适合该任务的辅助传感器,该类任务取决于应用目的和环境。表7.1列出了前面章节中所提到传感器,并说明了它们在行人、车辆和基础建筑设施主要相关用途。

表 7.1　传感器技术及其在行人、车辆和基础建筑设施导航中的主要相关用途

用途	地图	触觉	气压	惯性	射频广播	本地射频	磁力	光
行人	详细信息增加地图数据库容量	步态检测	测高气压计	步进机制	室外 GNSS 和室内环境检测	基于计时或信号强度的定位	室外航向辅助	众包图像比较
船、车辆	道路/天气和交通堵塞等附加标识	安装于车轮的里程测量信息	声音噪声背景/邻近检测	航迹推算	室外 GNSS	道路使用者之间的交换位置信息	室外航向辅助	视觉里程计
基础建筑设施	更新室内地图数据	智能定位楼层	超声波固定结构	基于振动强度的定位	本地放大器	WiFi/蓝牙设施	磁环境映射	CCTV 图像跟踪

　　自适应系统能够分析自身性能并动态地调整其行为。自适应过程需要一个针对背景环境和滤波器的反馈回路。自适应系统的另一项重要任务是对传感器的管理。传感器数据之间的关系分为协同关系、冗余关系和互补关系。输入数据可以通过传感器数据类型和数据流的性质进行检查,此外,它也可以通过抽象级别或系统架构需求(集中、分散和分布)来查看。任务和调度之间的资源分配要求在多个传感器子系统之间进行优先级排序。传感器通常可根据实际情况变化提供不同的工作模式。例如,传感器的动态范围可以随时更改,传感器的模式应能在系统运行期间重新调整。融合层次的选择及控制在很大程度上取决于自适应系统的应用目标。

　　具体的应用决定了传感器管理和集成的方法。对于无缝导航,重点是背景环境的检测与推理,背景环境的研究和分类是开展进一步研究的基础。无论在商店、餐馆、街道、乡村还是在汽车中使用移动设备,都要设置正确的导航滤波器。不同情景下的最佳传感器配置和这些环境下的最佳集成效果都需要被评估,另外计算量也是决定整个移动导航方案成功与否的关键因素,关于算法效率也已经有了研究。通过进一步比较和组合本书中提到的方法,可以为导航应用找到新的有效方法。

参考文献

[1] Y. Bai et al. , Helping the blind to find the floor of destination in multistory buildings using a barometer, in 2013 35th Annual International Conference of the IEEE Engineering inMedicine and Biology Society(EMBC), July 2013, pp. 4738 – 4741. doi:10. 1109/EMBC. 2013. 6610606

[2] S. J. M. Bamberg et al. , Gait analysis using a shoe – integrated wireless sensor system. IEEE Trans. Inform. Technol. Biomed. 12(4), 413 – 423(2008). ISSN:1089 – 7771. doi: 10. 1109/TITB. 2007. 899493

[3] S. Boll, A. Asif, W. Heuten, Feel your route: a tactile display for car navigation. IEEE Pervasive Comput. 10(3), 35 –42(2011). ISSN:1536 – 1268. doi:10. 1109/MPRV. 2011. 39

[4] C. R. Carlson, J. C. Gerdes, J. D Powell, Practical position and yaw rate estimation with GPS and differential wheelspeeds, in Proceedings of AVEC Japan (2002)

[5] O. Daniel et al. , Blind sub – Nyquist GNSS signal detection, in 2016 IEEE International Conference on Acoustics, Speech and Signal Processing (ICASSP), Mar 2016, pp. 6575 – 6579. doi: 10. 1109/ICASSP. 2016. 7472944

[6] Z. Deng et al. , Situation and development tendency of indoor positioning. China Commun. 10(3), 42 –55(2013). ISSN:1673 – 5447. doi:10. 1109/CC. 2013. 6488829

[7] P. D. Groves, Principles of GNSS, Inertial, and Multisensor Integrated Navigation Systems(Artech House, Boston, 2013)

[8] P. D. Groves, The PNT boom, future trends in integrated navigation, in Inside GNSS Magazine (2013)

[9] P. D. Groves et al. , The four key challenges of advanced multisensor navigation and positioning, in 2014 IEEE/ION Position, Location and Navigation Symposium – PLANS 2014, May 2014, pp. 773 – 792. doi:10. 1109/PLANS. 2014. 6851443

[10] R. Harle, A survey of indoor inertial positioning systems for pedestrians. IEEE Commun. Surv. Tutorials 15(3), 1281 – 1293(2013). ISSN:1553 – 877X. doi: 10. 1109/SURV. 2012. 121912. 00075

[11] A. J. Haug, Bayesian Estimation and Tracking – A Practical Guide(Wiley, Hoboken, 2012)

[12] M. Hazas, A. Hopper, Broadband ultrasonic location systems for improved indoor positioning. IEEE Trans. Mobile Comput. 5(5), 536 –547(2006). ISSN:1536 – 1233. doi:10. 1109/TMC. 2006

[13] F. Hflinger et al. , Acoustic indoor – localization system for smart phones, in 2014 11th International Multi – Conference on Systems, Signals Devices(SSD), Feb 2014, pp. 1 – 4. doi:10. 1109/SSD. 2014. 6808774

[14] G. Jee, J. – H. Song, A study on GPS/DR car navigation system using vehicle movement information, in Coordinates, Dec 2010

[15] S. Jeon et al. , Indoor WPS/PDR performance enhancement using map matching algorithm with

mobile phone, in 2014 IEEE/ION Position, Location and Navigation Symposium – PLANS 2014, May 2014, pp. 385 – 392. doi: 10. 1109/PLANS. 2014. 6851396

[16] S. Khalifa, M. Hassan, A. Seneviratne, Adaptive pedestrian activity classification for indoor dead reckoning systems, in 2013 International Conference on Indoor Positioning and Indoor Navigation (IPIN), Oct 2013, pp. 1 – 7. doi: 10. 1109/IPIN. 2013. 6817868

[17] T. Kivimaki et al. , A review on device – free passive indoor positioning methods. Int. J. Smart Home 8(1), 71 – 94(2014). doi: 10. 14257/ijsh. 2014. 8. 1. 09

[18] C. Kray, G. Kortuem, Adaptive positioning for ambient systems. Kunstliche Intell. 21(4), 56 – 61 (2007)

[19] M. Laverne et al. , Experimental validation of foot to foot range measurements in pedestrian tracking, in Proceedings of ION GNSS (2011)

[20] B. Li et al. , How feasible is the use of magnetic field alone for indoorpositioning? in 2012 International Conference on Indoor Positioning and Indoor Navigation (IPIN), Nov 2012, pp. 1 – 9. doi: 10. 1109/IPIN. 2012. 6418880

[21] X. Liu et al. , Multisensor joint tracking and identification using particle filter and Dempster – Shafer fusion, in 2012 15th International Conference on Information Fusion (FUSION), July 2012, pp. 902 – 909

[22] E. S. Lohan, J. Talvitie, G. S. Granados, Data fusion approaches for WiFi fingerprinting, in 2016 International Conference on Localization and GNSS (ICL – GNSS), June 2016, pp. 1 – 6. doi: 10. 1109/ICL – GNSS. 2016. 7533847

[23] R. C. Luo, C. C. Chang, C. C. Lai, Multisensor fusion and integration: theories, applications, and its perspectives. IEEE Sensors J. 11(12), 3122 – 3138(2011). ISSN: 1530 – 437X. doi: 10. 1109/JSEN. 2011. 2166383

[24] R. Mautz, Indoor positioning technologies, Ph. D. thesis. ETH Zurich, 2012

[25] X. Meng et al. , Assessment of UWB for ubiquitous positioning and navigation, in Ubiquitous Positioning, Indoor Navigation, and Location Based Service (UPINLBS), Oct 2012, pp. 1 – 6. doi: 10. 1109/UPINLBS. 2012. 6409783

[26] A. Mulloni et al. , Indoor positioning and navigation with camera phones. IEEE Pervasive Comput. 8(2), 22 – 31(2009). ISSN: 1536 – 1268. doi: 10. 1109/MPRV. 2009. 30

[27] T. L. Nguyen, Y. Zhang, M. Griss, ProbIN: probabilistic inertial navigation, inThe 7th IEEE International Conference on Mobile Ad – hoc and Sensor Systems (IEEE MASS 2010), Nov2010, pp. 650 – 657. doi: 10. 1109/MASS. 2010. 5663779

[28] Open Geospatial Consortium. IndoorGML Indoor Location Standards Working Group, www. opengeospatial. org. Accessed on 08 Jan 2016

[29] J. Pinchin, C. Hide, T. Moore, A particle filter approach to indoor navigation using a foot mounted inertial navigation system and heuristic heading information, in 2012 International Conference on Indoor Positioning and Indoor Navigation (IPIN), Nov 2012, pp. 1 – 10. doi: 10. 1109/IPIN. 2012. 6418916

[30] A. G. Quinchia et al. , Analysis and modelling of MEMS inertial measurement unit, in 2012 International Conference on Localization and GNSS, Jun 2012, pp. 1 – 7. doi: 10. 1109/ICLGNSS. 2012. 6253129.

[31] K. Rein, J. Biermann, Your high – level information is my low – level data—a new look at terminology for multi – level fusion, in 2013 16th International Conference on Information Fusion(FUSION) , July 2013, pp. 412 – 417

[32] M. Reinstein, M. Hoffmann, Dead reckoning in a dynamic quadruped robot: inertial navigation system aided by a legged odometer, in 2011 IEEE International Conference on Robotics and Automation(ICRA) , May 2011, pp. 617 – 624. doi: 10. 1109/ICRA. 2011. 5979609

[33] I. Rishabh, D. Kimber, J. Adcock, Indoor localization using controlled ambient sounds, in 2012 International Conference on Indoor Positioning and Indoor Navigation(IPIN) , Nov 2012, pp. 1 – 10. doi: 10. 1109/IPIN. 2012. 6418905

[34] A. Rivero – Rodriguez, H. Leppkoski, R. Pich, Semantic labeling of places based on phone usage features using supervised learning, in Ubiquitous Positioning Indoor Navigation and Location Based Service(UPINLBS) , Nov 2014, pp. 97 – 102. doi: 10. 1109/UPINLBS. 2014. 7033715

[35] L. Snidaro et al. , Context in fusion: some considerations in a JDL perspective, in 2013 16th International Conference on Information Fusion(FUSION) , July 2013, pp. 115 – 120

[36] J. Torres – Solis, T. H. Falk, T. Chau, A review of indoor localization technologies: towards navigational assistance for topographical disorientation, in Ambient Intelligence, ed. by F. J. V. Molina (INTECH Open Access Publisher, 2010)

[37] C. Yang, A. Soloviev, Covariance analysis of spatial and temporal effects of collaborative navigation, in 2014 IEEE/ION Position, Location and Navigation Symposium – PLANS 2014, May 2014, pp. 989 – 998. doi: 10. 1109/PLANS. 2014. 6851464

[38] F. Zampella et al. , A constraint approach for UWB and PDR fusion, in 2012 International Conference on Indoor Positioning and Indoor Navigation(IPIN) , Nov 2012, pp. 1 – 9. doi: 10. 1109/IPIN. 2012. 6418929

[39] F. Zampella et al. , Unscented Kalman filter and magnetic angular rate update(MARU) for an improved pedestrian dead – reckoning, in 2012 IEEE/ION Position Location and Navigation Symposium(PLANS) , Apr 2012, pp. 129 – 139. doi: 10. 1109/PLANS. 2012. 6236874

第8章

无线电定位

Pedro Figueiredo e Silva, Nunzia Giorgia Ferrara, Ondrej Daniel, Jari Nurmi, Elena - Simona Lohan

8.1 引言

全球定位一直是人类所关注的一个问题,几千年来,人类运用恒星引导自己遨游大海,如今,人们利用人造卫星,如 GPS、Galileo、GLONASS 等,能够快速准确地获得位置。在导航领域取得的许多成就都源于联邦通信委员会(federal communications commission,FCC)在 E911 系统中提出的标准要求。

当卫星在天空中清晰可见时,全球导航卫星系统(GNSS)在室外能很好地工作,但在人口密集区域附近,由于多径分量的增加、建筑物阻挡以及其他相关干扰源的存在,会导致导航性能下降[13 - 14,24],就像人们在城市中漫步时,由于墙壁和不同建筑物的原因,会使人们的视野变窄[8,21,29]。但这却是人类每天最主要的生活居住的环境之一。

在某种程度上讲,这也是 FCC 再次修订和更新定位要求的原因之一。在接下来的几年里,相关部门希望 E911 在室内场景能够达到 3m 的垂直精度[10]。这意味着监管部门希望紧急服务机构能够根据人们的求助位置,准确地定位到他们所在的楼层(图 8.1)。

虽然这是一项非常困难的任务,但目前也有一些解决方案可以实现米级和厘米级的定位精度,例如在 WiFi[32] 和 UWB 中利用相位测量进行测距。然而,这些解决方案需要建设一些新的基础设施,这在某些建筑物中也许是可行的,但要在一个

作者联系方式:

P. Figueiredo e Silva (⊠) · N. G. Ferrara · O. Daniel · J. Nurmi · E. - S. Lohan

Tampere University of Technology, Korkeakoulunkatu 10,33720 Tampere,Finland

e - mail: pedro. silva@ tut. fi; jari. nurmi@ tut. fi; elena - simona. lohan@ tut. fi

国家甚至全世界范围内实现这一目标,成本太高,此外还要考虑这些系统的维护费用。因此,在室内拥有一个相当于全球导航卫星系统的系统是完全不切实际的。

图 8.1　未来的紧急求助系统旨在为第一求助者提供准确的楼层位置

然而,随处可见的移动和 WiFi 网络无形中已经将这些设备部署在每一建筑物附近,甚至是每栋楼内,因此,为何不将这些系统用作室内定位系统呢?

8.1.1　机遇

这个问题一直推动着研究界不断探索和利用人类生活中不断涌现的大量无线电信号。由于这些信号无处不在,所以大多数信号不仅可以用于其自身目的,还可用于定位,这些信号通常称为机会信号[5-6,23,25,28],信号源包括数字电视、3G、4G和 WiFi 等。

通过获取这些信号进行定位,可以有无数个定位解决方案。其中指纹定位技术是该领域当前流行的一种技术,该技术使用简单并且与网络无关。指纹定位技术的基础是空间中的每个点都具有鲜明的特征。比如对于人类而言,我们的视觉提供了对周围世界的反馈,使我们能够在建筑物内给自己定位(图 8.2)。事实上,这是因为不同的建筑物都有自己独特的特点,这使我们可以知道我们在哪里或我们想要去哪里。

指纹定位技术同样适用于通过将当前观测值与过去观测值进行匹配,进而得出有关设备或用户位置的情况,并且通过既经济又简单的方法来实现定位,所以整个过程中不需浪费资源来建设新的基础设施。因此,灵活性使指纹定位技术在所有的室内定位应用系统中具有显著的竞争优势。

图 8.2 显著特征(不同颜色房子)有利于人类在环境中导航

8.1.2 概述

本章重点研究基于 WiFi 信号接收信号强度(received signal strength,RSS)的指纹定位技术。首先,简要描述了路径损耗模型,分析了模型应用所基于的物理背景。随后,详细介绍了实际的技术,最后,指出了系统的几个不足之处,以便使读者了解该系统长期存在的技术挑战、潜在的缺点和成本。

8.2 从功率到距离

当电磁波在空间中传播时,由于与传播环境的交互作用,其功率密度都会降低[4,17,31]。

8.2.1 非自由空间损耗

自由空间损耗(free space loss,FSL)涉及电磁波在一个无衍射、无散射以及无障碍的自由空间环境中传播时的预期损耗,如果把电磁波看作一个均匀的三维(3D)球,当它在空间中传播时,其表面尺寸与半径的平方成正比,而功率衰减则与距离的平方成正比。

当电磁波在大气中传输时,大气中存在衍射和反射电磁波的分子和相关物质,由于它们的干涉效应使得电磁波预期功率比在真空中衰减得更快。

室内无线电系统的传播预测与室外系统的传播预测不同。建筑物的几何形状、建筑材料、家具、空间的密闭程度都对信号的传播有一定影响,这给信号传播的精确建模带来了一定困难。目前有两种常见的模型,一种是国际电联[19] 提供的模型,另一种是文献[4]提出的经验对数距离模型。

8.2.2 传播损耗

路径衰减模型描述的是电磁波从发射机到接收机之间的信道传播中造成的损耗,造成从一个终端到另一个终端传输损耗的因素有很多,这些因素通称为传播衰落因子,在室内传播环境中,其中一些损耗是由于室内物体周围的反射和衍射,穿透墙壁、地板或其他障碍物的传播损耗,也有些是室由内人员和物体的相对运动等引起的[19]。

8.2.3 ITU – R 信道模型

ITU – R 信道模型[19] 由弗里斯自由空间功率传输方程直接确定:

$$P_r(d,f) = P_t - 10 \log_{10} \left(\frac{4\pi fd}{c} \right)^2 \tag{8.1}$$

式中:$P_r(d,f)$ 是相距 d(m)处工作频率为 f(Hz)的接收机功率;P_t 是发射机发射功率(dBm);c 是电波在自由空间中传播的恒定光速(m/s)。考虑到实际中的传播损耗,传输方程表达式可写为

$$P_r(d,f) = P_t + C - 20\eta \log_{10} \left(\frac{4\pi f}{c} \right) - 20\eta \log_{10} d + v \tag{8.2}$$

式中:η 是信号在传输路径中的额外损耗,$\eta \geq 1$;C 为系统其他损失的常数;$v \sim N(0,\sigma^2)$ 为一个服从正态分布的随机变量,表征信号的慢衰落现象。

对于大多数系统而言,发射功率可以估计,或者用户自己知道。而在某些技术中,该信息甚至可能存在于消息的有效负载中,如低功耗蓝牙技术。因此,假设每个发射机的 P_t 已知且相同,则可通过求解带约束的最小二乘问题来估计未知的参向量 $X = [C, \eta]^T$。

$$HX = b, C < 0, \eta \geq 1 \tag{8.3}$$

其中

$$H = \begin{pmatrix} 1 & P_t - 20 \log_{10} \left(\frac{4\pi fd}{c} \right) \\ 1 & P_t - 20 \log_{10} \left(\frac{4\pi fd}{c} \right) \\ \vdots & \vdots \\ 1 & P_t - 20 \log_{10} \left(\frac{4\pi fd}{c} \right) \end{pmatrix} \tag{8.4}$$

以及

$$\boldsymbol{b} = [\,P_{r,1}, P_{r,2}, \cdots, P_{r,n}\,] \tag{8.5}$$

表示每一接收机接收到的功率向量。

8.2.4 对数距离模型

对数距离模型来源于经验观察,模型表示如下:

$$P_r(d) = P_r(d_0) - 10\eta \log_{10}\left(\frac{d}{d_0}\right) + v \tag{8.6}$$

式中:$P_r(\cdot) < 0$ 是以对数为度量的接收信号功率,它取决于以 dBm 为单位的传播距离 d,d_0 是参考距离;$\eta > 0$ 是路径损耗指数;$v \sim N(0, \sigma^2)$ 是服从正态分布的随机变量,表示信号的慢衰落现象。η 和 w 取决于传播环境,并且接收机和发射机之间的每条路径都是不同的。

对于每个设备,未知向量 $\boldsymbol{X}$ 可通过求解带约束的最小二乘来得到:

$$\boldsymbol{HX} = \boldsymbol{b} \text{ 且 } \boldsymbol{\eta} > 0 \tag{8.7}$$

其中

$$\boldsymbol{H} = \begin{pmatrix} P_r d_0 - 10\log_{10}\left(\dfrac{d_1}{d_0}\right) \\ P_r d_0 - 10\log_{10}\left(\dfrac{d_2}{d_0}\right) \\ \vdots \\ P_r d_0 - 10\log_{10}\left(\dfrac{d_n}{d_0}\right) \end{pmatrix} \tag{8.8}$$

及

$$\boldsymbol{b} = [\,P_{r,1}, P_{r,2}, \cdots, P_{r,n}\,] \tag{8.9}$$

和前面相同,它表示每个接收设备接收到的功率量。

8.2.5 典型值

参考文献中还有考虑到其他环境因素影响的其他模型,如多径、干涉和不同的传播介质等。然而,ITU – R 和对数距离模型是最简单、最常用的模型,特别是 ITU – R 模型。在对数距离模型中,参考传播距离作为系统中其他损耗的累加器,应该一个选择一个比较恰当的参考数值(表8.1)。

表 8.1   典型路径损耗参数值[4,31]

传播环境	η(对数距离)
自由空间	2
乡村	2.7 ~ 3.5
城市	3 ~ 5
楼房/建筑物	4 ~ 6
工厂/车间	2 ~ 3

在处理这些模型时,通常需要了解路径损耗指数在不同环境中的变化以及变化程度。表 8.1 给出了模型中常用到的几个典型值 η。

图 8.3 展示了 η 不同时,RSS 随距离的变化。对于一个典型的 WiFi 终端,其灵敏度通常为 −100 dBm,它是信号检测的最低阈值。

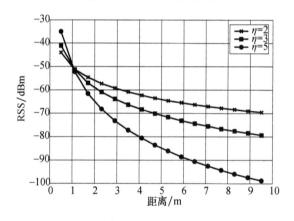

图 8.3   基于对数距离模型的不同指数路径损耗图

这些模型对任何电磁波都是通用的,本节重点关注 WiFi 信号,WiFi 信号通常在 2.4GHz 和 5GHz 频段工作,频率越高,传播空间损耗越大,其覆盖范围越小。

总地来说,虽然路径损耗模型为预测 RSS 提供了一种解决思路,但它仍然非常依赖于传播环境及环境中的一些突然变化。因此,依赖 RSS 的应用通常使用滤波器来综合已有的历史信息。例如,采用指纹定位技术时,一种合理的做法是取几个测量值或几个相似路径的平均值(如 MIMO 路由器)。

8.3   指纹定位技术

在文献[2]中已经对指纹定位技术做了详细介绍,因为它是建立在现有基础设施之上,因此这种技术已经成为室内低成本定位服务的标准。终端用户只需打开 WiFi 并允许接收第三方转发的数据即可获得定位。

除了低成本的基础设施和极其简单的用户操作外,指纹定位技术也是相当灵活的,其基本原理也可应用于其他系统或其他定位技术中[3,9,25,26]。

指纹定位技术的基本原则是将特定的位置映射或匹配到一组物理特征集合中,如无线电信号、声音、光和气味,通常分学习和在线[7,12]两个阶段(图 8.4)。

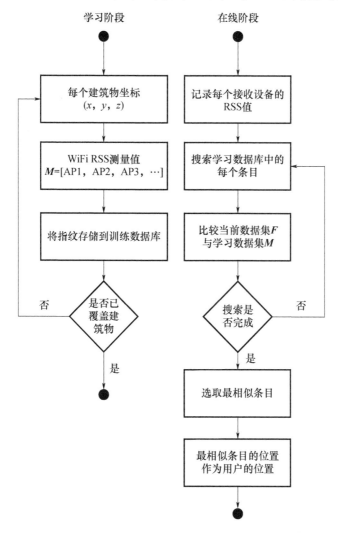

图 8.4　指纹定位技术流程

在本章的讨论中,重点是使用 WiFi 网络的 RSS 值作为指纹定位技术的唯一输入[18]。

8.3.1 学习阶段

在学习阶段,主要目标是建立起定位目标所处物理位置与一组物理特征之间的对应关系。如上所述,本节关注的焦点是 WiFi 网络附近的 RSS 值。

因此,按照经典方法,服务运营商需要遍历环境中的每个位置,并将 RSS 存储到数据库之中。

成功搭建一个指纹采集环境的第一步是掌握所关心区域的真实物理坐标。由于无法获取全球导航卫星定位信号,人们需要依靠其他技术(如 IMU)跟踪建筑物内部的测量位置[30]。

这种替代方案是可行的,因为现在大多数移动设备都包含多个加速度计,其中有些甚至包含有陀螺仪、场强计和气压计等。因此,利用这些传感器,就可以推断出数据采集设备的方向和速度。其他更简单的选择方案还包括固定的步进速度或手动计算新的坐标。然而,由于整个系统应建立在非精确测量基础之上,在这一阶段的选择将对准确性造成一定影响,所以在这个阶段,简单实用的方法往往更受青睐。此外,在此阶段的一个实际问题是确立一个可以从 WGS‐84 转换成本地参考系的参考点。

一旦确定 WiFi 测量值与定位坐标的映射关系,操作人员就可以沿着环境中的几个点进行导航,并将这些值存储在本地或远程数据库中。如图 8.5 所示,圆形标志表示测量点,由点和波形曲线构成的 WiFi 信号标志为 WiFi 接入点。

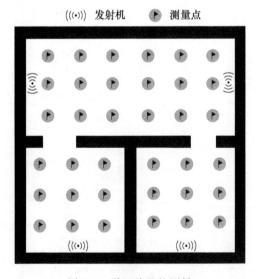

图 8.5 学习阶段的测量

如图 8.5 所示,对每个测量点 P_i,假定 RSS 测量值组成的向量为 M,定义如下:

$$M = [\text{Addr}_1, \text{RSS}_1, \text{Addr}_2, \text{RSS}_2, \cdots, \text{Addr}_n, \text{RSS}_N] \tag{8.10}$$

式中:Addr_n 为第 n 台设备的 MAC 地址。

在访问和测量每个点处的 RSS 后,就建立了学习数据库。因此,学习数据库 T 可表示为

$$T = [P_1, M_1, P_2, M_2, \cdots, P_I, M_I] \tag{8.11}$$

式中:P_i 为第 i 个点的坐标;I 为总测量点数。

8.3.2　在线阶段

在此阶段,用户通过将自身设备获得的特征信息发送给服务商来获取定位服务。服务供应商将收到的特征集 **F** 映射到训练数据库 **T**。这种映射关系是通过比较数据库中的每个条目,并假设用户的位置就是对应条目给出的位置,通过最大相似度来求解实现。

有多种方法可以在学习数据库中找出最相似或最可能条目。然而,这些方法都需要比较特征集合 **F** 与数据库中的每个条目 I 的相似度。因此,当遍历数据库的每个条目 I 时,用户设备位于某个位置的可能性可由下面公式计算:

$$L(p,j) = \frac{1}{\sqrt{2\pi\sigma^2}}\exp\left(-\frac{F(k) - M_j(p,k)^2}{2\sigma^2}\right) \tag{8.12}$$

式中:σ 为由于遮蔽而产生的方差;p 为位置坐标;$M_j(p,k)$ 为属于装置 j 的第 k 个指纹;$F(k)$ 为装置 k 的测量结果。

在遍历完整个搜索空间后,将每个设备的对数相似度函数相加求和作为最终的相似度量,定义代价函数 C:

$$C(p) = \sum_{j=1}^{N}\log(L(p,j)) \tag{8.13}$$

用户的位置估计就是求解代价函数的最大值问题:

$$\hat{p} = \text{argmax}\{C(x,y)\} \tag{8.14}$$

8.3.3　简单实例

假设用户进入建筑物内,由测量设备得到如下测量矩阵 **F**:

$$F = \begin{bmatrix} \text{MAC}_1 & \text{MAC}_2 & \text{MAC}_3 & \text{MAC}_4 & \text{MAC}_5 \\ -70 & -78 & -80 & -90 & -95 \end{bmatrix} \tag{8.15}$$

式中:MAC 表示建筑物中 5 个 WiFi 接入点的 MAC 地址;下标数字表示图 8.6 所示

的接入点。

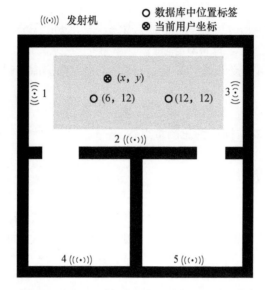

图 8.6　用户请求系统定位,白色部分表示由于不存在
障碍物而具有相似测量矢量较高变化的区域

现在,确定用户的位置就是从数据库中搜索出最相似的标签。假设训练数据
库类似于图 8.5 中的训练数据库,结构与式(8.11)中的相同。因此,定位可以通过
遍历它的所有标签并比较每个标签接入点信息来实现。

假设坐标为 $p = (6,12)$ 和 $p = (12,12)$ 的两个训练标签 T_m、T_n 分别包含如下
信息:

$$T_m = \begin{bmatrix} 6 & 12 & & & \\ \mathrm{MAC}_1 & \mathrm{MAC}_2 & \mathrm{MAC}_3 & \mathrm{MAC}_4 & \mathrm{MAC}_5 \\ -68 & -71 & -74 & -97 & -102 \end{bmatrix} \qquad (8.16)$$

$$T_n = \begin{bmatrix} 12 & 12 & & & \\ \mathrm{MAC}_1 & \mathrm{MAC}_2 & \mathrm{MAC}_3 & \mathrm{MAC}_4 & \mathrm{MAC}_5 \\ -84 & -72 & -60 & -107 & -88 \end{bmatrix} \qquad (8.17)$$

将这些标签中的每一个与 F 进行比较,将产生以下差异向量:

$$F - T_m = (\,-2 \quad -7 \quad -6 \quad 7 \quad 7\,) \qquad (8.18)$$

及

$$F - T_n = (14 \quad 6 \quad 20 \quad 17 \quad -7) \qquad (8.19)$$

代入式(8.13)分别计算代价函数,分别得到 $C(p = (6,12)) = -13$ 和 $C(p = (12,12)) = -20$,由式(8.14)得到,用户的位置估计为 $\hat{p} = (6,12)$。

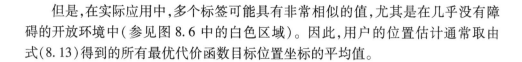

　　但是,在实际应用中,多个标签可能具有非常相似的值,尤其是在几乎没有障碍的开放环境中(参见图 8.6 中的白色区域)。因此,用户的位置估计通常取由式(8.13)得到的所有最优代价函数目标位置坐标的平均值。

8.3.4　不足

　　指纹定位技术虽然简单,但仍存在一些缺点和挑战[1,15,18,20,22],对 RSS 的依赖使得该技术难以保持训练数据库的一致性。为保持训练数据库的一致性,服务提供商必须不断或定期更新学习环境,这意味着要增加额外的系统维护成本。当然,依靠数据众包,可以在学习过程中抵消该成本,但这依赖于用户提供的数据来构建训练数据库。

　　1. 一致性

　　在一致性方面,指纹定位技术最大的问题是如何保证环境的变化不会显著影响到系统的性能。由于整个系统依赖于 RSS 测量,家具摆放的简单变化都会严重影响信号传播。尽管系统能够应对其中一些变化(包括人的因素),但是持续不断的干扰或环境变化总是会降低总体精度[35]。

　　2. 存储

　　大的数据存储要求给系统带来了很大的开销。例如,假设最小长度的指纹要求为:48 位的 AP MAC 地址、48 位用于设备的 MAC 地址或用户标识符、以及 8 位用于 RSS 测量。除此之外,每个指纹位置都有 4 个接入点的平均值。因此,虽然用户标识符只能发送一次,但是每个接入点都有需要报告不同的 MAC 地址,这意味着每个指纹的平均总字节是 34 字节。假设在 $100m^2$ 的区域内每间隔 1m 进行一次指纹识别,那么每层的总字节数将达 $100 \times 100 \times 34 = 340000B$ 或 340kB。因此,如果要在全球范围内扩展该服务,这个数字将以指数级增长,并转化为数兆字节的数据。例如,根据文献[27],伦敦大约有 3400000 栋建筑物。

　　解决该问题的一个好方法是环境参数的学习,并通过统计插值,得到一个综合的环境网格。这样就可以减少向用户传输的数据量,并在需要的时候将处理过程发送给用户端[11,33]。

　　3. 隐私

　　隐私权倡导者们很快就指出了这些信息会让服务提供商能够轻松地分析和跟踪人员。Android 和 iOS 中,常见的地图应用程序会将测量结果报告给服务提供商,后者依赖众包数据来保持其训练数据库的正常运行[34]。

　　然而,隐私问题依赖于这样一个事实:即用户是向服务器发送可访问数据的,当数据与应用程序的 ID 一致时,服务提供者能够理解该 ID 属于谁,因此,用户能否最终成为直接广告的目标,与其位置有关。

4. 硬件

指纹定位技术受限的另一个因素是硬件设备的多样性,这对服务提供商而言,集成不同质量的测量数据面临着很大的挑战。实际上,大多数芯片制造商已经可以集成与 RSS 相媲美的产品了。更重要的是,这种指标大多都不在接收机规范中,因此很难理解在不同的设备之间如何正确地缩放测量值[1,16]。

8.4 小结

当前尽管在路径损耗的精确建模方面存在诸多挑战和困难,但指纹定位技术还是很受欢迎的,因为它在大多数的环境中都能工作。更为有趣的是,随着新技术在市场上的出现,如 BLE 技术,BLE 试图将顾客的注意力转移或吸引到商店、货架产品或临时促销上,在某种程度上,这是超市在其货架上使用的黄色和红色促销贴纸的一种现代化做法。然而,当这些信号变得无处不在时,它们在环境中的出现为环境添加了更多不同的特征,从而增加了通过指纹定位技术进行更精确定位的可能性。

然而,为了达到 FCC 的未来要求,仍然需要克服许多困难。随着新系统和信号的出现,这肯定会进一步推动室内定位技术和系统的发展,以进一步满足性能要求。

在此之前,WiFi 是室内场景中基于蜂窝和 GNSS 定位的一个很好的补充。

致谢:这项工作在得到了欧盟玛丽·居里初级培训联盟 MULTI – POS(多技术定位专家联盟)FPT 项目的资助,编号 316528。

参考文献

[1]N. Alsindi et al. ,An empirical evaluation of a probabilistic RF signature for WLAN location finger-printing. IEEE Trans. Wirel. Commun. 13(6),3257 – 3268(2014). ISSN:15361276. doi:10.1109/TWC. 2014. 041714. 131113

[2] P. Bahl,V. N. Padmanabhan,RADAR:an in – building RF – based user location and tracking system,in Proceedings IEEE INFOCOM 2000. Conference on Computer Communications. Nineteenth Annual Joint Conference of the IEEE Computer and Communications Societies(Cat. No. 00CH 37064)(2000). https://www. microsoft. com/en – us/research/wp – content/uploads/2016/02/infocom2000. pdf

[3] A. D. Cheok,L. Yue,A novel light – sensor – based information transmissionsystem for indoor positioning and navigation. IEEE Trans. Instrum. Meas. 60(1),290 – 299(2011). ISSN:0018 – 9456. doi:10. 1109/TIM. 2010. 2047304

［4］ D. Cichon, T. Kurner, Propagation prediction models. COST 231 Final Report, pp. 116 – 208 (1995)

［5］ A. Coluccia, F. Ricciato, G. Ricci, Positioning based on signals of opportunity. IEEE Commun. Lett. 18(2),356 – 359 (2014). doi:10. 1109/LCOMM. 2013. 123013. 132297

［6］ A. Dammann, S. Sand, R. Raulefs, Signals of opportunity in mobile radio positioning, in Signal Processing Conference, Eusipco (IEEE, Bucharest, 2012), pp. 549 – 553

［7］ B. Dawes, K. – W. Chin, A comparison of deterministic and probabilistic methods for indoor localization. J. Syst. Softw. 84(3),442 – 451 (2011). ISSN:01641212. doi:10. 1016/j. jss. 2010. 11. 888

［8］ Z. Deng, Y. Yu, X. Yuan, Situation and development tendency of indoor positioning. China Commun. 10,42 – 55 (2013). doi:10. 1109/CC. 2013. 6488829

［9］ R. Faragher, R. Harle, Location fingerprinting with bluetooth low energy beacons. IEEE J. Sel. Areas Commun. 33, 2418 – 2428 (2015). ISSN: 0733 – 8716. doi: 10. 1109/JSAC. 2015. 2430281

［10］ Federal Communications Commission. Fourth Report and Order (2015)

［11］ J. – A. Francisco, R. P. Martin, A method of characterizing radio signal space for wirelessdevice localization. Tsinghua Sci. Technol. 20 (4), 385 – 408 (2015). ISSN: 1007 – 0214. doi: 10. 1109/TST. 2015. 7173454

［12］ C. Gentile et al., Geolocation techniques, principles and applications (2013), pp. 59 – 97. ISBN: 9781461418351. doi:10. 1007/978 – 1 – 4614 – 1836 – 8

［13］ D. Gingras, An overview of positioning and data fusion techniques applied to land vehicle navigation systems (2009). http://www. gel. usherbrooke. ca/LIV/index _ htm _ files/denis% 20gingras% 20chapter. pdf. http://www. igi – global. com/chapter/overview – positioning – data-fusion – techniques/5489

［14］ P. C. Gomez, Bayesian signal processing techniques for GNSS receivers: from multipath mitigation to positioning. Ph. D. Universitat Politcnica de Catalunya, 2009

［15］ F. Gustafsson, F. Gunnarsson, Mobile positioning using wireless networks: possibilities and fundamental limitations based on available wireless network measurements. IEEE Signal Process. Mag. 22(4),41 – 53 (2005). ISSN:1053 – 5888. doi:10. 1109/MSP. 2005. 1458284

［16］ S. Han et al., Cosine similarity based fingerprinting algorithm in WLAN indoor positioning against device diversity, in 2015 IEEE International Conference Communications (ICC), 61401119 (2015), pp. 2710 – 2714

［17］ H. Hashemi, The indoor radio propagation channel. Proc. IEEE81(7),943 – 968 (1993). ISSN: 00189219. doi:10. 1109/5. 231342

［18］ V. Honkavirta et al., A comparative survey of WLAN location fingerprinting methods, in 2009 6th Workshop Positioning, Navigation Communication (IEEE, New York, 2009), pp. 243 – 251. ISBN: 978 – 1 – 4244 – 3292 – 9. doi:10. 1109/WPNC. 2009. 4907834

［19］ ITU – R, Recommendation ITU – R P. 1238 – 7 (2012)

[20] C. Laoudias, C. G. Panayiotou, P. Kemppi, On the RBF – based positioning using WLAN signal strength fingerprints, in Small (2010), pp. 93 – 98

[21] H. Liu et al. , Survey of wireless indoor positioning techniques and systems. IEEE Trans. Syst. Man Cybern. C (Appl. Rev.) 37 (6), 1067 – 1080 (2007). ISSN: 1094 – 6977. doi: 10. 1109/ TSMCC. 2007. 905750

[22] L. Mailaender, On the CRLB scaling law for received signal strength (RSS) geolocation, in 2011 45th Annual Conference on Information Science and Systems, CISS 2011 (2011), pp. 2 – 7. doi: 10. 1109/CISS. 2011. 5766210

[23] R. Mautz, Indoor positioning technologies. Ph. D. thesis, ETH Zurich, 2012 24. C. Mensing, S. Sand, A. Dammann, GNSS positioning in critical scenarios: hybrid data fusion with communications signals, in 2009 IEEE International Conference Communication Work, 2 June 2009, pp. 1 – 6. doi:10. 1109/ICCW. 2009. 5207983

[24] V. Moghtadaiee, A. G. Dempster, S. Lim, Indoor localization using FM radio signals: a fingerprinting approach, in 2011 International Conference Indoor Position. Indoor Navigation Sept 2011, pp. 1 – 7. doi:10. 1109/IPIN. 2011. 6071932

[25] V. Pasku et al. , A positioning system based on low frequency magnetic fields. IEEE Trans. Ind. Electron. 63, 2457 – 2468 (2016). ISSN:0278 – 0046. doi:10. 1109/TIE. 2015. 2499251

[26] G. Piggott, Number of properties in London (2014). https://www. cityoflondon. gov. uk/business/economic – research – and – information/statistics/Pages/default. aspx

[27] M. Robinson, R. Ghrist, Topological localization via signals of opportunity. IEEE Trans. Signal Process. 60(5), 2362 – 2373 (2012). ISSN:1053 – 587X. doi:10. 1109/TSP. 2012. 2187518

[28] G. Seco – Granados et al. , Challenges in indoor global navigation satellite systems, in *IEEE Signal*, Feb 2012, pp. 108 – 131

[29] J. Seitz et al. , Sensor data fusion for pedestrian navigation using WLAN and INS, in Proceedings of the Symposium Gyro Technology 2007 (Karlsruhe 2007), pp. 1 – 10. J. Seitz, L. Patino – Studencki, B. Schindler, S. Haimerl, J. Gutierrez, S. Meyer, J. Thielecke, Sensor data fusion for pedestrian navigation using WLAN and INS, in Symposium Gyro Technology (2007). https:// cris. fau. de/converis/publicweb/Publication/1023736

[30] M. Shafi, S. Ogose, T. Hattori, PathLoss measurements for wireless mobile systems, in Wireless Communications in the 21st Century (IEEE, New York, 2009), pp. 185 – 194. doi: 10. 1109/ 9780470547076. ch10

[31] subpos. org. SubPos (2016) 33. J. Talvitie, M. Renfors, E. S. Lohan, Novel indoor positioning mechanism via spectral compression. IEEE Commun. Lett. 20 (2), 352 – 355 (2016). ISSN: 1089 – 7798. doi:10. 1109/LCOMM. 2015. 2504097

[32] X. Wu et al. , Privacy preserving RSS map generation for a crowdsensing network. IEEE Wirel. Commun. 22(4), 42 – 48 (2015). ISSN:1536 – 1284. doi:10. 1109/MWC. 2015. 7224726

[33] Y. Yuan et al. , Estimating crowd density in an RF – based dynamic environment. IEEE Sensors J. 13(10), 3837 – 3845 (2013). ISSN:1530 – 437X. doi:10. 1109/JSEN. 2013. 2259692

第 9 章

5G 定位

Arash Shahmansoori, Gonzalo Seco – Granados, Henk Wymeersch

9.1　引言

随着智能手机的使用及移动数据量的快速增长,全球带宽不足已成为当前无线网络面临的主要挑战。目前所有蜂窝技术的最大可用带宽为 780MHz,载波频率范围为 700 MHz ~ 2.6GHz[43]。数据速率以 10 倍的速率增长,必然还要增加可用带宽。为实现在吉赫兹量级上拥有足够的带宽,以低延迟和高定位精度的高数据速率通信传输,毫米波是最佳选择。此外,增加带宽还可以提高时间分辨率,从而提高了用于定位的波达时间(time of arrival, TOA)的估计精度。图 9.1 展示了 30 ~ 300GHz 范围内的毫米波,它拥有更多无线通信中以前未使用的频谱资源。例如,载波频率为 $f_c < 6$GHz 时,频谱的最大带宽为 $B = 0.555$GHz;在厘米波频率下,$f_c = 28$GHz 时,可实现带宽 $B = 1.3$GHz;在毫米波频率下,$f_c = 60$ GHz 时,可实现 $B = 7$ GHz 的无授权带宽。基于大规模多入多出 MIMO,收发器的空间处理技术也可应用于毫米波频段。此外,毫米波频段更加均匀,频段间隔也比目前无线通信运营商使用的分散在 700MHz ~ 2.6GHz 的频谱间隔要小。尽管毫米波具有以上优点,但是对毫米波频率的使用仍然存在一些挑战,例如路径损耗和大气衰减。

作者联系方式:

A. Shahmansoori (⊠) · G. Seco – Granados

Universitat Autonoma de Barcelona, Barcelona, Barcelona, Spain

e – mail: arash. shahmansoori@ uab. cat; gonzalo. seco@ uab. cat

H. Wymeersch

Chalmers University of Technology, Gothenburg, Sweden

e – mail: henkw@ chalmers. se

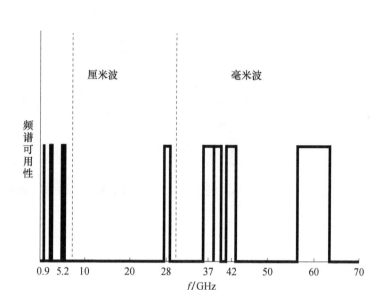

图 9.1 5GHz 毫米波频谱

研究表明,雨和大气吸收引起的衰减对 28 ~ 38GHz 毫米波的近距离(即小于 1 km)通信传输影响可以忽略不计。若要减少毫米波频率上的衰减,可在发射机和接收机上使用定向天线①,以克服路径损耗效应。因此,大量天线的使用可以为用户提供窄波束,使得毫米波链路具有很高的方向性。此外,毫米波频率的大带宽也提供了高精度的 TOA 估计,更高的方向性和更高的 TOA 估计精度能够实现更高的定位精度[66]。

此外,在高定向性通信中,用户的位置对于发射机来说极其重要。知道用户的位置,发射机就可以直接引导波束或指向反射路径。对于视距(LOS)被阻断的情况,将波束引导到具有最强信号功率的路径可有助于用户定位。通过统计用户位置的信道信息可增加数据传输,实现定位和通信之间的协同。当今的定位技术如全球定位系统(GPS),无法为室内和城市峡谷提供准确的位置信息。而其他技术,如超宽带(UWB)技术虽然可以提供室内定位,但硬件复杂度高[53]。此外,WiFi 技术可以实现低成本室内定位,但定位精度没有室外 GPS 定位和室内 UWB 定位精度高。

针对毫米波的相关文献[14,47,60]和大规模 MIMO 系统的相关文献[17,25,49]都探讨了使用 5G 技术获取目标位置和方位的相关知识。文献[47]研究了基

---

① 定向天线:是指在某些特定方向上辐射或接收电磁波特别强的一种天线,能够减少杂波信号的干扰。

于波达方向(DOA)①的波束训练协议。文献[14]提出一种利用假设检验的方法来实现用户定位,文中主要利用了路径聚集而造成的信道稀疏性的概念。由于发射机 N_{T_x} 和接收机 N_{R_x} 中的天线单元数量有限,这些技术限定了 $1/N_{T_x}$ 和 $1/N_{R_x}$ 间的虚角间距。文献[60]给出了基于接收信号强度(received signal strength,RSS)的定位方法,该方法能够达到米级定位精度。

在文献[28,62]中提出了一种利用扩展卡尔曼滤波器、结合用户从发射机到接收机的 TOA 以及上行的 DOA 估计来定位用户设备的方法,该方法假定信号基于视距(LOS)传播,针对用户接入节点的高密集性,估计了用户节点之间的时钟偏移。

在文献[63]中考虑了一种基于 DOA 和 RSS 估计的非协作发射机定位方法。该方法采用一种自适应接收扇区(扇形天线)信号能量的天线结构,并以获得的扇区功率作为 DOA 和 RSS 估计的充分统计量。然而,由于该方法假设扇区天线中的不同样本是按时间顺序接收的,因此减慢了定位速度。针对大规模 MIMO 系统,文献[25]研究了基于到达角(AOA)/离开角(AOD)②估计的定位技术,文献[17]联合 TOA、AOA 和 AOD 研究了视距(LOS)通信场景下的定位技术。

在本章中,我们主要介绍毫米波和大规模 MIMO 技术,这两种技术是 5G 网络的备用技术,同时也是用于定位的主要技术。首先,简要概述 5G 系统以及包括路径损耗效应在内面临的主要挑战,提出不同的路径损耗模型,阐述毫米波和超宽带系统中路径损耗效应的主要区别。

通过比较 UWB 系统与 WiFi 系统,为室内定位提供了更高的定位精度。由于毫米波信道的估计对于用户定位来说至关重要,因此给出了毫米波系统的物理信道模型以及有限的散射特性,与 UWB 信道的强散射特性不同,这种特性导致了毫米波信道的稀疏性,结果表明,可以利用毫米波信道的稀疏性来估计 TOA、AOA 和 AOD。

混合波束发生器为毫米波中精确波束控制提供了最有效的解决方案,可利用波束训练协议产生用于用户定位的窄波束。最后,提出了基于 TOA、AOA 和 AOD 以及它们组合的不同定位技术,为毫米波定位提供了有效的解决方案。

本章安排如下,第 9.2 节简要阐释 5G 与认知无线电定位的关系,第 9.3 节概述 5G 系统,第 9.4 节介绍毫米波频率下物理信道模型,以及时延和角度子空间的稀疏性,第 9.5 节描述了用于 AOA 和 AOD 估计的混合波束形成器和波束训练协议,第 9.6 节介绍了基于组合延迟和角度信息的不同定位技术。第 9.7 节给出仿真结果。第 9.8 节是本章的结束语。

①　波达方向(DOA)或到达角(AOA)定义为接收天线阵列中接收波束相对于基准线的角度。
②　离开角(AOD)定义为发射天线阵列中发射波束相对于基准线的角度。

9.2　5G 与认知无线电定位的关系

5G 和认知无线电都被认为是未来先进技术,未来的 5G 网络需要低成本、大量设备接入时的高频谱利用率和低延迟。最有希望满足这些需求的技术之一就是认知无线电。具体来说,认知无线电通过共享频谱来提高频谱的利用率,尤其是用户定位需要认知无线电具备若干关键能力,例如时空频谱感知、智能位置感知功率的控制与路由,以及安全辅助和频谱策略的实施。当出于成本考虑或其他限制因素而无法获得 GPS 信息时,可利用本章介绍的 5G 定位技术(包括 DOA 和 RSS),实现基于认知无线电[61]的用户定位。

9.3　关于 5G 系统

在本节中,简要介绍了 5G 系统及其特性和优势。首先,对毫米波系统的载波频率、带宽和数据速率进行说明;其次,描述了大规模 MIMO 系统的优势和挑战;再次,讨论了 5G 系统中以设备为中心的体系结构概念;最后,介绍了端到端(D2D)通信、位置感知通信和超密集网络的概念。

9.3.1　毫米波

毫米波频段为 5G 系统提供了 GHz 量级的带宽。基于毫米波频谱的一些具体应用包括:

(1)运用认知无线电技术使与卫星或雷达系统共享频谱成为可能。

(2)由于波长小,能够用较少的定向和自适应天线阵列产生非常窄的波束。

此外,毫米波可以提供高达千兆每秒(Gb/s)数量级的峰值、均值和中断率,这在很多 5G 应用场景中是非常必要的,例如自主驾驶。

9.3.2　大规模 MIMO 技术

大规模 MIMO 系统工作在毫米波频段或更低的频段[56],其发射端拥有大量天线单元①

————————

① 在一个典型的 2GHz 的蜂窝频率下,可以在 1.5m×1.5m 的阵列中部署 400 多个波长为 15cm 的双极化天线。

$N_{T_x} \gg 1$，且具有 P 个单天线或多天线接收终端。为了抑制干扰及获取多的用户信道总量，通常要求 P 个信道矢量相互正交（利于传播）。对于非正交的信道矢量，需利用先进的信号处理方法（例如，脏纸编码技术[8]）进行处理。在易散射的非视距（non line-of-sight，NLOS）环境中，或在丢弃几个最差终端而导致非正交信道矢量的视距环境中，对于给定数量的单天线终端 P（如 $P=12$），可以通过足够多的天线阵元 N_{T_x}（如 $N_{T_x}=100$）来实现良好的传播。大规模 MIMO 实现了简单的空间复用/解复用过程。然而，在大规模 MIMO 系统中，信道预测是一个极具挑战性的难题，信道相干性常常受到传播环境、用户移动以及载波频率限制正交导频数量等多种因素的限制。此外，需要减轻导频复用造成的导频污染[10]。图 9.2 显示了大规模 MIMO 系统用于视距传播的上行链路和下行链路，其中基站（BS）配备了 P 个单天线终端，可组成 N_{T_x} 个天线阵元。

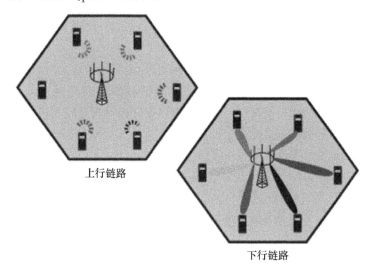

图 9.2　大规模 MIMO 系统在视距传播中的上下行链路

9.3.3　以设备为中心的架构

为解决当今移动设备中应用程序对数据流量不断增长的需求，例如视频流至少需要 0.5Mb/s 数据速率。以设备为中心的架构提供了一种思路，以设备为中心的架构需要重新分析上下行链路以及控制和数据信道。尤其以蜂窝基站为中心的架构应该向以设备为中心的体系架构发展，这意味着一个给定的设备能够通过不同的异构节点集合交换多个信息流[5]。图 9.3 显示了以蜂窝基站为中心和以设备为中心的通信网络，其中在以蜂窝基站为中心的网络中，每个用户直接与同一蜂窝基站(BS)通信,而在以设备为中心的网络中,每个用户可以直接与其他用户合作,或者充当其他用户的中继,以便与基站或其他用户进行通信。本节稍后将详细介绍不同类型设备间的通信。

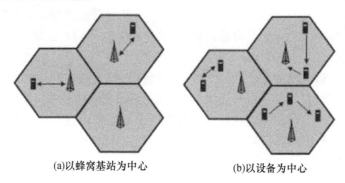

(a)以蜂窝基站为中心   (b)以设备为中心

图9.3   以蜂窝基站为中心和以设备为中心的通信网络示意图

在以设备为中心的5G大规模MIMO中,毫米波因为带宽更宽、波长更短、天线阵列尺寸小等优势而成为定位的理想选择,这使得高定向链路成为目标定位中AOA/AOD估计的关键。因此,本章其余部分重点介绍毫米波定位。

在以蜂窝基站为中心的定位中,每个用户端与多个锚节点通信①。这导致锚点的数量多,且传输距离远。而在以设备为中心的定位中,用户端可以从锚点和其他用户端获得信息,因此,不再需要更多的锚点或远程传输[64]。如果用户端不通过相关锚点的距离估计来获得定位,而是通过以设备为中心的协同定位来获得位置信息,则可提升定位精度和覆盖范围②。

9.3.4   D2D 通信技术

终端直通(device to device,D2D)通信可以有效减少网络延迟和功率损耗,并能提高峰值数据速率。在设备级5G蜂窝网络中,每个设备能直接与另一个设备进行通信,或通过其他支持设备进行通信。因此,基站即可以完全或部分地控制发送设备、接收设备和中继设备,也可不参与任何控制。文献[58]简要描述了4种类型的设备级通信。

(1)中继设备与基站控制链路间的通信:位于基站边缘的通信节点,由于信号强度弱,通常需要借助中继设备与基站进行通信。

---

① 3D 定位至少需要三个锚点。
② 覆盖范围为各节点估计精确位置的区域。

（2）基于基站控制链路的终端直通通信：在这种架构中，两个设备利用基站提供的链路直接通信。

（3）基于设备控制链路的设备中继通信：通过其他中继设备建立链路和通信，而基站不参与链接与通信。

（4）基于设备控制链路的终端直通通信：两个设备可直接进行通信，通信链路由设备自身控制。

在终端直通通信中面临的两大严峻挑战是信息安全和干扰管理问题。由于路由信息是通过其他用户传输的，因此安全性就显的非常重要。在终端直通通信和设备中继与设备控制器间的通信中，集中式的管理方式已不再适用，为此，干扰控制管理变得尤为重要。

9.3.5　位置感知通信

用户的位置信息有助于解决 5G 网络中无线通信资源的分配管理问题。尤其在 D2D 资源分配中，D2D 通信共享相同的蜂窝资源势必会造成彼此间的相互干扰，如在复用上行链路资源情形下，D2D 会干扰基站处的蜂窝通信。为了有效降低干扰，要么减小最大发射功率，要么禁止在基站附近进行 D2D 通信。因此，为确保 D2D 与基站之间具有足够的物理距离，知道用户的位置信息至关重要。为解决此类问题，文献[29]提出了一种基于距离和虚拟扇区的资源分配技术，该技术基于 AOA 测量对虚拟基站扇区进行优化，利用预先设置的距离约束控制资源分配，有效降低 D2D 和蜂窝基站之间的干扰，该技术能够使 D2D 通信基于基站固定数量的虚拟扇区来复用垂直于相对分区的无线电资源。

认知无线电中用于降低主用户干扰的空间频谱感知技术也可应用于 5G 网络。该技术基于高斯过程（GP）预测信道质量，能够给出信道在任意时刻任意位置的统计模型，通俗地讲，主用户信号功率通过次用户位置信息进行估计，进而得到主用户信号功率密度谱，根据功率密度谱，就可在不拥挤的频带中进行资源分配[12,36,48,57]。

对于车间通信（vehicle to vehicle，V2V）网络，可通过固定位置或移动测试得到无线信道的大尺度特性（如路径损耗）[13]。研究表明，在链路自适应方面，位置信息反馈比路径损耗信息反馈更加经济实用，尤其对于路径损耗快速变化的情况效果更为明显。

9.3.6　超密集网络

5G 网络用户的吞吐量伴随着网络密度的增加而增加。在 5G 网络中，随着低功率无线接入节点的密集部署及频谱的扩充使用（例如，30～300 GHz 的毫米波频段)[4]，使得在空域和频域中信号密度越来越大。虽然采用低功率无线接入节点及蜂窝分裂技术，减少了路径损耗，但同时也增加了可用信号和干扰信号的密度。因此，为了将这种网络的密集化转化为增强用户体验，回程线路的密集化设计需要结合空域和频域一起考虑。基于协同多点处理(CoMP)的云无线接入网(cloud ran)架构将发射/接收集中在一个处理器上，可将系统转换成一个近乎无干扰的系统。此外，大规模 MIMO 和毫米波通信是提高无线回程能力的另一个备选方案。

5G 网络中若有一个或多个移动节点则构成了一个移动网络，该移动网络可在固定或移动节点间进行通信，这潜在增强了大量移动通信用户的覆盖范围[18]。综合来讲，无线网络中追踪和预测用户位置非常有用，且位置感知通信技术在预测用户位置方面具有一定的优势。把无线电环境地图和用户节点位置预测联合运用于无线电资源管理(radio resource management, RRM)，将会造成当前和近期的功率损耗、负载均衡，以及时域和频域正交无线电资源的分配问题[22]。预测的用户定位信息可用于不同的场景，如用于自动驾驶汽车、自主系统或机器人的定位。

9.4　毫米波信道

本节简要介绍毫米波信道以及基于毫米波信道稀疏性进行信道参数估计，主要包括 AOA、AOD 和 TOA 的参数估计。首先，讲述了毫米波信道的几种路径损耗模型；其次，提出了一种双向信道模型；再次，探讨一些常用的估计方法；最后，详细介绍了如何基于毫米波信道的稀疏性进行信道参数估计。

9.4.1　路径损耗

首先，提出了一种与频率相关的路径损耗模型，该模型主要用于通信传输。然后，介绍了一种基于几何统计的路径损耗模型，与通信相比该模型更适合于定位。

1. 频率相关的路径损耗

毫米波频率面临的一个重要挑战是大的路径损耗，由自由空间路径损耗(free space path-loss, FSPL)公式可以看出，毫米波系统的路径损耗要远高于宽带和超宽带系统的路径损耗。两个各向同性天线在距离 d 处的路径损耗公式为

$$FSPL(d,f) = \left(\frac{\lambda}{4\pi d}\right)^2 \tag{9.1}$$

式中：$\lambda = c/f$，是频率 f 对应的波长(如 60 GHz 量级下的毫米波)。由于 FSPL 与平方频率成正比，因此，毫米波路径衰减要比超宽带系统严重得多。路径损耗单位以

分贝(dB)表示,与发射功率和载波频率相关。城市微小基站中 28 ~ 38 GHz 的路径损耗模型表达式为[33,38,60]。

$$\mathrm{PL}(d,f) = \alpha + 10\bar{\beta}\log_{10}(d) + 20\gamma\log_{10}\left(\frac{f}{f_c}\right) \tag{9.2}$$

式中:$f \in [-B/2, B/2]$ 和 B 分别为频率范围和带宽(例如,6GHz 量级下的毫米波频率);α 为载波频率 f_c 在距离为 1m 处的路径损耗;$\bar{\beta}$ 为平均路径损耗指数;γ 为频率依赖指数。由式(9.2)可以清楚地看出,增加 f/f_c 会使频率相关项的影响更加明显,关于式(9.2)中不同参数下的典型路径损耗值详见文献[33,38,60]。

2. 基于几何统计的路径损耗

该方法是一种基于簇论的毫米波信道建模技术。每个簇定义为一组参数集,主要包括 TOA、AOA / AOD 以及具有逼近值的复信道增益。我们将每个簇中的参数称为簇内参数,将来自不同簇的参数称为簇间参数。当一条路径到达接收端时,共经历了 k_r 次反射和 k_d 次衍射[30-31]。在距离 d 处遇到 k_r 次反射和 k_d 次衍射的概率由传播环境的几何分布决定,并服从泊松分布,即

$$p_r(k_r \mid d) = \frac{\exp(-\lambda_r d)(\lambda_r d)^{k_r}}{k_r!}$$

以及

$$p_d(k_d \mid d) = \frac{\exp(-\lambda_d d)(\lambda_d d)^{k_d}}{k_d!}$$

式中:$1/\lambda_r$ 和 $1/\lambda_d$ 为校准参数,可参考文献[24]进行计算设置,它们代表信号在散射或反射之前进行直线传播的平均距离。

根据上述定义,第 n 簇阴影衰落的计算表达式为

$$\sigma_{\mathrm{SF}}^2(d_n) = \sum_{k_r} p_r(k_r \mid d_n)\sigma_{\mathrm{SF,r}}^2(k_r) + \sum_{k_d} p_d(k_d \mid d_n)\sigma_{\mathrm{SF,d}}^2(k_d) \tag{9.3}$$

式中:$\sigma_{\mathrm{SF,r}}^2(k_r)$ 和 $\sigma_{\mathrm{SF,d}}^2(k_d)$ 分别为由 k_r 次反射和 k_d 次衍射造成损耗;$d_n = c\tau_n$,$c = 3 \times 10^8 \mathrm{m/s}$ 代表光速,τ_n 是第 n 个簇内第一条子径分量的 TOA。$\tau_0 = d_{\mathrm{los}}/c$,$d_{\mathrm{los}}$ 表示发端到收端的视距,因此,传播距离为 d_n 的第 n 个簇的路径损耗为

$$\rho_n = \sigma_{\mathrm{SF}}^2(d_n)\xi^2(d_n)\left(\frac{\lambda_c}{4\pi d_n}\right)^2 \tag{9.4}$$

式中:$\xi^2(d_n)$ 为大气衰减分量;$\left(\dfrac{\lambda_c}{4\pi d_n}\right)^2$ 为自由空间路径损耗。由于式(9.4)中包含了簇、发射端和接收端之间的几何约束关系,我们可以使用式(9.4)中的路径损耗模型代替式(9.2)进行定位。在计算完簇间路径损耗 ρ_n 之后,可以获得簇内路径损耗,更多技术细节和基于几何统计模型的路径损耗典型值详见文献[11,20,54]。

图9.4 显示了两个簇的几何统计模型,其中簇 1 有一次反射,簇 2 有两次反射,总路径长度分别为 $d_1 = d_{1,1} + d_{1,2}$ 和 $d_2 = d_{2,1} + d_{2,2} + d_{2,3}$。

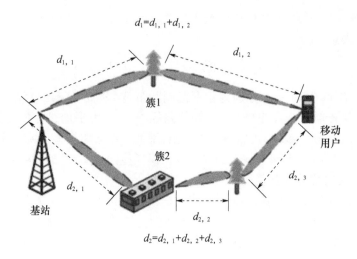

图 9.4 基于几何结构的毫米波 MIMO 信道的双路簇和具有一次、
二次反射的统计路径损耗模型

9.4.2 毫米波 MIMO 信道模型

在毫米波 MIMO 系统中,用于定位的信道参数包括 AOA/AOD、信道增益和 TOA。如描述多径分量(multipath components,MPC)的参数。对毫米波 MIMO 信道建模的一种常见方法是将一组具有相近参数的信号进行簇内分组,因此,接收机和发射机之间的信道响应可表示为 K 个镜面多径分量(MPC)和 LOS 之和,表达式如下:

$$\boldsymbol{H}(t,f) = \sum_{k=0}^{K} \rho_k \boldsymbol{B}_{R_x}(f,\theta_{R_x,k}) \boldsymbol{X}_k \boldsymbol{B}_{T_x}^{T}(f,\theta_{T_x,k}) e^{-j2\pi f \tau_k} e^{j2\pi f v_k} \tag{9.5}$$

式中:ρ_k 由式(9.4)得到;$B_{T_x}(f,\theta_{T_x,k}) \in \mathbb{C}^{N_{T_x} \times 2}$,$\boldsymbol{B}_{R_x}(f,\theta_{R_x,k}) \in \mathbb{C}^{N_{R_x} \times 2}$ 分别表示具有水平极化和垂直极化的发射及接收阵列天线的复波束方向图;$X_k \in \mathbb{C}^{2 \times 2}$ 表示第 k 条径的四个极化传播系数;τ_k 为第 k 条径的 TOA;v_k 表示第 k 条径的多普勒频率。对于常规(非极化)均匀线阵(ULA),式(9.5)可转化为

$$\boldsymbol{H}(t,f) = \sum_{k=0}^{K} \rho_k h_k \boldsymbol{a}_{R_x}(f,\theta_{R_x,k}) \boldsymbol{a}_{T_x}^{T}(f,\theta_{T_x,k}) e^{-j2\pi f \tau_k} e^{j2\pi f v_k} \tag{9.6}$$

式中:$a_{R_x}(f,\theta_{R_x,k}) \in \mathbb{C}^{N_{T_x} \times 1}$ 和 $a_{T_x}(f,\theta_{T_x,k}) \in \mathbb{C}^{N_{R_x} \times 1}$ 分别为 ULA 的阵列方向向量;h_k 为第 k 个簇的复信道增益。在信道建模中没有考虑极化影响,这是因为极化对非视距传输的影响不显著,而在视距传输中,极化可以使频谱效率加倍。当然,对毫米波信道中极化影响还需要进一步的研究。

9.4.3　参数估计

用于 5G 信道估计的常用典型算法有:

(1)空间交替广义期望最大化(SAGE)。

(2)联合迭代极大似然估计[45],简称 RIMAX。

在 MPC 的参数估计中,通常假定式(9.5)或式(9.6)中的脉冲响应来源于镜面散射。

1. SAGE 算法

需要注意的是,SAGE 算法(基于期望最大化并相继消除干扰的算法)是根据文献[15]的假设,来实现对 MPC 参数的联合估计,即实现对 AOA/AOD、信道增益、多普勒频移以及 TOA 等参数的联合估计。

2. RIMAX 算法

除镜面散射外,还需考虑漫散射对改进参数估计的影响,RIMAX 算法是一种综合考虑了漫散射和镜面散射的参数估计方法。此外,它对于信道时变情况,采用了扩展卡尔曼滤波器对参数进行连续(逐次)追踪。

由于在毫米波频率中大部分功率来源于镜面反射,因此 SAGE 算法是估计 MPC 参数的优选算法。在 SAGE 算法中,式(9.5)或式(9.6)中的信道响应由 $K+1$ 个平面波叠加而成,其中 K 是具有镜面散射特性的 MPC 数量,$k=0$ 表示 LOS 路径,这对于视距路径有障碍的场景可以忽略。

9.4.4　稀疏性

对于波长较小的毫米波,传播环境对信道具有不同的影响。随着非涅耳区的减小,电磁波衍射降低,而穿透损耗要大得多。与超宽带信道不同,较少的路径或路径的聚集性导致了毫米波信道在角度和时域上的"稀疏性"[6,35]。由于式(9.6)提出的物理信道模型 $H(t,f)$ 对参数 $\{\theta_{T,k},\theta_{R,k},\tau_k,v_k\}$ 存在非线性依赖,使得基于式(9.6)的物理信道模型难以用于估计 TOA、多普勒扩展以及 AOA/AOD 等信道参数,而毫米波信道的稀疏性可极大简化这些信道参数的估计。为此,可以使用式(9.6)中物理信道模型的虚拟表示,即通过 4D 傅里叶变换在时间、频率和空间上进行采样来估计信道参数[3,27,50]。

对于室内定位情形,其所面临的是一个变化非常缓慢的信道,这是因为相比于 60GHz 下的高速率无线电,人的移动速度非常低,时变性和多普勒效应可以忽略不计。因此,若应用到室内定位系统,式(9.6)中的多普勒影响可以忽略不计,其虚拟表达式为

$$H(f) = \sum_{l=0}^{L-1} A_{R_x} H_V^T(l) A_{T_x}^H e^{-j2\pi\frac{l}{B}f} \tag{9.7}$$

式中:$L = \lceil B\tau_{max} \rceil + 1$ 表示可分解延迟的最大个数,τ_{max} 为延迟;A_{R_x} 和 A_{T_x} 为 $N_{R_x} \times N_{R_x}$ 及 $N_{T_x} \times N_{T_x}$ 的酉矩阵,且 $a_{R_x}(m/N_{R_x})$ 和 $a_{T_x}(m/N_{T_x})$ 表示 A_{R_x} 和 A_{T_x} 矩阵中的列,$a_{R_x}(m/N_{R_x})$ 中第 k 个元素等于 $1/\sqrt{N_{R_x}}\exp(-j2\pi(k-1)m/N_{R_x})$,$a_{T_x}(m/N_{T_x})$ 中的元素类似。此外,$H_V(l) = [h_{V,1}(l), \cdots, h_{V,N_{R_x}}(l)]$ 是一个 $N_{T_x} \times N_{R_x}$ 的矩阵,其第 i 列 $h_{V,i}(l)$ 是由虚信道系数 $\{H_v i, m, l\}$ 组成的矩阵向量,$H_v(i,m,l)$ 的表达式如下:

$$H_v(i,m,l) = \sum_{k \in S_{R_x,i}, inS_{T_x,m} nS_{\tau,l}} \frac{1}{B} \int_{-\frac{B}{2}}^{\frac{B}{2}} H_{b,i,m,k}(f) e^{j2\pi\frac{l}{B}f} df \tag{9.8}$$

式中

$$H_{b,i,m,k}(f) = \rho_k h_k D_{N_{R_x}}(\tilde{\theta}_{R_x,k}(f) - i\Delta\tilde{\theta}_{R_x}) D_{N_{T_x}}(\tilde{\theta}_{T_x,k}(f) - m\Delta\tilde{\theta}_{T_x}) e^{-j2\pi f\tau_k} \tag{9.9}$$

其中:$D_N(\theta) = \sin(\pi N\theta)/\sin(\pi\theta)$ 为狄利克雷 - 辛格函数;$\tilde{\theta}_{T_x,k}(f) = (d/f)\sin(\theta_{T_x,k})$,$\lambda = c/(f+f_c)$;$\tilde{\theta}_{R_x,k}(f)$ 表达式与 $\tilde{\theta}_{T_x,k}(f)$ 类似,只需将下标 T_x 换为 R_x;$\Delta\tilde{\theta}_{T_x} = 1/N_{T_x}$ 和 $\Delta\tilde{\theta}_{R_x} = 1/N_{R_x}$ 分别代表 ULA 的发射端和接收端的正交波束间隔;$S_{R_x,i}$、$S_{T_x,m}$ 和 $S_{\tau,l}$ 分别为 $K+1$ 条路径中的子集,且有

$$S_{R_x,i} = \{k : \tilde{\theta}_{R_x,k}(f) \in (i/N_{R_x} - \Delta\tilde{\theta}_{R_x}/2, i/N_{R_x} + \Delta\tilde{\theta}_{R_x}/2)\} \tag{9.10}$$

$$S_{T_x,m} = \{k : \tilde{\theta}_{T_x,k}(f) \in (m/N_{T_x} - \Delta\tilde{\theta}_{T_x}/2, m/N_{T_x} + \Delta\tilde{\theta}_{T_x}/2)\} \tag{9.11}$$

$$S_{\tau,l} = \{k : \tau_k \in (l/B - 1/2B, l/B + 1/2B)\} \tag{9.12}$$

注意:当信号带宽充分小(如小于 0.02)时,$\tilde{\theta}_{R_x,k}(f)$ 和 $\tilde{\theta}_{T_x,k}(f)$ 在所需频段内看作是固定不变的;当信号带宽较大时,在 AOA/AOD 估计中的分辨率会变得更差,这是因为在所需频段内需要更多的频段间隔来计算 $\tilde{\theta}_{R_x,k}(f)$ 和 $\tilde{\theta}_{T_x,k}(f)$。AOA/AOD 及 TOA 的估计值是通过搜索使 $H_v(i,m,l)$ 取最大值时的非零整数得到的,即

$$\{i^{max}, m^{max}, l^{max}\} = \underset{i,m,l}{\mathrm{argmax}}\{H_v(i,m,l)\} \tag{9.13}$$

图9.5 和图9.6 显示了 4 个不同簇的毫米波信道的虚拟化表示 $H_v(i,m,l)$ 在 AOA/AOD 及 AOA/TOA 平面上视距(LOS)通信下的归一化幅度。由图中可以看出 AOA / AOD 和 TOA 的值仅在簇和 LOS 的方向上占主导地位。利用毫米波信道的稀疏性,可以采用基于训练的方法对参数进行估计。基于训练的估计方法包括感知和重构两部分,感知对应于发射端,用于探测信道的训练信号的设计,重构用于在接收端恢复信道。在具有较高的散射场景中,由于毫米波通信具有较多的天线阵元及较大带宽,基于训练的方法不再适用于毫米波信道,这更进一步说明了使用稀疏性的必要性。

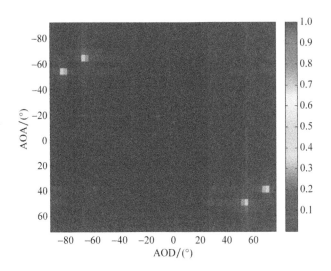

图 9.5　(见彩图) AOA/AOD 子空间中虚拟表达式 $\{H_v(i,m,l)\}$ 的归一化幅度显示

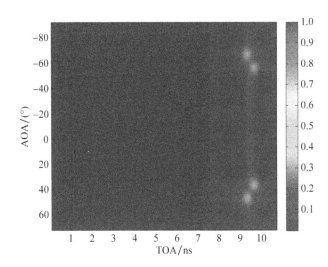

图 9.6　(见彩图) AOA / TOA 子空间中虚拟表达式 $H_v(i,m,l)$ 的归一化幅度显示

9.5　多波束传输

为克服毫米波频率中路径损耗①所带来的信号衰减,可通过增加天线阵元数

---

① 对于给定距离,60 GHz 的 FSPL 比 2.4 GHz 大 28 dB。

量来增强天线增益。但在发射天线和接收天线中使用大量天线阵元(几十到几百个阵元)面临着一些挑战。主要挑战之一是如何设计出能够产生窄波束的波束形成器。在实际应用中,基于移相器的模拟波束形成器易受量化误差的影响,这使得波束的指向精度不足[23,41]。而传统的数字波束形成器需要对发射天线的每个阵元进行数/模转换(DAC),对接收天线阵元进行模/数转换(ADC),由于发射天线和接收天线中阵元数量巨大,使得 DAC 和 ADC 需要消耗大量的功率资源,因此亟须研究更有效的波束赋形技术。此外,在通信和定位中需要使用混合波束形成器进行传输[1,39,68],特别是,每个用户具有多个波束是实现精确定位的关键,关于多波束赋形的更多技术细节将在后面章节进行详细阐述。

本节首先介绍在多波束传输中具有核心作用的混合波束形成器,它能够利用毫米波 MIMO 信道的稀疏性,获取 AOA/AOD 信息,实现在多波束空间中的定位;其次介绍一种波束训练协议,该训练协议能够搜索出发射天线与接收天线之间的最佳通信链路,可用来正确估计 AOA/AOD 等关键参数。

9.5.1 混合波束形成器

混合波束形成器避免了典型数字波束形成器在实现过程中的复杂性,典型的数字波束形成器需要在发射端的每个天线阵元进行 D/A 转换,而在接收端的每个天线阵元进行 A/D 转换,即需对发射端的 N_{T_x} 进行 D/A 转换,对接收端的 N_{R_x} 进行 A/D 转换。而混合波束形成器只需在发射端进行 $M_t < N_{T_x}$ 次的 D/A 转换,在接收端进行 $M_r < N_{R_x}$ 次 A/D 转换,其中 M_t 和 M_r 分别表示远小于天线单元数量的发射及接收波束数目。混合波束形成器能够实现像数字波束形成器一样的多波束传输,且复杂度低。当然,对于 LOS 条件下的 AOD 和 AOA 估计,每一次传输同样需要发送多个波束,下一节将对此进行详细说明。

混合波束形成器由发射机中的基带数字预编码器、数/模转换器、射频链路、射频模拟预编码器,以及接收机中的模拟射频合路器、射频链路、模/数转换器、基带数字合路器组成。关于低频段混合波束形成器的更多技术细节可参考文献[55,65]。

图 9.7 展示了基于混合波束形成器的毫米波 MIMO 体系结构,在发送端,N_s 路数据流馈送至基带数字预编码器,$M_t(M_t > N_s)$ 路基带数字预编码器的输出转换为模拟信号,通过射频链路输出至射频模拟预编码器,最后输出至天线单元生成 M_t 条波束。而在接收端,接收信号被馈送到射频模拟合路器识别出 M_r 条波束,识别出的模拟信号转换成数字信号传输至基带数字合路器,最后重构 N_s 路传输数据。

通过使用移相器和切换开关,混合模拟预编码器/合路器有两种不同的实现方式。采用数字预编码器/合成器可以补偿模拟移位器带来的精度不足,同时使用切

换开关代替模拟移相器,可充分利用毫米波信道的稀疏性对接收信号进行压缩采样,进一步降低基于移相器的混合结构的复杂性。

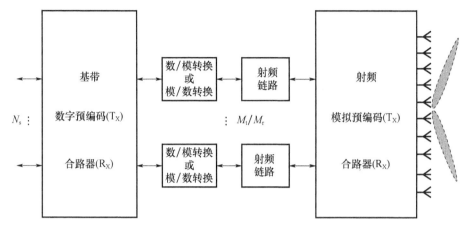

图 9.7　基于混合波束形成器的毫米波 MIMO 体系结构

9.5.2　波束训练协议

波束训练协议是 AOA/AOD 估计中一个非常重要的步骤,本节将对此进行简要介绍。IEEE 802.11ad 中的波束训练协议主要包括三个步骤:

(1)扇区级扫描(SLS):它是基于扇区(发射端)和天线(接收端)初步建立波束链路的必经阶段。每个发射天线一般至多划分 64 个扇区,当发射天线进行扇区扫描时,向每个扇区发射信号,移动站(mobile station,MS)选择最佳扇区将接收信号发送给发射机,由此便得了 AOD 的粗略估计。

(2)波束优化协议(BRP):在 SLS 阶段获得的最佳扇区基础上,发送正交波束来进一步优化 AOD 估计,即通过接收机向发射机发送正交波束,便可得到 AOD 的精确估计。

(3)波束跟踪阶段:主要用于对少量天线配置的周期性进行改进。

波束训练协议不仅仅局限于模拟波束形成器,也可推广用于混合预编码器,由于混合预编码器使用了数字预编码器对模拟部分中的误差进行了补偿,因此,它能够比仅使用移相器更能精确地控制波束。该波束训练协议开始于粗略搜索最佳 AOA / AOD 和信道增益(SLS 阶段),结束于基于一种新型多分辨率波束成形码本来优化估计值(BRP 阶段)。

图 9.8 是基于波束训练协议建立基站和移动站之间最佳波束链路的示意图。特别地,当一条通信链路衰减较大或完全被阻塞,以至于难以估计信道参数(如

AOA/AOD、时延和信道增益)时,可以优先使用波束训练协议,获取能够提供 LOS 条件的扇区。在 LOS 链路[①]上,基于 AOA/AOD 和时延估计实现 MS 定位,下一节将对此进行详细讨论。下面将针对毫米波 MIMO 系统中,介绍基于 AOA/AOD 和 TOA 信息对 MS 定位的技术。

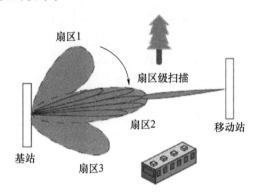

图 9.8   基于 SLS 和 BRP 搜索最佳扇区和最优波束用于实现 MS 定位

9.6   基于时延、AOA 及 AOD 的定位技术

本节介绍一些适用于 5G 系统的定位技术。首先简要介绍基于距离测量、距离差测量、三角测量以及指纹识别的常见定位方法;然后针对 5G 系统介绍基于距离和角度信息相组合的定位技术。为简单起见,本节主要考虑二维定位[17,52],这些技术可以很容易扩展应用于三维定位。

9.6.1   通用定位技术

1. 测距定位

测距定位主要基于接收信号强度(received signal strength,RSS)或基于从基站到移动站的 TOA 信息进行定位。假设基站的位置坐标为 $\boldsymbol{q}_i = [q_{i,x}, q_{i,y}]^{\mathrm{T}}$,MS 的位置坐标 $\boldsymbol{p} = [p_x, p_y]^{\mathrm{T}}$ 未知,与每个基站的距离 $d_i = c\tau_i$,满足如下几何关系:

$$(q_{i,x} - p_x)^2 + (q_{i,y} - p_y)^2 = d_i^2 \tag{9.14}$$

将 M 个锚节点坐标代入式(9.14),得到由 M 个方程组成的方程组,MS 的位置坐标可通过求解该方程组得到。图 9.9 所示为三基站下二维测距定位示意图。

---

①   尽管如此,还是可以基于 NLOS 链路信息进行定位,这将在下一节中讨论。

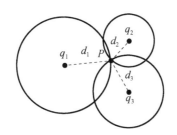

图9.9　三基站下移动用户(MS)二维测距定位示意图

2. 距离差测量定位

距离差测量定位是利用不同基站发射信号的到达时间差(TDOA)进行定位。不同基站间的时间/距离差表示为

$$d_i - d_j = \Delta d_{i,j} (i \neq j) \tag{9.15}$$

式中:d_i由式(9.14)计算得到。上述表达式为双曲线方程,基站中任意两点间的距离差构成一个方程组,该方程组的解即为 MS 的坐标 $\boldsymbol{p}$。TDOA 技术的一个典型应用是 LTE 网络。与基于 TOA 的定位技术不同,在利用 TDOA 进行定位时,不需要在发射机和接收机之间进行时间同步。图 9.10 所示为三基站下基于 TDOA 的二维定位示意图。

3. 三角测量

三角测量是基于角度测量的一种定位技术。该技术通常需要在发射端和接收端中使用阵列天线来估计 AOA 和 AOD。现有多重信号分类(MUSIC)技术和基于旋转不变性的信号参数估计(ESPRIT)等算法也可应用于 AOA 和 AOD 的估计[25,37]。

如果已知两个基站的 AOD(下行链路)或 AOA(上行链路),那么对 MS 进行定位是有可能实现的。但是,如果仅从两个基站传输中获得 AOA 信息,而对 MS 的旋转信息未知,则无法对 MS 进行定位,并且此时需要进行更多的 AOA 测量。此外,如果 MS 与所有基站成一条直线,不能构成三角形,那么该方法也不能用于对 MS 进行定位。图 9.11 演示了两个基站下对 MS 进行二维定位的三角测量方法。

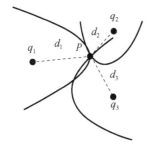

图9.10　三基站下基于距离差测
量的二维定位示意图

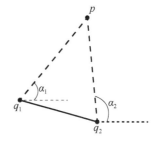

图9.11　基于三角测量法的 MS
二维定位示意图

4. 指纹法定位

指纹法定位技术是基于从基站发出的无线电信号在不同的节点位置上会留下唯一可用于定位信息的一种无线电指纹[7]。该技术根据不同节点位置上的信号强度差异构建指纹库,然后利用概率统计或确定性指纹匹配算法(如最大似然估计或 k-近邻(KNN)算法)对 MS 进行定位。

9.6.2 毫米波定位技术

前面提到的所有定位方法都用到了角度、延迟或接收信号强度等相关信息,当然,角度和时延信息能够联合使用进行定位。特别是,5G 系统中的发射天线和接收天线具有大量天线阵元,能够形成可控窄波束,实现基于 AOA/AOD 和 TOA 的定位。

图 9.12 为 LOS 通信下联合角度和时延测量进行 MS 定位的几何示意图。TOA 是以基站中心坐标 q 为圆心,以到 MS 的距离 d_0 为半径的圆,AOD 和 AOA 确定了基站到 MS 的一条直线段,如图 9.13 所示,其表达式可表示为

$$(q_x - p_x)^2 + (q_y - p_y)^2 = d_0^2 \tag{9.16}$$

及

$$\tan(\theta_{T_x,0}) = \frac{q_y - p_y}{q_x - p_x} \tag{9.17}$$

联合求解式(9.16)、式(9.17)得到

$$p = q + d_0 u(\theta_{T_x,0})$$

其中,$u(\theta_{T_x,0}) = [\cos(\theta_{T_x,0}), \sin(\theta_{T_x,0})]^T$,方位角 $\alpha = \pi + \theta_{T_x,0} - \theta_{R_x,0}$。

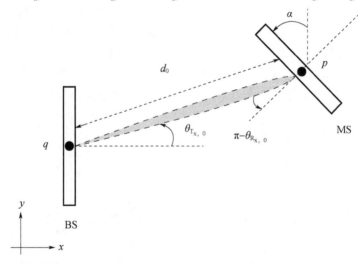

图 9.12　LOS 下联合 AOA/AOD 和 TOA 进行定位的几何示意图

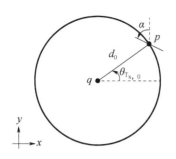

图 9.13　LOS 下基于 TOA 和 AOA/AOD 定位示意图

图 9.14 展示了多径簇存在情况下的 LOS 链路,在该场景下,多径簇的存在降低了定位精度,且定位精度与多径簇在 LOS 链路中的位置相关,多径簇对定位精度的影响程度将在下一节的仿真结果中进一步展示。此外,MS 的方位只能在 LOS 链路中进行估计,而多径簇不能提供有关方位的任何信息。

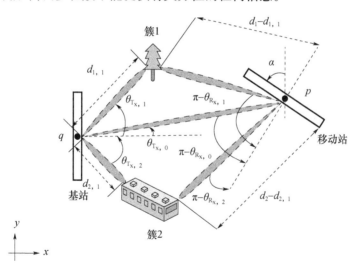

图 9.14　含有多径簇的 LOS 通信链路下联合使用 AOA/AOD 和 TOA 进行定位的场景

图 9.15 展示了在 NLOS 链路[①]下,联合使用角度、时延以及给定的方位角 α_0 等信息对 MS 进行定位的示意图。在该场景下,MS 的位置可以通过求解如下方程来获得:

$$\| \boldsymbol{p} - \boldsymbol{s}_1 \| + \| \boldsymbol{q} - \boldsymbol{s}_1 \| = d_1 \tag{9.18}$$

$$\| \boldsymbol{p} - \boldsymbol{s}_2 \| + \| \boldsymbol{q} - \boldsymbol{s}_2 \| = d_2 \tag{9.19}$$

$$\boldsymbol{s}_1 = \boldsymbol{q} + d_{1,1} \boldsymbol{u}(\theta_{\mathrm{T_x},1}) \tag{9.20}$$

$$\boldsymbol{s}_2 = \boldsymbol{q} + d_{2,1} \boldsymbol{u}(\theta_{\mathrm{T_x},2}) \tag{9.21}$$

---

①　这也可以看作是阻塞的 LOS 链路通信,因为在毫米波频率中阻塞经常发生,特别是对于室内定位。

$$\tan\left[\pi - \left(\theta_{R_{,,1}} + \alpha_0\right)\right] = \frac{s_{1,y} - P_y}{P_x - s_{1,x}} \tag{9.22}$$

$$\tan\left[\pi - \left(\theta_{R_{,,2}} + \alpha_0\right)\right] = \frac{s_{2,y} - P_y}{P_x - s_{2,x}} \tag{9.23}$$

式中:q 已知;$\theta_{T,k}, \theta_{R,k}, d_k$ 表示已知的参数估计;p 为未知的 MS 位置坐标;$s_k, d_{k,1}$ 代表未知参数,包括第 k 个簇 s_k 的位置坐标及第 k 个簇与基站之间的距离 $d_{k,1}$。考虑到二维定位中,求解上述方程组将有 8 个未知参数,如图 9.16 所示,由两个簇的 TOA 构成的圆可得到两个交点位置坐标,且由两个簇的 AOA 可计算得到簇到基站的直线距离。

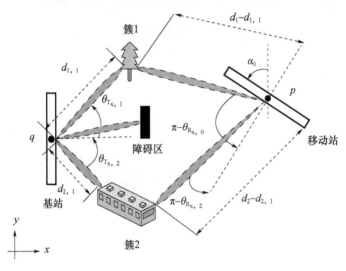

图 9.15   NLOS 通信链路下基于 AOA/AOD 和 TOA 联合估计的定位示意图

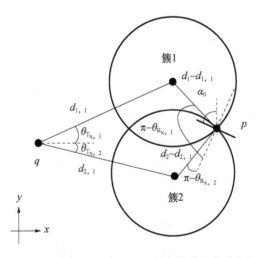

图 9.16   NLOS 下基于 TOA 和 AOA/AOD 的联合估计定位示意图

9.7　仿真结果

本节通过数值模拟分析毫米波定位算法的优良性。定位性能通常由定位距离误差上界(position error bound,PEB)(单位:m)和角度误差上界(rotation error bound,REB)(单位:rad)来衡量。PEB 和 REB 的表达式定义为

$$\mathrm{PEB} \triangleq \sqrt{\mathrm{tr}\{[\boldsymbol{J}_\eta^{-1}]_{1:2,1:2}\}}, \mathrm{REB} \triangleq \sqrt{\mathrm{tr}\{[\boldsymbol{J}_\eta^{-1}]_{3,3}\}}$$

其中:$\boldsymbol{J}_\eta$ 是包含未知参数 $\boldsymbol{\eta} \triangleq [\boldsymbol{p}^T, \boldsymbol{\alpha}, \boldsymbol{K}^T]^T$ 的 Fisher 信息矩阵(FIM)。在 LOS 通信条件下,与簇相关的参数 K(如第 l 个簇 $\boldsymbol{K}_l = [\boldsymbol{\tau}_l, \boldsymbol{\theta}_l^T, \boldsymbol{h}_l^T]^T$,其中 $\boldsymbol{\theta}_l = [\theta_{T,l}, \theta_{R,l}]$,且 $\boldsymbol{h}_l = [\mathrm{Re}\{h_l\}, \mathrm{Im}\{h_l\}]^T$)设为零。在非视距(NLOS)通信场景下,假设参数 $\boldsymbol{\eta}$ 中的 $\boldsymbol{\alpha} = \boldsymbol{\alpha}_0$ 已知。本节仿真计算了在基站位置固定,MS 在不同位置下的 PEB,比较了在 LOS 通信链路下有多径簇存在和没有多径簇情形下的 PEB 值。最后,展示了基站位置固定,MS 在不同位置下,在固定方位上具有两个簇的 NLOS 通信链路下的定位性能。

9.7.1　仿真设置

设 $f_c = 60\mathrm{GHz}, B = 600\mathrm{MHz}, N_0 = 2\mathrm{W/GHz}$,阵元间距 $d = \lambda_c/2$,假设非极化均匀线阵的发射天线阵元 $N_{\mathrm{Tx}} = 64$ 和接收天线阵元个数 $N_{\mathrm{Rx}} = 8$。

9.7.2　结果及讨论

图 9.17 和图 9.18 展示了在 LOS 通信条件下,MS 在不同位置上的 AOD、AOA 和 TOA 估计值以及 PEB 和 REB。从图中可以看出当 MS 位于波束方向上时,AOA/AOD、TOA 以及 PEB 和 REB 的值最小,当处于其他位置时要大得多。具体而言,当距离 $\|q-p\| = 0.5\mathrm{m}$ 时,在波束方向上 PEB 约为 5cm,在其他地方 PEB 的最大值约为 3m;而 REB 在 $\pi/3$ 波束方向上为 0.01rad,在 $-\pi/3$ 方向上大于 0.02 rad,在波束外的其他地方高达 0.2rad。

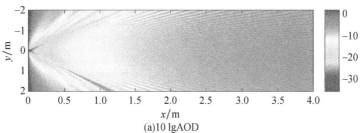

(a)10 lgAOD

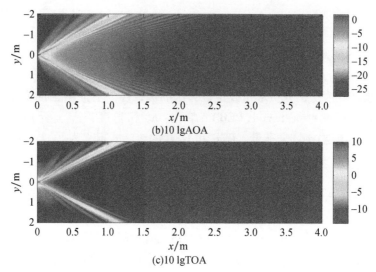

图 9.17 LOS 通信下,基站坐标 $q = [0,0]^T$(单位:m)固定不变,MS 位于不同位置,
在[$\pm\pi/3, \pi/3 + 0.01$]范围内具有三个波束场景下的 AOD、AOA 和 TOA 估计值

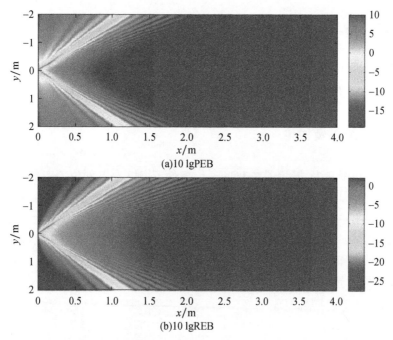

图 9.18 LOS 通信下,基站坐标 $q = [0,0]^T$(单位:m)固定不变,MS 位于不同位置,
在[$\pm\pi/3, \pi/3 + 0.01$]范围内具有三个波束场景下的 PEB 和 REB

可以看到,在 $\pi/3$ 波束方向上,由于具有较高的信噪比,容易获得 TOA 和
AOA/AOD 估计值,提高了定位精度,减少了 PEB 和 REB 边界值。

　　而在 $-\pi/3$ 波束方向上,虽能得到较好的 TOA 和 AOA 估计值,但对 AOD 的估值较差(除非 MS 比较靠近基站位置),因此,在 $-\pi/3$ 波束方向上的 PEB 和 REB 值相对较高。

　　在 LOS 通信情况下,NLOS 路径对位置估计的影响如图 9.19 所示,从图中可以看出:多径簇的存在减少了定位信息(在 Fisher 意义上),导致更高的 PEB 值;此外,在 LOS 通信中,即使在低信噪比下也能获得足够好的定位精度。

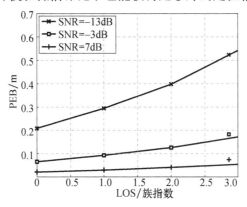

图 9.19　具有多径簇存在下的 LOS 通信场景,NLOS 路径对 PEB 的影响(其中,多径簇按远离 LOS 通信链路的方式进行依次添加,添加公式为 $s_k = [1.5, 1+(k-1) \times 0.1]^T, k=1,2,3,$ $q=[0,0]^T$(单位:m), $p=[0,4]^T$,(单位:m),当 $k=0$ 时表示在 LOS 条件下)

　　图 9.20 比较了存在多径簇的 LOS 通信和 NLOS 通信下的 PEB 值。从图中可以看出,NLOS 通信下的 PEB 值远高于含有多径簇 LOS 通信下的值(在信噪比为 1dB 时,约高 35 dB)。此外,由于多径簇的存在减少了定位信息(在 Fisher 意义上),使得定位误差变大。

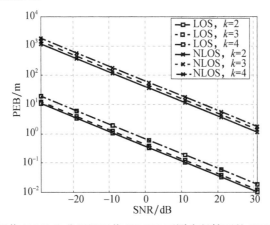

图 9.20　通视通信(LOS)和非通视通信(NLOS)不同多径簇下的 PEB 性能,簇坐标为 $s_k = [1.5, 1+(k-1) \times 0.1]^T, k=2,3,4, q=[0,0]^T$(单位:m), $p=[0,4]^T$,(单位:m)

9.8 小结

在5G定位的众多方法中,由于毫米波波长小,使得大带宽和高定向传输成为可能,同时在发射机和接收机中使用阵列天线,可有效补偿毫米波频段的传播路径损耗影响,这都为5G定位带来更为有效的解决方案。在毫米波定位中,混合波束形成器和波束训练协议为AOA/AOD估计提供有力的工具,可用于实现对MS的精确定位。具体来讲,在存在多径的情况下,波束跟踪训练协议可以找到最优NLOS路径并估计AOA/AOD和TOA值,为MS的定位提供有价值的信息。通常对MS的定位可基于周围环境的物理结构和几何统计路径损耗模型来实现,在NLOS条件下可利用毫米波信道的稀疏性对信道参数进行估计。本章最后,分别在LOS和NLOS通信场景下利用时延和角度信息,以定位误差上界为衡量标准仿真给出了定位精度。

致谢:这项工作在得到了欧盟玛丽·居里初级培训联盟MULTI – POS(多技术定位专家联盟)FPT项目的资助,编号为316528。

参考文献

[1] A. Alkhateeb et al. ,Channel estimation and hybrid precoding for millimeter wave cellular systems. IEEE J. Sel. Top. Sign. Process. 8(5),831 – 846 (2014)

[2] P. Almers et al. ,Survey of channel and radio propagation models for wireless MIMO systems. EURASIP J. Wirel. Commun. Netw. 2007(1),56 – 56 (2007)

[3] OP. Bello,Characterization of randomly time – variant linear channels. IEEE Trans. Commun. 11(4),360 – 393 (1963)

[4] N. Bhushan et al. ,Network densification:the dominant theme for wireless evolution into 5G. IEEE Commun. Mag. 52(2),82 – 89 (2014)

[5] F. Boccardi et al. ,Five disruptive technology directions for 5G. IEEE Commun. Mag. 52(2), 74 – 80 (2014)

[6] J. Brady,N. Behdad,A. Sayeed,Beamspace MIMO for millimeter – wave communications:system architecture, modeling, analysis, and measurements. IEEE Trans. Antennas Propag. 61(7), 3814 – 3827 (2013)

[7] M. Bshara et al. ,Fingerprinting localization in wireless networks based on received – signalstrength measurements:a case study on WiMAX networks. IEEE Trans. Veh. Technol. 59(1),283 – 294 (2010)

［8］ G. Caire, S. Shamai, On the achievable throughput of a multiantenna Gaussian broadcast channel. IEEE Trans. Inf. Theory 49(7), 1691 – 1706 (2003)

［9］ I. Cha et al., Trust in M2M communication. IEEE Veh. Technol. Mag. 4(3), 69 – 75 (2009)

［10］ Z. Chen, C. Yang, Pilot decontamination in massive MIMO systems: exploiting channel sparsity with pilot assignment, in IEEE Global Conference on Signal and Information Processing (GlobalSIP) (2014)

［11］ C. C. Chong et al., A new statistical wideband spatio – temporal channel model for 5 – GHz band WLAN systems. IEEE J. Sel. Areas Commun. 21(2), 139 – 150 (2003)

［12］ A. Dammann et al., WHERE2 location aided communications, in European Wireless Conference (2013)

［13］ R. C. Daniels, R. W. Heath Jr., Link adaptation with position/motion information in vehicle – tovehicle networks. IEEE Trans. Wirel. Commun. 11(2), 505 – 509 (2012)

［14］ H. Deng, A. Sayeed, Mm – wave MIMO channel modeling and user localization using sparse beamspace signatures, in International Workshop on Signal Processing Advances in Wireless Communications, pp. 130 – 134 (2014)

［15］ B. H. Fleury et al., Channel parameter estimation in mobile radio environments using the SAGE algorithm. IEEE J. Sel. Areas Commun. 17(3), 434 – 450 (1999)

［16］ S. Folea et al., Indoor localization based on Wi – Fi parameters influence, in International Conference on Telecommunications and Signal Processing (TSP), pp. 190 – 194 (2013)

［17］ A. Guerra, F. Guidi, D. Dardari, Position and orientation error bound for wideband massive antenna arrays, in ICC Workshop on Advances in Network Localization and Navigation(2015)

［18］ A. Gupta, R. K. Jha, A survey of 5G network: architecture and emerging technologies. IEEE Access 3, 1206 – 1232 (2015)

［19］ C. Gustafson, 60 GHz wireless propagation channels: characterization, modeling and evaluation. Ph. D. thesis, Lund University, 2014

［20］ G. Gustafson et al., On mm – wave multipath clustering and channel modeling. IEEE Trans. Antennas Propag. 62(3), 1445 – 1455 (2014)

［21］ A. Hajimiri et al., Integrated phased array systems in silicon. Proc. IEEE93(9), 1637 – 1655 (2005)

［22］ A. Hakkarainen et al., High – efficiency device localization in 5G ultra – dense networks: prospects and enabling technologies, in IEEE Vehicular Technology Conference (VTC)(2015)

［23］ S. Han et al., Large – scale antenna systems with hybrid analog and digital beamforming for millimeter wave 5G. IEEE Commun. Mag. 53(1), 186 – 194 (2015)

［24］ M. Hassan – Ali, K. Pahlavan, A new statistical model for site – specific indoor radio propagation prediction based on geometric optics and geometric probability. IEEE Trans. Wirel. Commun. 1 (1), 112 – 124 (2002)

［25］ A. Hu et al., An ESPRIT – based approach for 2 – D localization of incoherentlydistributed sources in massive MIMO systems. IEEE J. Sel. Top. Sign. Process. 8(5), 996 – 1011 (2014)

[26] ISO/IEC/IEEE International Standard for Information technology Telecommunications and information exchange between systems – Local and metropolitan area networks Specific requirements – part 11: wireless LAN Medium Access Control (MAC) and Physical Layer (PHY) Specifications Amendment 3: enhancements for very high throughput in the 60 GHz Band (adoption of IEEE Std 802. 11ad – 2012). ISO/IEC/IEEE 8802 – 11: 2012/Amd. 3: 2014 (E) vol. 59, pp. 1 – 634 (2014)

[27] R. S. Kennedy, Fading Dispersive Communication Channels (Wiley – Interscience, New York, 1969)

[28] M. Koivisto et al. , Joint device positioning and clock synchronization in 5G ultra – dense networks (2016, submitted for publication)

[29] N. P. Kuruvatti et al. , Robustness of location based D2D resource allocation against positioning errors, in IEEE Vehicular Technology Conference (2015)

[30] Q. C. Li, G. Wu, T. S. Rappaport, Channel model for millimeter wave communications based on geometry statistics, in IEEE Globecom Workshop, pp. 427 – 432 (2014)

[31] Q. C. Li et al. , Validation of a geometry – based statistical mmwave channel model using raytracing simulation, in IEEE Vehicular Technology Conference, pp. 1 – 5 (2015)

[32] H. Liu et al. , Survey of wireless indoor positioning techniques and systems. IEEE Trans. Syst. Man Cybern. C (Appl. Rev.) 37(6), 1067 – 1080 (2007)

[33] G. R. MacCartney et al. , Path loss models for 5G millimeter wave propagation channels in urban microcells, in IEEE Global Telecommunications (GLOBECOM) Conference (2013)

[34] R. Mendez – Rial et al. , Channel estimation and hybrid combining for mmWave: phase shifters or switches? in Information Theory and Applications Workshop (ITA), 2015, pp. 90 – 97, Feb (2015). doi: 10. 1109/ITA. 2015. 7308971

[35] J. Mo et al. , Channel estimation in millimeter wave MIMO systems withone – bit quantization, in IEEE Asilomar Conference on Signals, Systems and Computers (2014)

[36] I. Nevat, G. W. Peters, I. B. Collings, Location – aware cooperative spectrum sensing via Gaussian processes, in Australian Communications Theory Workshop (2012)

[37] K. Papakonstantinou, D. Slock, ESPRIT – based estimation of location and motion dependent parameters, in IEEE Vehicular Technology Conference (VTC) (2009)

[38] S. Piersanti, L. A. Annoni, D. Cassioli, Millimeter waves channel measurements and path loss models, in IEEE Wireless Communications Symposium (ICC) (2012)

[39] E. Pisek et al. , High throughput millimeterwave MIMO beamforming system for short range communication, in IEEE Consumer Communications and Networking Conference (CCNC) (2014)

[40] F. Pivit, V. Venkateswaran, Joint RF – feeder network and digital beamformer design for cellular base – station antennas, in Antennas and Propagation Society International Symposium (APSUR-SI), pp. 1274 – 1275 (2013)

[41] A. Poon, M. Taghivand, Supporting and enabling circuits for antenna arrays in wireless communications. Proc. IEEE 100(7), 2207 – 2218 (2012)

［42］ H. Qasem, L. Reindl, Precise wireless indoor localization with trilateration based on microwave backscatter, in IEEE Annual Wireless and Microwave Technology Conference(2006)

［43］ T. Rappaport et al. , Millimeter wave mobile communications for 5G cellular: it will work! IEEE Access 1,335 – 349 (2013)

［44］ A. Richter, Estimation of radio channel parameters: models and algorithms. Ph. D. thesis, The Ilmenau University of Technology, 2005

［45］ J. Richter, A. Salmi, V. Koivunen, An algorithm for estimation and tracking of distributed diffuse scattering in mobile radio channels, in IEEE 7th Workshop on Signal Processing Advances in Wireless Communications (2006)

［46］ R. Rusek et al. , Scaling up MIMO: opportunities and challenges with verylarge arrays. IEEE Signal Process. Mag. 30(1),40 – 60 (2013)

［47］ P Sanchis et al. , A novel simultaneous tracking and direction of arrival estimation algorithm for beam – switched base station antennas in millimeter – wave wireless broadband access networks, in IEEE Antennas and Propagation Society International Symposium (2002)

［48］ S. Sand et al. , Position aware adaptive communication systems, inAsilomar Conference on Signals, Systems and Computers (2009)

［49］ V. Savic, E. G. Larsson, Fingerprinting – based positioning in distributed massive MIMO systems, in IEEE Vehicular Technology Conference (2015)

［50］ A. M. Sayeed, A virtual representation for time – and frequency – selective correlated MIMO channels, in IEEE International Conference on Acoustics, Speech and Signal Processing (2003)

［51］ A. M. Sayeed, T. Sivanadyan, Wireless communication and sensing in multipath environments using multi – antenna transceivers, in Handbook on Array Processing, Sensor Networks, ed. By K. J. R. Liu, S. Haykin (IEEE – Wiley, New York, 2010)

［52］ A. Shahmansoori et al. , 5G position and orientation estimation through millimeter wave MIMO, in IEEE Global Telecommunications (GLOBECOM) Conference (2015)

［53］ Y. Shen, M. Z. Win, Fundamental limits of wideband localization Part I: a general framework. IEEE Trans. Inf. Theory 56(10),4956 – 4980 (2010)

［54］ P. F. M. Smulders, Statistical characterization of 60 – GHz indoor radio channels. IEEE Trans. Antennas Propag. 57(10),2820 – 2829 (2009)

［55］ P. Sudarshan et al. , Channel statistics – based RF pre – processing with antenna selection. IEEE Trans. Wireless Commun. 5(12),3501 – 3511 (2006)

［56］ A. L. Swindlehurst et al. , Millimeter – wave massive MIMO: the next wireless revolution? IEEE Commun. Mag. 52(9),56 – 62 (2013)

［57］ R. D. Taranto et al. , Location – aware communications for 5G networks: how location information can improve scalability, latency, and robustness of 5G. IEEE Signal Process. Mag. 31(6),102 – 112 (2014)

［58］ M. N. Tehrani, M. Uysal, H. Yanikomeroglu, Device – to – device communication in 5G cellular networks: challenges, solutions, and future directions. IEEE Commun. Mag. 52 (5), 86 – 92

(2014)

[59] D. Tse, P. Viswanath, Fundamentals of Wireless Communication (Cambridge University Press, Cambridge, 2007)

[60] M. Vari, D. Cassioli, mmWaves RSSI indoor network localization, in IEEE Workshop on Advances in Network Localization and Navigation (ICC) (2014)

[61] J. Werner et al. , Primary user localization in cognitive radio networks using sectorized antennas, in Annual Conference on Wireless On – demand Network Systems and Services (2013)

[62] J. Werner et al. , Joint user node positioning and clock offset estimation in 5G ultra – dense networks, in IEEE Global Telecommunications (GLOBECOM) Conference (2015)

[63] J. Werner et al. , Performance and Cramer – Rao bounds for DoA/RSS estimation and transmitter localization using sectorized antennas. IEEE Trans. Veh. Technol. 65, 3255 – 3270 (2015)

[64] H. Wymeersch, J. Lien, M. Z. Win, Cooperative localization in wireless networks. Proc. IEEE 97 (2), 427 – 450 (2009)

[65] X. Zhang, A. F. Molisch, S. Kung, Variable – phase – shift – based RF – baseband codesign for MIMO antenna selection. IEEE Trans. Signal Process. 53(11), 4091 – 4103 (2005)

[66] Q. Zhao, J. Li, Rain attenuation in millimeter wave ranges, in Proceedings of IEEE International Symposium Antennas, Propagation and EM Theory, pp. 1 – 4 (2006)

[67] Y. Zhou, J. Li, L. Lamont, Multilateration localization in the presence of anchor location uncertainties, in IEEE Global Communications Conference (GLOBECOM) (2012)

[68] D. Zhu, J. Choi, R. W. Heath Jr. , Auxiliary beam pair design in mmWave cellular systems with hybrid precoding and limited feedback, in IEEE International Conference on Acoustics, Speech, and Signal Processing (2016)

第 10 章

多智能体系统的编队控制与位置不确定性

Markus Fröhle, Themistoklis Charalambous, Henk Wymeersch,
Siwei Zhang, Armin Dammann

10.1 概述

随着越来越先进的算法应用于具有强大计算能力的自主智能体或机器人,使得它们已经能够解决不确定性环境下的一些复杂艰巨任务,如对发生自然灾害的地区进行地形测绘、搜索和救援行动。对于参与探索并和环境产生交互的智能体来说,明确自身在环境中的位置至关重要(参考事例详见文献[19,25]和其中的参考文献)。这种情景(态势)感知通常是通过使用即时定位与地图构建(simultaneous localisation and mapping,SLAM)[32]以及异构传感器的融合定位[36]来实现的。虽然传统上对情景(态势)感知的研究一直着重于提高定位精度,但现在研究重点已经转向了对智能体计算复杂度、能量消耗和通信约束以及高级任务等约束条件下的定位技术[8,10],例如,一个高级别的任务可能是智能体在环境中从其当前位置移动到目标位置的导航任务。

本章研究多智能体系统(MAS)位置不确定性对编队控制和通信的影响问题,以及研究系统在这些局限性下如何改善定位问题。

M. Fröhle(⊠) · H. Wymeersch

Department of Signals and Systems, Chalmers University of Technology, Gothenburg 41296,

Sweden

e – mail:frohle@ chalmers. se

T. Charalambous

Department of Electrical Engineering and Automation, Aalto University, 02150 Espoo, Finland

e – mail:themistoklis. charalambous@ aalto. fi

S. Zhang? A. Dammann

German Aerospace Center(DLR), Institute of Communications and Navigation Communications

Systems, Oberpfaffenhofen – Wessling 82234, Germany

为了更好定位,智能体通常配备多个位置传感器,使用其中的任何一个都会消耗能量,因此何时选择何种传感器进行定位是智能体控制的关键要素之一。传感器选择问题是通过优化目标函数(例如,状态估计误差协方差的迹或行列式[16,26]、贝叶斯风险定义的预期效用函数[4],或条件熵等信息量的度量[35])从可用传感器中选择一个最优子集。目标函数的优化求解主要包括单一时间步长[3-4,16,26]和预测窗口[14,28,33,35]两大类算法。在第一类方法中,通常假设目标是临时可分离开的,在这一假设下现已有多种成熟的技术[3-4,16,26],第二类方法具有一般性,求解问题通常是临时难以分离开的,这使得求解问题的计算时间复杂性呈指数级,虽然通过最小化状态误差的协方差函数可以降低计算复杂性,但这类技术对于电量受限的设备并不实用。因此,选择那些耗电量小,同时又能确保一定定位质量的技术,对智能体才是最有价值的。

在执行任务时,传感器的选择技术既可用于单个智能体,也可用于智能体与异构传感器协同组合起来执行任务,如编队控制[27]。多智能体协同完成任务取决于准确而又及时的定位信息。现有理论技术[6,17-18,24,38]通常假设具有完备的位置信息,但在现实应用中却很难获取。此外,锚节点信号作用距离的有限性可通过多个智能体的协同进行弥补,进而实现多个智能体协同定位。文献[36]提出了基于置信传播和信息传递的协同定位算法。文献[40]设计协同定位算法时,考虑了基于时分多址协议的正交频分复用(OFDM)信号接入无线电信道时的开销和成本问题。文献[29]基于卡拉美罗下界(Cramér-Rao bound,CRB)不等式研究了协同定位精度的边界极限。文献[39]研究了编队控制中的定位误差问题。文献[21,22]研究了基于主动信息搜索来提高定位精度问题。

智能体在执行任务过程中,需要知道它们各自的绝对位置,并通过无线信道保持彼此间的通信及编队控制。智能体间的连通性可通过预测信道增益来提高[7]。无线信道衰落主要包括确定性路径损耗、阴影衰落和小尺度衰落等[11],阴影效应和小尺度衰落在信道建模时常被定义为随机变量。根据标准阴影相关模型理论[13,34],小尺度衰落模型对厘米级以上波长要去相关,而阴影衰落模型在室外对$50 \sim 100m$内的波长[11]和室内$1 \sim 5m$内的波长[2,15]要去相关。

对于多智能体系统,文献[1]基于空间衰减建立了阴影衰落模型。文献[8]研究了基于高斯过程(GP)的信道预测模型。文献[20]研究了信道参数对信道预测方差的影响。文献[1,8,20]提出了信道预测的前提假设是要有完整的位置信息,这一假设在文献[37]中部分得到了解决。在文献[20]中研究了定位误差对信道预测的影响。文献[23]详细阐述了位置不确定性易在接收机端发生,而不会在发射端产生。

前面介绍了传感器选择、协同定位和信道预测等方面的最新进展。后面的小节安排如下:10.2节介绍通信、控制和定位等方面的基本概念。10.3节介绍智能体控制与定位之间的相互作用,特别是在 10.3.1 节会研究传感器选择问题,其目标是在保证一定定位精度的前提下,如何以最小的传感器消耗到达指定的目标位置,10.3.2 节重点研究多智能体间的协同问题,即为了实现一定的目标,综合考虑多智能体之间的协同,而不能仅仅依赖某些传感器来实现较高的定位精度。在10.4 节中研究位置不确定性下的信道预测问题。以上是多智能体系统实现精确定位亟待解决的重点问题。

10.2　通信定位及控制

本节简要介绍多智能体系统中的通信定位与控制技术,10.2.1 节给出一个标准的通信模型,10.2.2 节介绍了对智能体的通用最优控制问题,10.2.3 节研究了定位估计算法模型。

10.2.1　智能体间的通信

在多智能体系统中,各智能体之间基于无线信道进行通信。发射端(T_x)和接收端(R_x)(位置坐标分别为 $\boldsymbol{p}_{T_x} \in \mathbf{R}^D, \boldsymbol{p}_{R_x} \in \mathbf{R}^D$,其中 D 表示空间维度)之间的信道传输功率可认为是与空间相关的随机过程。假设平均输出功率在时间域(在一个时间窗口内)或频率域(在宽频带上的平均功率)存在小尺度衰落,那么接收到的信号功率(单位:dBm)为[11]

$$P_{R_x}(\boldsymbol{p}_{T_x}, p_{R_x}) = \boldsymbol{P}_{T_x} + L_0 - 10\eta \lg \frac{\| \boldsymbol{p}_{T_x} - \boldsymbol{p}_{R_x} \|}{d_0} + \boldsymbol{\varPsi}(\boldsymbol{p}_{T_x}, \boldsymbol{p}_{R_x}) \qquad (10.1)$$

式中:P_{T_x} 为发射功率;L_0 为天线增益和传输增益;d_0 为参考距离(这里假设 $d_0 = 1\mathrm{m}$);η 为路径损耗指数。

阴影衰落(单位为 dB)建模为具有空间相关性和信道互易性(即 $\varPsi(p_{T_x}, p_{R_x}) = \varPsi(\boldsymbol{p}_{R_x}, \boldsymbol{p}_{T_x})$)的零均值高斯随机过程。假定传播环境没有显著变化,接收的信号功率在很大程度上是可预测的,并且主要取决于 T_x 和 R_x 的位置坐标。因此,为了准确预测接收信号功率,必须知道 T_x 和 R_x 的位置信息。

10.2.2　多智能体控制

对多智能体系统的控制需要设计分布式最优控制策略,并且这种策略常常依赖于每个智能体的状态信息。因此,对多智能体系统的最优控制往往通过优化目标函数来实现。即

$$\min_{u \in U} f(\boldsymbol{x}, u)$$

$$s.\,t.\,\dot{\boldsymbol{x}} = h(\boldsymbol{x}_0, u, t) \tag{10.2}$$

式中：$x \in X$ 为智能体的状态变量（如多智能体在某个时间上的位置和速度）；x_0 为初始状态；$u \in U$ 为具有固定约束 U 的控制输入（如加速度）；$h(\cdot)$ 为动态方程。

从上述公式可以清楚地看出，智能体想要在没有中央协调器的情况下以分布式的方式进行信息交互，必须要知道各智能体的状态信息（包括位置）。

10.2.3   估计量的边界不确定性：卡拉美罗下界

卡拉美罗下界是任何无偏估计量估计方差的下界[29]。由于计算简单，CRB 对于系统验证[40]和自适应算法设计是一个强有力的工具[5]。CRB 的表达式为

$$E[\ \|\ \hat{\boldsymbol{x}}^{(k)} - \boldsymbol{x}^{(k)} \ \|^2\ ] \geq \mathrm{CRB}[\hat{\boldsymbol{x}}^{(k)}] = \mathrm{tr}\boldsymbol{F}_x^{(K)\,-1} \tag{10.3}$$

式中：$\hat{\boldsymbol{x}}^{(k)}$ 为 $\boldsymbol{x}^{(k)}$ 的估计；$\boldsymbol{F}_x^{(k)}$ 为关于状态变量 $\boldsymbol{x}$ 在时间步长为第 k 次时的 FIM，FIM 表达式为

$$\boldsymbol{F}_x^{(k)} = -E_{y^{(k)}|x^{(k)}}[\boldsymbol{\nabla}_{x^{(k)}}^{\mathrm{T}} \nabla_{x^{(k)}} \log p(y^{(k)} | x^{(k)})] \tag{10.4}$$

式中：$y^{(k)}$ 为与状态 $\boldsymbol{x}^{(k)}$ 相关的测量值。

10.3   位置不确定性对任务目标的影响

本节重点关注多智能体的定位及控制与路径导航间的关系，主要涉及两方面的内容：一是成本约束下的最优路径选择问题；二是在保证定位质量的前提下，如何向目标导航。这两个问题都依赖于智能体的优化控制和定位精度的 Fisher 信息量矩阵。

10.3.1   位置不确定度

1. 问题描述

如图 10.1 所示，智能体从起始位置 $\boldsymbol{p}_0$ 以离散时间步长到达目标位置 $\boldsymbol{p}_{\mathrm{goal}} \in \mathbf{R}^2$。该智能体配备有 M 个位置传感器，假定第 m 个传感器成本消耗（如功率损耗）$c_{\mathrm{m}} \geq 0$，有 $J(J \geq 1)$ 条不同的路径到达目标位置，如图 10.1 中显示其中的两条路径。在每条路径上的每一时刻，智能体最多可以使用一个传感器。每条路径都有与路径长度相关的路径损耗（主要指智能体的运动损耗）。因此，在保证定位精度的前提下，寻找出损耗最小的最优路径以到达目标位置。

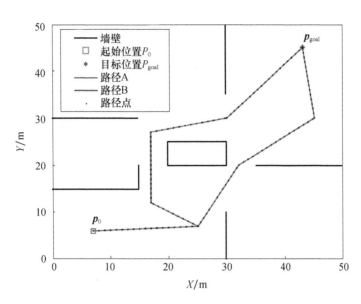

图 10.1　（见彩图）从起始位置 $\boldsymbol{p}_0 = [7,6]^{\mathrm{T}}$ 到目标位置 $\boldsymbol{p}_{\mathrm{goal}} = [43,45]^{\mathrm{T}}$ 具有两条路径 A 和
　　　　B 的场景（智能体在保证定位精度的前提下,选择最低消耗路径前行）

将智能体的位置坐标视为状态信息,假定初始状态 $\boldsymbol{x}^{(0)}$ 为高斯随机变量 $\boldsymbol{x}^{(0)} \sim$ $N(\boldsymbol{\mu}^{(0)}, \boldsymbol{P}^{(0)})$,目标位置坐标 $\boldsymbol{p}_{\mathrm{goal}}$、环境平面图以及环境中每个传感器信息都精确已知。假设对于 J 条路径中的第 i 条路径,由 $N_j + 1$ 个位置 $\boldsymbol{p}_j^{(0)}, \boldsymbol{p}_j^{(1)}, \cdots, \boldsymbol{p}_j^{(N_j)}$ 组成,其中 $\boldsymbol{p}_j^{(0)} = \boldsymbol{\mu}^{(0)}$,$\boldsymbol{p}_j^{(N_j)} = \boldsymbol{p}_{\mathrm{goal}}$。当智能体沿着路径前进时,其运动状态模型可表示为

$$\boldsymbol{x}^{(k)} = \boldsymbol{A}^{(k-1)} \boldsymbol{x}^{(k-1)} + \boldsymbol{B}^{(k-1)} \boldsymbol{u}^{(k-1)} + \boldsymbol{n}^{(k-1)} \tag{10.5}$$

式中:$\boldsymbol{u}^{(k)}$ 为时刻 k 的控制信号;$\boldsymbol{A}^{(k)}$ 和 $\boldsymbol{B}^{(k)}$ 为已知矩阵;$\boldsymbol{n}^{(k-1)} \sim N(0, \boldsymbol{Q})$ 为高斯随机过程噪声,$\boldsymbol{Q}$ 为误差协方差矩阵。第 m 个传感器的测量模型为

$$\boldsymbol{y}_m^{(k)} = \boldsymbol{H}_m^{(k)} \boldsymbol{x}^{(k)} + \boldsymbol{v}_m^{(k)} \tag{10.6}$$

式中:$\boldsymbol{H}_m^{(k)}$ 为已知矩阵;$\boldsymbol{v}_m^{(k)} \sim N(0, \boldsymbol{R}_m^{(k)})$ 是第 m 个传感器在位置 $x^{(k)}$ 处的测量噪声。

该线性测量模型是基于智能体间的松耦合得到,其测量值对应位置估计,而不是距离估计,测量模型的线性特性使其可以使用卡尔曼滤波器进行求解[30]。

在到达目标位置之前,智能体首先需要执行以下两个操作:

(1)对每条路径,智能体需基于 $\boldsymbol{p}^{(k)}$ 预测获取所需的控制向量 $\boldsymbol{u}^{(0:N-1)}$。

(2)对于给定路径和给定的传感器控制序列,智能体利用卡尔曼滤波器计算:

① 位置估计精度;

② 成本消耗。

其中,估计精度由 10.2.3 节中介绍的 Fisher 信息矩阵确定,即若智能体在时刻 $k-1$ 的 FIM 为 $F^{(k-1)}$,当对传感器 m 进行激励控制时,则时刻 k 的 FIM 为

$$F^{(k)} = H_m^{(k)^{\mathrm{T}}}(R_m^{(k)})^{-1}H_m^{(k)} + Q^{-1}A^{(k-1)} \times [F^{(k-1)} + (A^{(k-1)})^{\mathrm{T}}Q^{-1}A^{(k-1)}]^{-1}(A^{(k-1)})^{\mathrm{T}}Q^{-1}$$

$$(10.7)$$

基于 Fisher 信息矩阵,智能体可以计算 J 条路径中每条路径的预期成本,并选择出最低消耗路径前行。

2. 优化方程

传感器选择问题的标准化模型表达式如下:

$$\min_{D}\text{mise}c^{\mathrm{T}}D1$$

$$\text{s. t. } D^{\mathrm{T}}1 = 1$$

$$D \in \{0,1\}^{M \times N}$$

$$\text{tr}((F^{(k)})^{-1}) \leq \Delta^2, k \in \{1,2,\cdots,N\}$$

$$(10.8)$$

式中:$c = [c_1, c_2, \cdots, c_M]^{\mathrm{T}}$;$1$ 为单位列向量;$F^{(k)}$ 为第 10.2.3 节给出的 Fisher 信息矩阵;D 表示优化变量,且有

$$D = \begin{bmatrix} d_1^{(1)} & \cdots & d_1^{(N)} \\ \vdots & & \vdots \\ d_M^{(1)} & \cdots & d_M^{(N)} \end{bmatrix}$$

$$(10.9)$$

式中:$d_m^{(k)} = 1$ 表示 k 时刻使用第 m 个传感器;式(10.8)确保了在任意时刻只使用了 M 个传感器中的一个;为保证预测①的均方根定位误差(RMSE)不超过 Δ,式(10.8)限定后验 Fisher 信息矩阵逆的迹低于特定阈值(Δ^2,单位:m^2)。由式(10.7),容易证明式(10.8)中的 $F^{(k)}$ 可表示为 D 的线性函数。

很明显,式(10.8)是组合优化问题,模型求解随时间步长 N 的增加而变得难以实现。因此,不直接求解式(10.8),可通过半正定规划(SDP)算法求解每条路径成本的下界和上界,其中半正定规划算法涵盖了关于 D 的整数约束以及动态规划(DP)问题。在 DP 算法中,对定位质量进行离散化,并以所选择的系统作为输入建立隐马尔可夫模型。通过使用维特比算法,可有效计算得到系统在任意组合下的成本。详细技术细节可参见文献[9]。

3. 效果评估

事实上,文献[9]中的场景属于图 10.1 描述的环境,使用几何路径规划生成 196 条路径。考虑 $M = 4$ 个传感器情形:假定传感器 1 没有感知信息,$R_1^{(k)} = 10^6I$;传感器 2 对应于 GPS 类传感器,该类传感器在门窗附近效果较好,但在建筑物内部

---

① 假设智能体在位置 p_k 处有明确的定位误差估计的情况下,仅需要确定一条具有最低成本消耗的路径。

效果较差;传感器 3 是基于无线射频识别技术的传感器,可放置在建筑物内部角落;传感器 4 是超宽带(UWB)传感器,在拐角处具有四个锚节点。这样的传感器探测系统在环境内部探测质量较高,在角落附近探测质量较差。按如下方式分配移动成本:$c_1 = 1$,$c_2 = 3$,$c_3 = 2$,$c_4 = 4$。

使用动态规划算法求解上述问题需将系统分解为 10 个状态,使用 SDP 算法求解可直接使用 CVX 软件包[12]。为便于比较算法性能,还采用了一种贪婪算法,求解出在每一步进过程中满足式(10.8)约束的最优传感器。

如图 10.2 所示,针对不同的随机过程噪声水平 $\sigma_Q^2 \in \{0.01, 0.1, 0.2\}$,使用三种算法求解给出了路径成本估计值。其中 $\boldsymbol{Q} = \sigma_Q^2 \boldsymbol{I}$。从图中可以看出,当 σ_Q^2 较低时(图 10.2(a)、(b)),贪婪算法与 DP 算法相比,贪婪方法的效果较差。因此,对于较低的 σ_Q^2 取值,在路径较长情况下,使用 DP 算法有明显的优点;对于较大的 σ_Q^2 取值,为保证较高的定位精度,传感器会被频繁地使用,此时,贪婪算法和 DP 算法性能相近。

此外,使用 SDP 算法求得的解接近于约束下限(无论是否满足式(10.8),始终选择最经济的传感器)。这是因为 SDP 算法使用了部分传感器信息,始终能够满足 RMSE 约束。

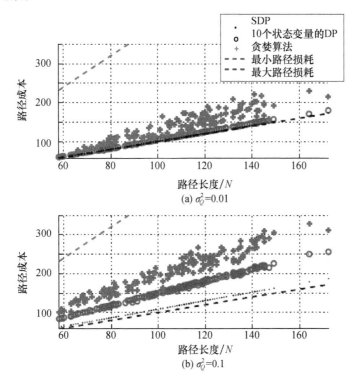

(a) $\sigma_Q^2 = 0.01$

(b) $\sigma_Q^2 = 0.1$

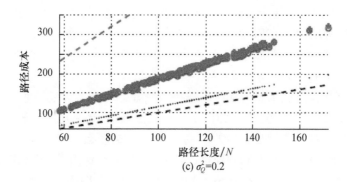

$$(c) \ \sigma_Q^2 = 0.2$$

图 10.2 （见彩图）不同路径长度下的路径成本仿真结果,噪声方差取值为 $\sigma_Q^2 \in \{0.01,$
$0.1, 0.2\}$ 时的结果(图中给出了在不考虑约束式(10.8)条件下,通过比较 SDP 算法、DP
算法及贪婪算法三种算法性能,选择最低和最高成本消耗传感器时的路径成本估计值)

10.3.2 位置感知编队控制

前面章节的研究主要考虑了时间复杂性影响。本节不再仅仅考虑时间控制约
束,而是研究一种贪婪算法框架,以便解决应用中面临的更多实际问题,如多智能
体在任务中如何进行协同定位。

1. 问题描述

考虑由 M 个智能体组成的群化系统,在锚节点传感器/基站支持下共同向目
标位置 $q \in \mathbf{R}^2$ 移动,因此,目标是寻找全局控制变量 $u^{(k)}$ 在 k 时刻按下式进行
移动:

$$p^{(k)} = p^{(k-1)} + u^{(k)} + \varepsilon^{(k)} \tag{10.10}$$

式中: $\varepsilon^{(k)} \sim N(0, Q)$ 为具有对角协方差矩阵 Q 的全局转移噪声向量。

在具有完全位置信息情况下,可通过求解如下优化问题来实现:

$$P_a : \underset{u_a^{(k)}}{\text{minmise}} \ \| p^{(k)} - 1_{M \times 1} \otimes q \|$$
$$\text{s. t.} \ u_a^{(k)} \in U_a \tag{10.11}$$

式中: U_a 为所有有效控制信号的集合,即 $U_a = \{u \in \mathbf{R}^{2M} \mid \| u \| = \mu_a\}$ 。

取目标函数的梯度下降方向作为控制变量,即

$$u_a^{(k)} = -\mu_a \frac{p^{(k)} - 1_{M \times 1} \otimes q}{\| p^{(k)} - 1_{M \times 1} \otimes q \|} \tag{10.12}$$

在位置未知的情况下,可由估计值 $\hat{p}^{(k-1)}$ 来代替 $p^{(k-1)}$ 。

上述方法带来的问题是,随着时间 k 的推移, $\hat{p}^{(k)}$ 通常会越来越偏离真实值
$p^{(k)}$ 。为了确保每个智能体都能保持较好的定位精度,可以求解如下优化问题:

$$P_\beta : \underset{u_\beta^{(k)}}{\text{minmise}} \mathbb{E}E\left[\parallel \hat{\boldsymbol{p}}^{(k)} - \boldsymbol{p}^{(k)} \parallel\right] \tag{10.13}$$

$$\text{s. t. } u_\beta^{(k)} \in U_\beta$$

式中：$U_\beta = \{u \in \mathbf{R}^{2M} \mid \parallel u \parallel = u_\beta\}$，能够获得比 $\hat{\boldsymbol{p}}^{(k)}$ 更好的估计结果。

我们的目标是设计一个群编队控制器，用于群化系统的联合运动及位置信息搜索。如图 10.3 所示描述的一个群化系统，由三个智能体组成的群从区域 A 移动到区域 B，每个区域内有三个基站。图中的白色实线表示智能体之间用于通信和测距的无线通信信道。

图 10.3　火星上的群化导航系统（非真实情景）

（背景图片来源于 ESA/DLR/FU 柏林（G. Neukum））

2. 优化方程

采用交替优化算法求解 P_a 和 P_β 问题，前面已经给出了求解问题 P_a 的算法表达式，下面在不考虑时间约束下重点研究 P_β 的求解，P_β 可变换为基于 Fisher 信息矩阵的优化方程：

$$\underset{u_\beta \in U_\beta}{\text{minimise}} \text{tr}(\boldsymbol{F}_p^{-1}) \tag{10.14}$$

Fisher 信息矩阵的具体形式取决于现实情景、传感器类型、是否有先验信息等。假设没有先验信息，不满足贝叶斯条件，$\boldsymbol{F}_p$ 仅取决于施加控制后智能体的位置信息 $\boldsymbol{p}$（如式（10.10）中的 $\boldsymbol{p}^{(k)}$），则目标函数的梯度 $\boldsymbol{c} \in \mathbf{R}^{2M}$ 表达式为

$$\boldsymbol{c} = \left[\boldsymbol{c}_1^{\mathrm{T}}, \cdots, \boldsymbol{c}_u^{\mathrm{T}}, \cdots, \boldsymbol{c}_M^{\mathrm{T}}\right]^{\mathrm{T}} = \nabla_p \text{tr}(\boldsymbol{F}_p^{-1}) \tag{10.15}$$

式中：$\boldsymbol{c}_u \in \mathbf{R}^2$ 为智能体 u 的梯度分量。

对于求解 P_β 问题，当取步长为 μ_β 时的最速下降梯度控制向量可表示为

$$\boldsymbol{u}_\beta = -\mu_\beta \frac{\boldsymbol{c}}{\parallel \boldsymbol{c} \parallel} \tag{10.16}$$

由于智能体的真实位置未知，因此实际应用中可用位置估计 $\hat{\boldsymbol{p}}$ 代替梯度向量 $\boldsymbol{c}$，计算生成控制命令 $\boldsymbol{u}_\beta$。

为说明闭环表达式的优势，现举一个具体应用实例，采用 10.2.3 节定义的通用度量模型，相邻智能体和锚节点间的距离估计对应测量值，位于 $\boldsymbol{p}_u$ 和 $\boldsymbol{p}_v$ 的两个智能体 u 和 v 之间的距离估计误差是方差为 $\sigma_{u,v}^2$ 的零均值高斯随机变量。通常，距

离方差 $\sigma_{u,v}^2$ 取决于无线信道模型。采用文献[41]中提出的测距方差解析模型求解无线测距方差,对于短的距离,测距方差与距离的平方成正比。在达到一定距离之后,由于低信噪比,测距方差迅速达到最大值。

3. 性能评估

本节通过数值仿真验证了编队控制算法的性能。仿真初始化时,25 个智能体均匀地部署在 10m × 10m 的区域内。智能体基于它们自身的位置估计移动到 600m 之外的区域。在每个区域内部署了三个基站,每个智能体配备了覆盖范围为 90m 的无线电收发器,沿途路径中有一个超过 400m 的盲区,在该区域信噪比低,没有基站可以连通。将步进长度分别设置为 $\mu_\alpha = 0.15$m 和 $\mu_\beta = 0.1$m。智能体在每个维度上的传递噪声方差设为 0.01m^2。图 10.4 给出了时间步长分别为 30000 和 31200 时的两个仿真示意图。其中 A 代表智能体,三角形 S 代表基站。两条曲线 B 表示基站的无线电覆盖范围边界。阴影背景表示智能体 D 移动到该位置时群化系统的平均定位 CRB,如 $\sqrt{\mathrm{tr}(\boldsymbol{F}_p^{-1})/M}$。智能体可以在连接的阴影区域内移动而不会影响全局定位精度。两个图例演示了建立虚拟桥梁的过程,这使其能在盲区内也能保持较高的定位精度。群智能体沿 x 轴自动组成双排编队,移动至目标区域。在步长为 30000 的图中,中间的智能体,即图中标有圆圈 D 的智能体,只能在有限的区域内移动,因为它们是保持整个网络联通的关键节点,而位于集群前面的智能体由于通信链路的冗余性则可以更灵活地移动。因此,中间关键节点上的智能体主要执行位置信息搜索,而前面的智能体则是以向目的地逼近为主要控制目标。在步长为 31200 的图中,最前面的智能体已经移动到区域的基站覆盖范围内,并且可从基站获取精确的位置信息,因此,紧随其后的智能体可变换节点角色,以向目的地逼近为控制目标。从图中可以看出,智能体能够移动的连通灰色区域明显增加。仿真结果表明,利用编队控制算法可以实现集群位置信息搜索和集群运动。位置信息搜索算法可用于不同应用场景,例如,集群往返于基站情形,其中集群和基站位置都需智能体自身估计[42]。

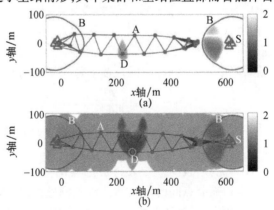

图 10.4   时间步长分别为 30000(a) 和 31200(b) 的示意图

10.4　位置不确定性对信道增益预测的影响

本节不考虑控制方面的问题,而是基于 10.2 节中的方法重点研究位置不确定性下的信道建模和预测问题。

10.4.1　问题描述

假设在 T_X 和 R_X 两个不同位置之间可以获得 N 个功率测量值。每个测量值的表达式为 $y = P_{R_x}(x) + n$,其中 $n \sim N_n(0, \sigma_n^2)$,所有测量值组成的测量矩阵表示为 $y = [y_1, y_2, \cdots, y_N]^T$。假设 T_X 和 R_X 为已知的随机变量,其概率密度函数分别为 $p(p_{T_x})$ 和 $p(p_{R_x})$,由有限个参数 s(如两个智能体位置的均值和方差)来确定。因此,与 N 个测量值相关的分布可用 $S = [s_1^T, s_2^T, \cdots, s_N^T]^T$ 来表示。为方便表示,T_X 和 R_X 的位置信息可用 $x = [p_{T_x}^T, p_{R_x}^T]^T \in \mathbf{R}^{2D}$ 来表示,其联合概率密度用 $P_{R_x}(x)$ 表示,表达式为 $P_{R_x}(s) = \int P_{R_x}(x)p(x)dx$。

10.4.2　信道预测

文献[23]中的高斯过程(GP)称为不确定高斯过程(uGP),可用于 T_X 和 R_X 位置不确定性下的无线信道训练和预测。uGP 与经典高斯过程(cGP)形成鲜明对比,经典高斯过程忽略了位置不确定性的影响。为简化说明,忽略确定性路径衰落,只考虑阴影衰落。将在不确定性位置 x(由其分布参数 s 描述)处的接收功率建模为高斯过程,表达式为

$$P_{R_x}(s) : GP[0, k(s, s')] \tag{10.17}$$

式中:$k(s, s')$ 为协方差函数,且有

$$k(s, s') = \iint c(x, x')p(x)p(x')dx dx' \tag{10.18}$$

式中:$c(x, x')$ 为精确位置下的协方差函数。

注意,当不存在位置不确定性时,$c(x, x')$ 为经典的协方差函数,式(10.18)即为 cGP 方法。为了得到式(10.18)的闭环表达式,$c(x, x')$ 应限定于某些特定的函数类,如平方指数族,在该函数下,当 $p = 2$ 时,有

$$c(x, x') = \sigma_\Psi^2 \exp\left(-\frac{\| p_{T_x} - p'_{T_x} \|^p}{d_c^p} - \frac{\| p_{R_x} - p'_{R_x} \|^p}{d_c^p} \right) \tag{10.19}$$

当 $x = x'$ 时,有 $c(x,x) = \sigma_{\Psi}^2 + \sigma_{\text{proc}}^2$。两条通信链路下 x 和 x' 之间的接收功率的空间相关性取决于 Tx 和 Rx 的位移,如图 10.5 所示。训练阶段的学习问题就是如何基于训练数据以确定参数 $\boldsymbol{\theta} = [d_c, \sigma_{\Psi}, \sigma_{\text{proc}}]$。一旦确定了参数 $\boldsymbol{\theta}$,就可以运用 GP 算法求解预测问题。

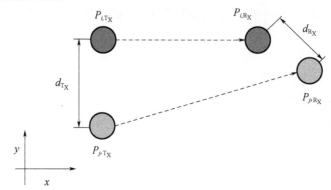

图 10.5 二维平面中具有两条链路 i 和 j 的图示(其中,发射机位移 $d_{\text{T}_x} = \| p_{i,\text{T}_x} - p_{j,\text{T}_x} \|$,接收机位移 $d_{\text{R}_x} = \| p_{i,\text{R}_x} - p_{j,\text{R}_x} \|$)

10.4.3 效果评估

考虑长度为 15m 的一维零均值场:$P_{\text{R}_x}(x):[0,15] \times [0,15]$。该场由式(10.19)的二维 GP 产生,其中参数 $p = 1, d_c = 3, p = 1, d_c = 3, \sigma_n = 0.01, \sigma_{\Psi} = 10$。为确保对称性,仅计算 $P_{\text{T}_x} \geqslant P_{\text{R}_x}$ 下的场值,并将相应场值赋给相应 $P_{\text{T}_x} < P_{\text{R}_x}$ 下对应值。针对相距约 400m 的 T_x 和 R_x 布站场景,其距离分辨率设为 25cm,共可得到 1600 个样本,这些样本包括相互对称部分,且带有位置不确定性。从这 1600 个样本中随机抽选 250 个样本组成训练集。根据文献[23],异构定位误差应重点考虑定位误差的方差 σ_i。该方差服从以与平均定位误差的标准偏差 λ 为参数的指数分布。假设智能体的 σ_n 已知,超参数向量由 $\boldsymbol{\theta} = [d_c, \sigma_{\Psi}, \sigma_{\text{proc}}]^{\text{T}}$ 确定,cGP 中的协方差函数取文献[13]中的 GudmundSon 模型。

超参数学习是基于蒙特卡洛方法在阴影衰落模型下模拟 30 次得到的。

1. 学习阶段

图 10.6 展示了训练样本(以 λ 为参数)的位置不确定性在 cGP($p=1$)算法和 uGP($p=2$)算法下对参数 $\boldsymbol{\theta}$ 估计的影响。从图中可以看出,对于 cGP,随着 λ 的增加 d_c 值会变大,同时代表输入不确定性的参数 σ_{proc} 也会变大,而参数 σ_{Ψ} 的值却变小了。与此相反,uGP 算法在不同的位置不确定性下,d_c 的估计值基本不变,即估计结果不依赖于训练样本的位置不确定性。参数 σ_{proc} 表示真实环境下的协方差函

数(式(10.19)中 $p=1$)与 uGP 估计下协方差函数(式(10.19)中 $p=2$)的不匹配度。从图 10.6(c)可以看出,这种不匹配度与训练样本的位置不确定性 λ 取值无关。这意味着 σ_{proc} 对于参数 λ 取值是恒定的,同样参数 σ_{Ψ}(图 10.6(b))也一样。

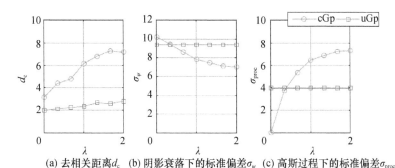

(a) 去相关距离d_c　(b) 阴影衰落下的标准偏差σ_{ψ}　(c) 高斯过程下的标准偏差σ_{proc}

图 10.6　针对不同水平的位置不确定性训练样本,基于 cGP 和 uGP 算法
对超参数进行估计的仿真结果示意图(其中训练样本的位置
不确定性参数 λ(单位:m)由平均定位误差的标准差确定)

2. 预测阶段

假设数据集不包含位置不确定性信息($\lambda=0$),但是能在已知标准偏差为 2m 的不确定性位置上预测接收到的功率,其预测性能如图 10.7 所示。接收功率的数学期望 $P_{\mathrm{R_x,avg}}(\boldsymbol{s}_*)=\int P_{\mathrm{R_x}}(\boldsymbol{x}_*)p(\boldsymbol{x}_*)\mathrm{d}\boldsymbol{x}_*$,其中 $p(\boldsymbol{x}_*)=N_{x_*}(\boldsymbol{z}_*,4\boldsymbol{I})$。位置随机变量 x_* 的均值由 $\mathrm{T_x}$ 和 $\mathrm{R_x}$ 的坐标均值构成,即 $\boldsymbol{z}_*=[z_{*,\mathrm{T_x}},z_{*,\mathrm{R_x}}]^{\mathrm{T}}$。从图中可以看出,cGP 和 uGP 在预测上都能保持信道互易性,且基于 uGP 的预测效果比 cGP 好得多。

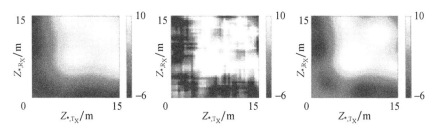

图 10.7　(见彩图)(a)在具有空间相关阴影衰落的环境中,不同位置坐标 $z_{*,\mathrm{T_x}}$ 和 $z_{*,\mathrm{R_x}}$ 下的期望接收功率 $P_{\mathrm{R_x,avg}}$,信道增益沿对角线($z_{*,\mathrm{T_x}}=z_{*,\mathrm{R_x}}$)对称,它是一个对称场;(b)基于 cGP 的接收功率预测 $P_{\mathrm{R_x,avg}}$;(c)基于 uGP 的接收功率预测 $P_{\mathrm{R_x,avg}}$(cGP 和 uGP 算法都保持了信道互易性)

88888

10.5　小结

已有应用表明,未来多智能体系统应用会变得更加突出。其应用领域包括智能驾驶系统、无人驾驶飞行器集群(如无人机蜂群)系统、轮式机器人集群系统,以及由异构智能体构成的智能网络系统等,这些系统都高度依赖于精确的定位信息。针对上述问题,本章探讨了如何基于智能体集群获取、维护和传递位置信息,揭示了无线通信和定位之间的密切联系,介绍了位置不确定性下的信道预测技术,仿真展示了多智能体控制和通信间的关联性以及对定位的依赖性。此外,对如何获取精准的定位信息,以及在智能体位置信息有限、存在噪声甚至在智能体位置信息完全未知的情况下,如何对多智能体进行控制,仍然面临着巨大的挑战。

　　致谢:这项工作得到了欧盟玛丽·居里初级培训联盟 MULTI - POS(多技术定位专家联盟)FP7 项目的资助,资助编号 31652。同时也得到了德国 VaMEx - CoSMiC 项目的部分支持,VaMEx - CoSMiC 项目是由联邦经济事务和能源部根据德国联邦议院的一项决定提出的,由 DLR 空间管理局(资助编号 50NA1521)、欧盟 HIGHTS MG - 3.5a - 2014 - 63653 项目、欧洲研究理事会(资助编号 258418),以及 DLR 可靠导航项目共同资助。

参考文献

[1] P. Agrawal, N. Patwari, Correlated link shadow fading in multi - hop wireless networks. IEEE Trans. Wirel. Commun. 8(8),4024 - 4036(2009)

[2] A. Böttcher, P. Vary, C. Schneider, R. S. Thomä, De - correlation distance of the large scale parameters in an urban macro cell scenario, in 6th European Conference on Antennas and Propagation (EUCAP)(2012),pp. 1417 - 1421

[3] A. S. Chhetri, D. Morrell, A. Papandreou - Suppappola, On the use of binary programming for sensor scheduling. IEEE Trans. Signal Process 55(6),2826 - 2839(2007)

[4] D. Cohen, D. L. Jones, S. Narayanan, Expected - utility - based Sensor Selection for State Estimation, in IEEE International Conference on Acoustics, Speech and Signal Processing(ICASSP)(IEEE, New York,2012),pp. 2685 - 2688

[5] K. Das, H. Wymeersch, Censoring for Bayesian cooperative positioning in dense wireless networks. IEEE J. Sel. Areas Commun. 30(9),1835 - 1842(2012)

[6] N. M. M. de Abreu, Old and new results on algebraic connectivity of graphs. Linear Algebra Appl. 423(1),53 - 73(2007)

[7] T. Eyceoz, A. Duel – Hallen, H. Hallen, Deterministic channel modeling and long range prediction of fast fading mobile radio channels. IEEE Commun. Lett. 2(9), 254 – 256(1998)

[8] J. Fink, Communication for Teams of Networked Robots. Ph. D. thesis, Electrical and Systems Engineering, University of Pennsylvania, Philadelphia, PA, August 2011

[9] M. Fröhle, A. A. Zaidi, E. Ström, H. Wymeersch, Multi – step sensor selection with position uncertainty constraints, in IEEE Globecom Workshops(2014), pp. 1439 – 1444. doi: 10. 1109/GLOCOMW. 2014. 7063636.

[10] E. G. Garcia, L. S. Muppirisetty, E. M. Schiller, H. Wymeersch, On the trade – off between accuracy and delay in cooperative UWB localization: performance bounds and scaling laws. IEEE Trans. Wirel. Commun. 13(8), 4574 – 4585(2014)

[11] A. Goldsmith, Wireless Communications(Cambridge University Press, Cambridge, 2005)

[12] M. Grant, S. Boyd, CVX: Matlab Software for Disciplined Convex Programming, March 2014. http://cvxr. com/cvx

[13] M. Gudmundson, Correlation model for shadow fading in mobile radio systems. Electron. Lett. 27 (23), 2145 – 2146(1991). ISSN: 0013 – 5194. doi: 10. 1049/el: 19911328

[14] M. F. Huber, On multi – step sensor scheduling via convex optimization, in 2nd International Workshop on Cognitive Information Processing(CIP), June 2010, pp. 376 – 381

[15] N. Jalden, Analysis and Modelling of Joint Channel Properties from Multi – site, Multi – Antenna Radio Measurements. Ph. D. thesis, KTH, Signal Processing, 2010, pp. xviii, 224

[16] S. Joshi, S. Boyd, Sensor selection via convex optimization. IEEE Trans. Signal Process. 57(2), 451 – 462(2009)

[17] Y. Kim, M. Mesbahi, On maximizing the second smallest eigenvalue of a state – dependent graph Laplacian. IEEE Trans. Autom. Control 51(1), 116 – 120(2006)

[18] Y. Kim, G. Zhu, J. Hu, Optimizing formation rigidity under connectivity constraints, in IEEE Conference on Decision and Control(CDC), 2010, pp. 6590 – 6595

[19] G. J. M. Kruijff et al. , Experience in system design for human – robot teaming in urban search and rescue, in Field and Service Robotics(Springer, Berlin, Heidelberg, 2014), pp. 111 – 125

[20] M. Malmirchegini, Y. Mostofi, On the spatial predictability of communication channels. IEEE Trans. Wirel. Commun. 11(3), 964 – 978(2012)

[21] F. Meyer, H. Wymeersch, M. Fröhle, F. Hlawatsch, Distributed estimation With informationseeking control in agent networks. IEEE J. Sel. Areas Commun. 33 (11), 2439 – 2456 (2015). doi: 10. 1109/JSAC. 2015. 2430519

[22] F. Morbidi, G. L. Mariottini, Active target tracking and cooperative localization for teams of aerial vehicles. IEEE Trans. Control Syst. Technol. 21(5), 1694 – 1707(2013)

[23] L. S. Muppirisetty, T. Svensson, H. Wymeersch, Spatial wireless channel prediction under location uncertainty. IEEE Trans. Wirel. Commun. 15(2), 1031 – 1044(2016). doi: 10. 1109/TWC. 2015. 2481879

[24] R. Olfati – Saber, Flocking for multi – agent dynamic systems: algorithms and theory. IEEE Trans.

Autom. Control 51(3) ,401 – 420(2006). ISSN:0018 – 9286. doi:10. 1109/TAC. 2005. 864190

[25] G. Schirner, D. Erdogmus, K. Chowdhury, T. Padir, The future of human – in – the – loop cyber-physical systems. Computer 46(1) ,36 – 45(2013)

[26] M. Shamaiah, S. Banerjee, H. Vikalo, Greedy sensor selection: leveraging submodularity, in 49th IEEE Conference on Decision and Control(CDC) (IEEE, New York, 2010) ,pp. 2572 – 2577

[27] J. S. Shamma. Cooperative Control of Distributed Multi – agent Systems(Wiley Online Library, Chichester, 2007)

[28] X. Shen, P. K. Varshney, Sensor selection based on generalized information gain for target tracking in large sensor networks. IEEE Trans. Signal Process. 62(2) ,363 – 375(2014)

[29] Y. Shen, H. Wymeersch, M. Z. Win, Fundamental limits of wideband localization. Part II: coopera-tive networks. IEEE Trans. Inform. Theory 56(10) ,4981 – 5000(2010). ISSN:0018 – 9448. doi: 10. 1109/TIT. 2010. 2059720

[30] D. Simon, Optimal State Estimation: Kalman, H infinity, and Nonlinear Approaches(Wiley, 2006)

[31] S. S. Szyszkowicz, H. Yanikomeroglu, J. S. Thompson, On the feasibility of wireless shadowing cor-relation models. IEEE Trans. Veh. Technol. 59(9) ,4222 – 4236(2010)

[32] S. Thrun, Y. Liu, Multi – robot SLAM with sparse extended information filers, inRobotics Research (Springer, Berlin, 2005) ,pp. 254 – 266

[33] M. P. Vitus, W. Zhang, A. Abate, J. Hu, C. J. Tomlin, On efficient sensor scheduling for linear dy-namical systems. Automatica 48, 2482 – 2493(2012)

[34] Z. Wang, E. K. Tameh, A. R. Nix, Joint shadowing process in urban peer – to – peer radio chan-nels. IEEE Trans. Veh. echnol. 57 (1), 52 – 64 (2008). ISSN: 0018 – 9545. doi: 10. 1109/TVT. 2007. 904513

[35] J. L. Williams, J. W. Fisher, A. S. Willsky, Approximate dynamic programming for communication – constrained sensor network management. IEEE Trans. Signal Process. 55(8) ,4300 – 4311(2007)

[36] H. Wymeersch, J. Lien, M. Z. Win, Cooperative localization in wireless networks. Proc. IEEE 97 (2) ,427 – 450(2009). ISSN:0018 – 9219. doi:10. 1109/JPROC. 2008. 2008853

[37] Y. Yan, Y. Mostofi, Impact of localization errors on wireless channel prediction in mobile robotic networks, in IEEE Globecom, Workshop on Wireless Networking for Unmanned Autonomous Ve-hicles, December 2013

[38] M. Zavlanos, M. Egerstedt, G. Pappas, Graph – theoretic connectivity control of mobile robot net-works. Proc. IEEE 99(9) ,1525 – 1540(2011)

[39] S. Zhang, R. Raulefs, Multi – agent flocking with noisy anchor – free localization, in 11th Interna-tional Symposium on Wireless Communications Systems(ISWCS) (2014) ,pp. 927 – 933

[40] S. Zhang et al. ,System – level performance analysis for Bayesian cooperativepositioning: from global to local, in International Conference on Indoor Positioning and Indoor Navigation(IPIN), 2013, pp. 1 – 10

[41] S. Zhang, M. Fröhle, H. Wymeersch, A. Dammann, R. Raulefs, Location – aware formation control in swarm navigation, in 2015 IEEE Globecom Workshops(2015) ,pp. 1 – 6. doi:10. 1109/GLO-

COMW. 2015. 7414165

[42] S. Zhang, R. Raulefs, A. Dammann, Localization – driven formation control for swarm returnto – base application, in European Signal Processing, 2016 IEEE/EURASIP Conference on (EUSIP-CO), August 2016

第 11 章

定位技术应用相关的环境问题

Anna Kolomijeca

11.1 引言

地球的自然环境包括气候、天气和自然资源三方面。不幸的是,人类活动、过度开采自然资源和污染环境,对这三方面造成了巨大的负面影响。虽然大自然能够忍受一定数量的污染物,且许多自然资源是可再生的,但这是一个非常耗时的过程。随着人口每年以约 8000 万的速度增长[72],这也增加了对自然资源的需求和产品消费,并且没有足够的时间让大自然去再生。环境遥感是一个非常重要的定位应用技术。其旨在监测/研究气候、天气和自然资源,以帮助各国当局成功地实施环境政策和管理计划。

11.2 定义

气候:某个地区的特定环境/天气状况。气候包括温度、气压、湿度、日照、云雾、降水和风等特征。

自然资源:包括可再生(可自然更换)或不可再生(在短时间内不能自然补充)资源,存在于地球之上,并可以供人类制造产品(如食品、医药、能源、食品)和消遣。自然资源可以进一步分为两类:生物类(由有机材料和生物组成,如森林,动物,化石燃料)和非生物类(包括非有机的、非生物的物质,如土地、水、空气、金属/矿物/岩石和阳光)。

A. Kolomijeca(✉)

Universitat Autonoma de Barcelona, 08193 Bellaterra, Barcelona, Spain

e – mail:anna_kolomijeca@ inbox. lv

　　污染:来自人造废物的环境污染。污染可以以化学物质或能量(噪声、光线和热量)的形式存在。空气污染分为初级物(在人类活动或自然过程中直接排放在空气中的有害化学物质,如 CO、CO_2、SO_2、NO、NO_2、CH_4)和二次污染物(有害化学物质之间的相互反应,以及有害化学物质与空气中成分反应,形成新的有害物质,如 SO_3、HNO_3、H_2SO_4、O_3、H_2O_2)。空气污染由自然(火山喷发)或人类活动(运输、家庭燃烧和工业生产)引起。土壤污染直接或间接造成地球表面陆地的破坏,包括土壤化学成分和生物成分的变化,这往往由人造垃圾造成。不同于可以自然降解的自然废物(如死亡植物、动物和腐烂的水果),人造废物往往由非自然界中最初发现的化学物质组成(塑料)。因此它不会衰减,它不断地改变土壤的自然组成,并导致各种不利影响。水污染是指水的化学、物理或生物特性发生了变化,也会出现本不属于水里的漂浮物质(如塑料垃圾),这对生物环境造成了负面影响。水污染的来源可以是"点源"或是"面源",甚至是"跨境"。

　　土壤侵蚀:通过水、风或过度开垦造成表土流失的自然过程。土壤侵蚀过程经历土壤分离、运动和沉积三个阶段。如果土壤不受植被保护,土壤侵蚀会越来越严重,因为植物根部不能再抓住土壤。即使表层土壤中富含有机质和肥料,如果被破坏,土地最终也会被沙漠化,难以支持生命。

　　沙漠化:人类活动和气候更改使土地持续退化(如不可持续的农耕、采矿、森林砍伐和土地滥用)。

　　遥感:通过检测地球反射的能量收集数据。这是基于反射测量原理的非主动性技术。在遥感中,传感器不直接接触被观察的物体,而是安装在飞机或卫星上。遥感包括被动和主动两类传感器。被动传感器记录从地球反射或发射出去的自然能量(通常是阳光)。人眼就是一个被动遥感器。主动传感器向物体发射激光信号,测量激光反射回传感器所需的时间。海豚回声定位就是一个主动传感器。通常,遥测传感器安装于固定翼飞机或直升机,或绕地球轨道运行的卫星上。

　　地理信息系统(GIS):用于捕获、分析、操纵和显示空间参考数据的软件包。

　　生物多样性:地球上所有生物的差异。

　　外来入侵物种:不是天然属于特定区域的动物或植物。

　　海洋垃圾:丢弃或倾倒进大海的不可降解的捕捞设备,包括渔网、浮标和绳索。废弃的渔网(鬼网)沉入海底、漂浮在水中或水面上。通常,废弃的渔具(又称鬼网)会沉入海底,但有时它们会出现在海面(净面积不超过 $1\,\mathrm{m}^2$),而缠结的绳索、塑料网和其他材料会下沉到水下几米处。浮动的海洋垃圾最终会被冲刷到岸边,缠绕在暗礁,危及所有海洋动物或破坏珊瑚礁。

11.3　环境问题

环境是一个非常复杂且相互关联的系统。这意味着每一个人破坏自然环境的行为,都会对自然和所有生物造成直接或间接的后果。

以空气污染为例:当前大气中二氧化碳(CO_2)的浓度(0.03%)远低于 4 亿年前(先前 80%)。大部分 CO_2 通过光合作用将从大气中除去,例如,它们被锁定在生物体中变成矿物质,如石油、煤和石油封存在于地壳内部。通过燃烧这些材料,人们可以在很短的时间内"解锁"出大量二氧化碳[81]。大自然不能快速地回收如此大量的二氧化碳,因此它们在大气中逐渐积累。与其他污染物一起,如甲烷和有害的地面臭氧(称为温室气体),为星球铺了一张"毯子"过度地吸收阳光和热量(本应该反射回太空),进而导致了全球变暖和地球气候变化[81]。

森林的减少进一步加剧了气候变化,因为没有足够的树木吸收二氧化碳。大量的二氧化碳污染也会造成海洋酸化,这对海洋环境和所有生存在那里的生物都是非常有害的。海洋酸化是一个非常严重的生态问题。它是因为海洋不断地与环境气体发生反应,吸收大气中 1/3 的二氧化碳。大气中过的二氧化碳被海洋吸收,会降低海水的 pH 值。结果是脆弱的海洋生态系统和生化循环受到干扰。海洋酸化对礁石珊瑚、贝类海洋动物、海洋复合物(钙化)都有负面的影响,也会改变鳍鱼类生物的自然栖息地。

全球变暖也在"触发"北极海底甲烷的释放[69]。原来,由于高压和低温原因,甲烷碳在海床中被大量储存,但当海水温度上升后(如全球变暖的后果),甲烷以气泡的形式释放出来进入大气,这进一步加剧了全球变暖问题。

升温引起的另一个问题是冰川融化(除了冰块融化造成的巨大淡水资源损失),这会对动物产生不利的影响(如在极地,由于冰季较短,熊积储脂肪的时间减少[33]),会影响生态系统的繁殖能力以及生态周期[51]。另外,它会引起海洋盐度和洋流的变化,并造成海平面上升[51]。

气候变化会导致越来越多的自然灾害,包括野火、洪水、干旱、极端天气、降雨量转移等。

全球变暖和气候变化并不是空气污染的唯一后果。平流层之上的臭氧层消耗是一个重要问题。臭氧层厚约 50km,但会因海平面气压变成几厘米[21]。然而,它在屏蔽太阳紫外线辐射、过滤有害的阳光等方面以保护地球生物圈,起着非常重要的作用。由于人为地释放氯氟烃(CFC)的化学物质,造成臭氧层变薄。臭氧层损耗变薄直接伤害人的健康(皮肤癌、眼睛损伤和免疫系统),对农业、林业和自然生态系统均会造成不利影响(因为植被对紫外线敏感),造成海洋生物受损(特别是浮游生物),对动物造成不利的作用(类似于人类,它们会患上癌症和眼睛损伤),甚至木材、橡胶和织物等材料会因紫外线照射而性能下降[73]。

酸雨是空气污染的另一个负面后果,也是一个污染转移的例子。酸性化学品可以渗入灰尘中并以干沉积形式落入地表。或者有害的空气污染物与大气中的水分混合,以湿沉降的形式滴落,形成酸雨。虽然酸雨的感觉和口味都像清洁的雨水,但细小的颗粒会对人体健康产生负面影响,造成心肺失调[17]。

酸雨也会造成土壤污染,影响生态平衡。土壤污染的其他原因来自农业活动(现代农药、肥料中充满了化学物质,它们不是自然界产生的,也不能自然分解)、工业活动(采矿和制造的副带产品)、垃圾处理/垃圾填埋、采矿、土地滥用和石油泄漏[41]。大多数植物不能适应土壤化学结构的快速变化。土壤污染会降低土壤肥力,导致土壤侵蚀,最终造成沙漠化。每年土地污染造成 240 亿吨的土表损失[23]。土壤污染可能被植物吸收,也可能进入地下,并污染地下水。污染的地下水又慢慢进入湖泊和河流,最终进入大海。

海水污染也是一个严重的问题。一些有毒化学品,如持久性有机污染物(POP),和一些重金属不会在水中分解,但会在鱼类和海洋动物中积累[38,47]。之后,当人们吃鱼时这些毒素会对健康产生各种不利的影响,包括癌症、内分泌失调、免疫和生殖功能障碍等[26]。除有毒化学品,核工业肥料也常常被直接排放到海洋[31]。

此外,每年都有大量的塑料被倾倒入海中。最新的研究估计,超过 1.5 亿吨的塑料目前(2016 年)在海洋浮动。研究表明[79]到 2050 年,海洋中会有更多的塑料,甚至超过鱼类。超过 260 种的物种会受到塑料纠缠或摄入海洋塑料,包括海龟、海狮、海鸟、鲸鱼、海豹和鱼类[2]。塑料不会在水中降解,会成为更小的碎片以微塑料形式进入食物链[27]。

由于渔民丢失或者抛弃的渔具增加了问题的难度。惊人数量的废弃渔具继续漂浮在海洋中,这让海洋动物陷入了困境和甚至造成了死亡,这被称为幽灵渔捞[22]。根据文献[82],每年向太平洋投放的鬼网长达 1000km。幽灵渔捞和过度捕捞造成自然资源的大量消耗。捕鱼业,当然包括非法捕鱼,现在的捕杀能力要高于自然繁殖水平。通常,巨网也捕杀了其他海洋动物(如海龟、鲨鱼和海鸟),这称为副渔品[54],副渔品往往被抛弃和抛出回到海里。渔民们正在使用那些可以彻底摧毁海床和珊瑚礁的大型渔具,严重破坏了海洋环境。

海洋生物的美丽令人惊叹,具有不可思议的经济价值。但由于人们的破坏,正在造成生物多样性的丧失。随着追求对人类非常有价值(如用于研发新药)的独特生物基因结构,许多动物和植物物种正在濒临灭绝,偷猎、外来入侵物种和自然栖息地的破坏是生物多样性的最大威胁[65]。当树木被砍伐时,动物自然栖息地也被破坏,它们无处可去,没有食物来源。最终动物死于饥饿。人们也直接(食物、生物质、娱乐)或间接地(气候控制、防洪、风暴防护、营养循环)依赖森林。

此外,树木和其他植物还会固定土壤,保持其营养成分,保护土壤免受过热(树木反射20%太阳光)。然而,当树/植物被移除后,例如,该地区森林被砍伐,表土直接暴露在阳光雨水下,营养物质被冲洗带走,土壤被侵蚀。另一宝贵的自然资源是淡水,地球上的淡水只占不到3%的总水量,这3%的大部分是不容易获取的,因为它被困在了雪地和冰川。淡水稀缺是一个严重的问题,尤其是在发展中国家:清洁的饮用水短缺导致25000万个与水有关疾病,每年500万~1000万人死亡[29]。除了对健康产生直接的负面影响,缺水问题也直接影响了食物链,因为动植物的生存都需要水。因此,高效的水资源管理应成为国际和全国问题的重中之重。图11.1对环境问题给出了简要总结。

当前章节讨论大多数的环境问题,可以通过 GIS 和遥感完全或部分解决。

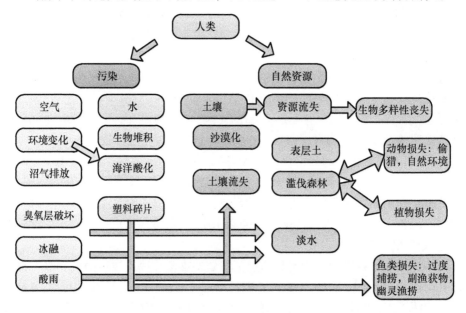

图 11.1 环境问题

11.4 地理信息系统

国家地理学会将地理信息系统定义为一个计算机系统,它能够捕捉、检查、存储和显示与地球表面位置有关的数据[50]。任何包含位置的信息都可以输入到 GIS 中以制作地图,地图会突出显示"感兴趣的事件"。GIS 能够评估来自不同来源头、不同来源格式的不同类型信息。GIS 的主要原则是保持相同的比例和投影。比例呈现地图上的距离与实际距离之间的关系;而投影则是将地球的弯曲转换到平面

（纸或计算机屏幕）的一种方法（没有投影是完美的，例如，世界地图或者显示国家的正确尺寸，或正确形状，但两者不能同时做到）[50]。创建 GIS 地图的第一步是确定如何将收集和整合数据整到一个系统，此步骤称为预处理，对确定数据类型、目的以及如何以最低的成本获得等方面非常重要。创建 GIS 地图的下一步骤是数据捕获。"GIS lounge"[16] 提出了 4 种 GIS 数据捕获方法：

（1）打印地图中的数字化/扫描数据。数字化过程可以手动或自动。有关详细信息参见文献[16]。

（2）测量方法，包括：坐标几何（COGO）、地理编码和全球定位系统（GPS）方法三种捕获 GIS 数据的方法。有关详细信息参见文献[16]。

（3）遥感捕捉各种 GIS 数据，传感器通常安装在卫星或飞机上。

（4）摄影测量技术，将照片转化为 GIS 数据。

根据 GIS 数据表示格式，可以将其分为属性表（以表格表示）和空间参考数据（由矢量和光栅形式表示）。数据捕获的最后一步是为数据提供正确的坐标、投影和数据变化，这称为数据处理。从捕获的数据中消除错误的过程称为质量保证/质量控制。一旦所有数据输入到 GIS 中，就可以对其进行各种的操作以生成"感兴趣的"地图或具有单独数据层的各种地图。GIS 数据捕获步骤示意图如图 11.2 所示。

图 11.2　GIS 数据捕获步骤示意图

地理信息系统，特别是遥感技术是功能非常强大的地球观测和环境评估研究工具，原因如下[1,77]：

（1）在短时间内可以记录大面积（地球的整个表面）的数据；

（2）存储多学科数据集；

（3）确定环境特征之间的复杂关系；

（4）评估不同时间反复测量导致的数据变化；

（5）可以持续更新并用于不同项目；

（6）可以用作各种数学模型的数据集；

(7)存储成2D和3D文件操作;

(8)满足大众和技术人员的需求。

卫星从陆地、大气和海洋上空观测到的数据,为环境决策者提供了有价值的支持,从而在全球范围内保护环境,减少灾害造成的损失,可持续地管理自然资源。地理信息系统/遥感在环境影响评估中的主要的目标是:监测并模拟地球表面变化过程,以及它们与大气的相互作用;衡量和估计生物、地理和物理等变量,以确定地球表面的具体信息;分析卫星传感器获得信号的光谱特征[77]。下面章节将介绍GIS/遥感的特殊应用以及数据捕获案例。

11.5 遥感卫星的环境应用示例

11.5.1 土地监测

除非另有说明,以下信息摘自文献[32]。卫星遥感测量提供了地球环境的连续一致性测量。虽然实地调查通常更为准确,并且可以提供远高于遥感的更好的空间/时间/分辨率,但它们成本更高、效率低,且只能覆盖有限区域,因此并不常用[32]。对于针对一个局部小地理区域的具体任务,在准确性和数据质量方面实地采样可能会提供更好的结果,但同样也可能非常昂贵,且可能不是在大面积上使用。遥感测量可以弥补这一缺陷。事实上,将现场测量和遥感两种技术组合起来使用可以达到最佳效果[32]。卫星的一个很大的优势是它们在空中停留多年,因此可以监测环境随着时间的变化,例如对地球表面做重复观测。得益于远程感知,资源管理者可以以低成本高效益监测大面积的环境动态变化(包括难以进入的或危险的区域)。它也可以用来检测造成环境变化的压力因素和驱动因素,可以让管理者将目标定位于这种变化原因,而不仅仅是结果观察[36]。对感兴趣的过程,还可以测量导致这一过程的具体特征。表11.1是资源指标和关注过程对应的案例。

表 11.1　自然资源管理[36]

资源指标	感兴趣的过程
植被或相关方面大小和形状的变化	植被扩张,充填或渗透,侵蚀
道路宽度或特性改变,线性特征	游客使用道路,洪水对溪流植被的影响;陆地和近岸水生植被的动态变化
地表覆盖物类型或组成种类的慢慢变化	继承,竞争,富营养化,外来物种入侵
突然改变的地表状态	干扰,人为发展,土地管理

续表

资源指标	感兴趣的过程
单一地表覆盖物的缓慢变化	与气候相关的植物生产力变化,由昆虫或疾病、水文状况变化造成的森林死亡并蔓延
随时间变化或季节性过程	积雪变化,植被物候学

遥感变化检测涉及 4 个主要步骤:数据采集,预处理和/或增强,分析和评估,详细信息参见文献[36]。遥感卫星在保护区监测方面的潜在作用见表 11.2。

表 11.2   保护区的卫星遥感监测

资源指标/监测重点	感兴趣的过程/遥感的潜在作用
土表覆盖改变和侵犯	监测保护区的非法活动(如提取保护区内和周围资源信息)
基础设施发展	帮助减少道路扩建及其他建设对保护区的影响
栖息地	识别、量化和监测周边地区的栖息地;确定哪里可行,确定与目标物种或生态系统相关的度量
牲畜放牧	监测"绿色指数"或其他一些放牧压力指标和范围条件
物种入侵	识别、绘制,并监测入侵者的分布情况;跟踪各阶段(涉及生态社区发展的各个阶段)有关变化和栖息地的丧失
特殊栖息地	监测受威胁物种的栖息地
植物演变	监测自然或人为干扰后自然植物群落的演变
经常性干旱,集水区变化,不稳定放水	监测居住地的变更,林木对湿地的入侵
火灾危害	对火灾识别、绘制、建档;勾绘各个阶段的栖息地;中分辨率成像光谱仪(MODIS)快速反应预警系统;火灾历史
农药、化肥、沉积物等有关的水污染	监测集水区的农业和土地利用模式
污染	监视位置和移动
侵蚀	识别、绘制和监测河岸位置
疾病和害虫	居住习性、矢量建模和预测(高级)
气候变化	监测低洼岛屿的陆地面积,量化珊瑚漂白程度

11.5.2   海洋和沿海地带

遥感为海洋环流/平流、海洋温度/海浪高度和冰水状态等提供了宝贵数据。利用这些数据可以更好地了解海洋以及管理海洋资源[53]。遥感还可以帮助绘制和评估某些海洋和沿海栖息地,如珊瑚礁、海草、海带床、红树林和海冰等。因为水更清澈,在热带地区浅水区使用遥感卫星更有优势,可观察包括珊瑚礁(可为热带风暴气象、珊瑚礁渔业、旅游业、制药业提供依据)、海草(各种海洋动物重要的食物来源,为许多鱼类提供栖息地,还可过滤海水中的有毒物质)和红树林(减少自然灾害,如海啸和飓风)。遥感可以检测长期危害(例如,沿海地区城市发展、水产养殖、海洋温度变化、河流流量)以及短期危害(例如船舶泄油或海藻)。海洋和沿海栖息地的遥感观察指标包括珊瑚礁系统的规模、活珊瑚覆盖率、珊瑚漂白、海草和红树林生态系统的范围,以及红树林地变化、红树林的范围变化对自然和红树林生物危害等。更多内容参见文献[32]。

11.5.3 生物多样性

可以采用直接遥感(通过机载或卫星传感器测绘单个有机体图谱、物种集群或生态社区)和间接遥感(分析土地覆盖、海拔高度、地质、地形、人为干扰或威胁标绘,例如物种禁止区)两种方法来评估生物多样性。通过遥感测量的物种种群指标包括地理位置和物种聚集程度。在某些情况下,可以直接监控个体物种(如猩猩、大象、一些澳大利亚哺乳动物[32]);然而,有些原因会导致大多数物种不能直接通过卫星或航空图像来识别或统计(物种规模与传感器分辨率有关),因此常用遥测技术研究单个物种(见第 12 章)。可通过绘制的盗猎危险区来更好地保护动物。例如,通过分析猎人从居住的到保护区的距离、频率、被捕非法猎人的位置以及被带离公园的动物比例建立了犀牛偷猎危险地图。

侵入性外来物种(IAS)是生物多样性最大的危险之一,也可以通过分析 GIS 和RS 进行映射。它提供了一个关于 IAS 具体指标的低成本、规模大且记录时间长的文件,例如,特定 IAS 的区域、分布和趋势,IAS 的分配预测,易受侵袭地区的间接确定,潜在入侵来源的识别。道路、越野车道、徒步和骑马的小路都是 IAS 潜在的脆弱区域,因为这些小地块的种子可以通过车辆或人力被四处传输。区分植被IAS 往往是基于独特的生化特性(特定的光谱特征)、结构特征(空间图案)。

11.5.4 远程动物监测技术

国际自然保护联盟将对生物多样性威胁分为居住地丧失和退化、侵入性外来物种、自然资源过度开采、污染和疾病以及人为引起的气候变化五大类。定位技术已被广泛应用于野生动物监测、健康和死亡率调查以及自然栖息地地图的绘制[24,43,70]。为了研究野生动物,定位和跟踪是非常重要的。这可以通过在动物身体上或在体内附加特殊标签来完成,比如通过植入或摄入(给动物喂食标签)的方式[60]。通过在标签上存储信息,可将标签存档。

档案标签非常小(市场上的产品可能小于 0.39g[64]),可以存储几年的数据,并且数据量非常精细。它们包含一台微型计算机,记录和存储关于动物的数据,如心脏速度、游泳速度(如果在水中)以及环境(如光线亮度和水盐度)。为了能从档案标签下载和恢复数据,意味着动物需要被再次捕捉,除非利用卫星定位技术。

目前,基于 GPS/卫星、甚高频率的无线电跟踪、声学跟踪或无源集成应答器(PIT)等发展了传输标签技术。下面对这些技术进行简要概述。

1. 全球定位系统跟踪

全球导航卫星系统(GNSS)是一种主要的定位技术,非常适合户外应用,而且它是追踪野生鸟类和动物的完美工具[61]。全球定位系统(GPS),有时结合其他环境传感器或自动数据检索技术,允许远距离观察野生鸟类和陆地/海洋动物的运动细节或迁徙模式。GPS 接收机必须安置在动物身上,可计算动物的位置和移动,并将收集的数据存储于设备上,直到动物被重新捕获或通过 Argos 卫星系统遥控获取数据提取后恢复。此外,还可以部署一个深度探测部件(如果无法重新捕捉动物,如海洋动物[44])。

Fastlock TM 是一种可以秒级捕获 GPS 信号的技术[40],它被广泛用于海洋和淡水动物追踪(因为这些动物出现在水面的时间很短)[64]。

2. Argos 卫星跟踪

Argos 卫星系统是一个用于科学研究的卫星系统,专门收集、处理、传播来自固定和移动平台的环境数据[5]。一般将无线电信号发射器安置在动物的嘴上,由发射机将动物运动信息转成无线电信号发送给卫星。不同于 GNSS(利用三角定位方法,参见文献[7]),Argos 是通过计算多普勒频移来获得目标的位置,参见文献[5]。Argos 是 1978 年法国太空局(CNES)、国家海洋和大气管理局(美国诺阿)和美国国家航空航天局(NASA)共同研制的。目前有 6 颗 Argos 卫星在轨运行(2014 年的数据,详情见文献[4]),包括 4 颗 Argos – 2 和 2 颗 Argos – 3,它们处理来自超过 30000 个被跟踪平台的信息(每天大约 3MB 信息和每月 500TB 数据),超过 100 个用户国家的 8000 多种动物物种[5]。除了野生动物追踪之外,Argos 系统也用于气候学、海洋学、海洋渔业和海上实地数据收集(监测污染和海洋设备)[5]。

3. 甚高频无线电跟踪

与卫星跟踪方法不同,传统的无线电遥测跟踪方法具有更低的成本和轻便的发射机,适合研究几乎所有的哺乳动物物种且影响最小[35]。另外,甚高频(VHF)无线电不需要直视,所以,树木和其他障碍物不会造成问题。VHF 发射机发射无线电频率信号,研究人员使用一个接收机和天线就可以接收。由于这是手动工作,因此它受限于数据采集的强度和规模;另外,需保证研究人员与动物在一定范围内。该方法的定位精度取决于当地条件、设备以及和操作者的水平[70]。

4. 声音跟踪

因为声波在水中传播特性,所以声学遥测非常适用于监测海洋生物。声音标签是发声设备,放置在动物体外或体内[62]。信号被一种称为水听器的"听音装置"获取。这种技术的主要局限在于被跟踪的动物和听音装置之间的相对距离较小。

5. 无源集成应答器

无源集成应答器(PIT)技术通常用于标记宠物。该类型的标签内包含一个带有识别码微芯片(米粒大小)。通常将它植入动物的身体,标签阅读器能够识别该代码。此代码注册在计算机数据库内,其中还包含有宠物及其所有者的信息。PIT技术作用范围有限。

6. 组合跟踪技术

为了增强跟踪性能,克服不同技术的限制,一个接收机可以组合使用不同的跟踪技术,可以在文献[62,64]中找到案例。

11.5.5　非法捕鱼

卫星技术和遥感已被广泛用于鱼类的位置估计[37]。这有助于节省燃料和时间成本,帮助找到良好的捕鱼点。幸运的是,GIS 和 RS 也可以用于监测有限的捕捞资源,特别是非法捕鱼活动。以下信息摘自文献[14]。有几个对欧盟的渔船是强制性的捕鱼规定,包括捕捞配额、禁捕种类、捕鱼期和某些鱼类的大小。渔业检查可以原地进行,如在海上(使用巡逻船或飞机)或在港口。在着陆港口检查,可以发现存在尺寸过小的鱼、禁捕鱼种和过度捕鱼,而现场主要用于检查非法捕鱼。有三种方法可以检测海上的非法船只:

(1)船只监控系统(VMS):包括 GPS 位置传输装置,这对所有长度超过 12m 的欧盟渔船是强制性的。这些船只的位置定期发送至国家渔业监测中心。VMS 的缺点是 GPS 设备可以手动关闭,故障或人为操纵以报告错误的位置。

(2)船只检测系统(VDS):它能够弥补 VMS 的缺点,因为它可以通过卫星上的合成孔径雷达(SAR)图像独立地分析识别船只的位置。图像传递需要几分钟到 1h,这取决于卫星接收站的地理位置和能力。由于雷达系统不依赖天气条件和光线好坏,所以它是大多数情况下(白天、夜晚和云层)检测非合作船只的理想工具。用 VDS 检测的船只位置可以与 VMS 提供的船只位置信息交叉验证,使得可以识别出"VMS 隐藏"的船只或者获取船只位置。

(3)空中巡逻监视可以直接针对可疑的目标区域进行识别。

Cicuendez Perez 等[14]建议三种方法一起使用,这样不仅会提高渔业管理的效果,而且比单独进行空中巡逻监视的成本低(如降低燃料成本)。

11.5.6　打击偷猎

根据文献[45,83],每年数以千计的濒危动物被偷猎者杀死。对外来动物或它们身体的某些部分具有巨大的市场需求,造成了成千上万的物种被非法捕获或猎杀,并以食物、宠物、皮革和医药的形式贩卖。高收益(特别是象牙、犀牛角,以及珍贵的大型猫科动物皮)促使偷猎者装备精良并组织严密。为了监测和尽量减少偷猎行为,必须结合使用 GIS、RS 和空中巡逻。Sibanda 等[63]对目前偷猎率最高的区域进行了详细介绍,植被覆盖度高,距离水坑近的区域对偷猎者最具吸引力。Merchant[45]提出了多种不同的能够检测到野外偷猎者的技术,这些技术包括以下三种:

(1)热敏飞机:部署在南非的克鲁格国家公园,那里估计每年有超过 500 头犀牛死亡。低速侦察机上的热传感器能够侦测动物和人类。

(2)隐藏的远程传感器:电子传感器 Trail Guards 可以掩埋在地下或隐藏在树木中,这些传感器由金属探测器组成,如果有偷猎者(装备步枪和大砍刀)经过,这些传感器将被激活,带有传感器位置信息的信号将由树顶天线发送,并将被公园护林员获得。另外,护林员还配备了特殊的转发器,可以告诉探测器他们是谁(类似于军事应用中的敌我识别系统)。

(3)无人机(无人操纵飞行器):它是一种非常高效的反偷猎技术,因为无人机可以提供偷猎者的实时位置信息并帮助"吓跑"罪犯,因为他们知道自己正在被定位和记录。此外,无人机相对便宜、充电快、重量轻,能够按照预编程路线飞行。无人机的应用在尼泊尔帮助将犀牛偷猎数量从每月 1 头犀牛减少到每年1 头。

11.5.7　自然灾害应对

地球自然灾害往往发生在特定的地理"热点"[75],例如,地震沿着活动的构造板块边缘,火山沿着俯冲带,海啸在活动板块边缘附近,热带气旋经常沿着海岸线和山体滑坡的丘陵地带山区。通过收集、组织和分析环境,气象和地理数据、地理信息系统(GIS)和遥感在风险管理和自然灾害评估[56]中发挥了关键作用。针对灾害管理,GIS 收集的信息类型取决于其应用范围,如国家、地区或当地的规模。通常,GIS 提供自然灾害信息(包括位置、严重度、发生危险事件的频率和概率)、自然生态系统信息(估计自然灾害对该系统物品和服务的影响)、有关人口和基础设施信息(量化自然事件可能对现有和计划的生产活动造成的影响)[56]。该"地图"信

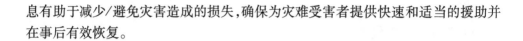

息有助于减少/避免灾害造成的损失,确保为灾难受害者提供快速和适当的援助并在事后有效恢复。

11.5.8　海洋垃圾

海洋中有大量难以置信的废弃渔具(DFG),这些"鬼网"会缠绕并杀死海洋生物。根据文献[76],在 1996—2006 年,据估计 NOAA 从西北夏威夷岛海洋的珊瑚礁中总共回收了 511t 渔具,年累计增加 52t。2009 年,志愿者[55]在英国清理 18000 个废弃渔网,在尼加拉瓜清理 70000 个塑料瓶。截至 2016 年,作者了解到当时还没有技术可以检测到海底的鬼网,所以该文只解决漂浮在海面上的DFG。

DFG 检测是一项非常具有挑战性的任务,因为尺寸相对较小(平方米或更小的表面),且海洋海域广阔以及 DFG 的不断运动(取决于天气条件)。没有哪个单一的技术或方案能够对其检测并进行清理。必须采用集成系统[42]或者多传感器组合技术[76]。NASA Mance[42]建议通过区域采样策略来创建一个 DFG 分布模型。空间采样可以是规则的或分层的(样本按其面积大小比例分配到每个层面)。DFG密集区域的先验知识是提高采样效率的关键。可以通过洋流和风力信息来估算海洋垃圾的位置。该物体的总体漂移可以通过表面洋流和风力,利用风表速度系数计算获得[58],这是海洋垃圾间接测量的一个例子。在创建了 DFG 分布模型后,通过直接测量可以确认 DFG 的位置。考虑到大规模搜索问题,遥感是唯一能够完成这项任务的技术。关于 DFG 检测传感器,文献[42,58,76]报道了雷达和成像传感器的成功组合。具体地说,T. H. Mace[42]提议使用模型、卫星雷达和多光谱数据,辅助以机载遥感(特别是雷达),重点搜寻开放海域的漩涡和会聚地带。Pichel等[58]提出分 7 个阶段进行海洋垃圾探测:

(1)分析调查历史,并使用漂移模型建立调查计划;

(2)研究漂移浮标轨迹以掌握洋流模型和汇聚区域;

(3)开发用于分析卫星、浮标和气象数据的 GIS 技术;

(4)使用卫星图像定位会聚区域;

(5)测试并优化飞机传感器和观测策略;

(6)评估风浪条件以选择最佳航迹;

(7)飞机飞行情况调查。

最后的搜索阶段包括利用小型 UAS、低空飞行器或轮船的可视化探测。Veenstra 等提出将实时运行的自动检测算法应用于多个或超高光谱成像,以及基于该目标侦测算法的激光雷达[76]。

11.6   欧洲航天局:地球观测计划

以下信息均来自文献[25],除非另有说明。

1977 年,欧洲航天局(ESA)首次发射了其第一颗气象卫星"Meteosat",开始了地球环境观察。在 20 世纪 90 年代中期,欧洲航天局开始了一个复杂的、全尺寸的"生命星球"地球观测计划。"生命星球"致力于解决由科学界确定的一些关键科学环境挑战。它包括 8 个"地球探索"任务和 6 个"地球观察"任务(图 11.3)。

"地球探索"是一项科学任务,它包括:

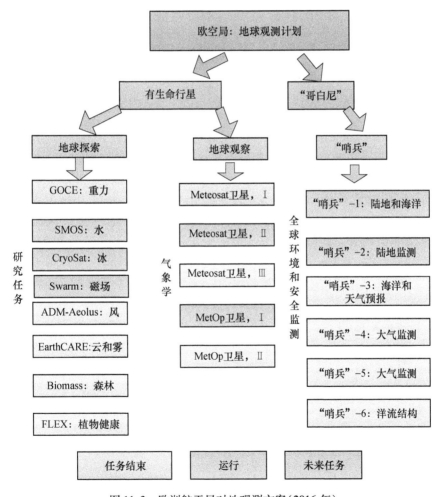

图 11.3   欧洲航天局对地观测方案(2016 年)

197

（1）重力场和稳态海洋环流探索（GOCE）任务。该任务于 2009 年启动，2013 年结束。该任务目的是探测重力场异常情况（地球表面重力不是一个常值，随着旋转、山脉位置、海沟和地球内部密度而变化）。重力造成海洋环流、海平面变化、覆冰和其他自然过程。例如，海洋环流是地球气候形成的主要力量，因为它调节着热交换。因此，为了解地球气候及其如何变化，测量其重力场是非常必需的。另一个例子是 GOCE 数据可用于地震和火山活动研究，这是因为重力测量反映了地球内部的密度变化。结合地震活动数据，GOCE 可以用来研究岩石层和地幔层的形成及变化。

（2）土壤湿度和海洋盐度（SMOS）任务。该任务于 2009 年启动，原计划于 2012 年结束，但延长至 2017 年。SMOS 对土壤湿度和海洋盐度进行全球观测。所收集的数据有助于了解地球表面与大气之间的水交换过程，从而改进天气和气候模型。SMOS 数据的一些应用案例包括：测量海面浮冰以规划船舶路线；为农业提供全球地表土壤水分图像；有助于了解气候变化（气候变暖影响水循环）；有了海洋盐度数据才能了解海洋环流（因为海洋盐度取决于蒸发、降水、河流流向和海洋运动）；以及其他应用。

（3）CryoSat 任务。该任务于 2010 年启动，2017 年结束，它致力于监测海上浮冰的厘米级变化以及格陵兰岛和南极洲的冰盖厚度。与从冰架边缘破碎的冰山不同，海冰是冷冻的海水。海冰冻结和融化是一个自然的季节过程（在北极，像欧洲大小的区域每年都会有融化和冻结）。当海冰融化时，大量的淡水流入海洋，降低了水的盐度和密度，影响全球海洋洋流，形成了地球气候。因此，CryoSat 关于海冰厚度的数据对于理解气候变化和制定相应政策来说至关重要。

（4）Swarm 任务。该任务于 2013 年启动，2017 年结束。该任务由 3 颗能够准确测量地磁强度和方向的卫星组成。地球磁场的形成源于带电粒子，它是一个能够防护宇宙辐射和带电粒子太阳风的保护层。据估计，每 20 万～30 万年地球磁场两极会发生从南到北的变化。极点逆转是一种自然现象，据猜测可能会很快再次发生。科学家证实：在过去的 150 年，磁场减弱了 15%。自 2001 年以来磁北极正以 65km/年的速度远离"真正的北方"，这个问题引起了极大的关注。因此，Swarm 数据对了解地球内部以及如何工作具有至关重要的作用。

（5）大气动力学任务（ADM - Aeolus）。该任务于 2017 年启动，它将提供全球风速的准确测量，可用于天气预测。该任务每小时将提供整个星球大约 100 个风廓线，是天气预报的重要数据。

（6）地球云气和辐射探测（EarthCARE）任务。该任务计划于 2018 年启动。它与日本宇宙航空研究开发机构（JAXA）合作发展，致力于云层、气溶胶和天气测量辐射的观测。太阳辐射能量部分被地球吸收，部分被反射回太空。而温室气体、云和气溶胶在星球周围创造一个"毯子"，它捕捉热量，使过度的热量和辐射不能返回太空,这正是全球变暖的主要原因。EarthCARE 任务就是收集大气层顶部有关云、气溶胶和辐射的数据,这些数据将有助于预测气候并提高天气预报的准确度。

(7)"生物量"任务。该任务计划于 2020 年前后启动,旨在提供关于森林状态以及它如何变化的信息。由于植物吸收、储存并释放大量的碳,来自"生物量"任务的数据将有助于了解地球的碳循环。此外,它还会提供有关栖息地丧失及其对生物多样性影响的数据。

(8)荧光性探测任务(FLEX)。该任务计划于 2020 年后启动,绘制全球植被中的稳态叶绿素荧光性以便量化光合作用的活性。这些信息可以用于识别植物的健康状况,将有助于人们提高对碳循环和食物安全的理解认知。

(9)"地球观察"是与欧洲合作开展的一项气象卫星研究(Eumetsat)。它致力于解决气象需求,由五个不同任务时期的卫星组成:经历三代的地球同步轨道气象卫星(MeteoSat)和二代极轨道气象业务卫星(MetOp)。

第一代 Meteosat 于 1977 年发射,从此,首个飞行器不断提供气象数据并逐渐被新的卫星代替。第二代 MeteoSat 于 2002 年发射,并于 2004 年投入使用。第三代 MeteoSat 计划于 2019 年发射。

极轨卫星 MetOp(来自气象卫星计划)携带最先进的成像和探测仪器,可为气象学家和气候学家提供有价值的大气数据。MetOp 计划与美国国家海洋和大气管理局(NOAA)合作开展。MetOp - A 卫星于 2006 年发射,MetOp - B 于 2012 年发射,MetOp - C 于 2016 年发射。新卫星作为信息的补充或替换旧的卫星。第二代 MetOp 卫星计划于 2020 年后发射。

除了"地球生命"计划,欧洲航天局正在着手"哥白尼"计划,它是迄今为止最大的地球观测计划。因此,下面将详细介绍"哥白尼"计划。

11.7　"哥白尼"计划

地球观测图像在环境方面的应用前景不可估量。例如,单个卫星图像可以显示整个大陆的空气污染情况。由于地球观测卫星长期保持不变,这就可以跟踪逐渐变化的环境。"哥白尼"计划是欧洲最新、最大的环境计划,以前称为全球环境和安全监测,主要是为了管理和保护环境与自然资源。"哥白尼"计划旨在提供 6 项主要服务(所有信息均来自文献[25],除非另有说明):

(1)海洋环境监测服务提供有关海洋状态物理的、动态的和生化的变化。应用包括海冰预测、漏油事件、船舶航线、海洋资源/渔业管理、水质监测、污染、沿海活动、季节和天气预报、气候监测和冰情调查。

（2）土地监测服务分为三个部分：全球（提供 10 天一更新的实时信息，包括植被状态、能源和水循环）、泛欧洲（测绘土地覆盖和土地变化，另外提供季节性和年度的植被参数）和局部地区（提供特定区域的详细信息，如生物多样性"热点"）。

（3）大气监测服务旨在提供高质量的评估、监测并预测大陆、区域、局部的空气成分。它关注于气候变化、紫外线辐射和观测污染的远距离漂移，重点是监测二氧化碳、甲烷、一氧化碳以及气溶胶。

（4）气候变化监测服务将有助于预测、缓解和适应气候变化。这可以通过一个观察网络和建模来实现。气候影响因素包括全球温度、海平面和冰层覆盖。

（5）应急管理服务旨在预防、降低风险，自然灾害的快速响应与灾后重建，如地震、海啸、野火、洪水、风暴和工业事故。

（6）安全服务包括海上监视和海洋污染控制。

"哥白尼"空间站包括两类卫星任务："哨兵"1~6（专为哥白尼运行而设计）和大约 30 项参与任务（来自其他空间机构）。

11.7.1　卫星搭载装备和主要任务

光学设备是通过各种波长或地球热辐射，测量太阳能量反射的被动测量系统（基于反射测量原理）。光学图像是地球观察最常用的仪器。通过捕获物体光谱特性，如图像上每个波长对应于特定的化学元素，利用光谱的方法可以对地球表面、水和大气进行详细监测。

例如，蓝色光（450~515…520nm）用于大气和深水成像；绿色光（515…520~590…600nm）用于植被和深水结构成像；红光（600…630~680…690nm）用于人造物体、水、土壤和土壤植被成像；近红外（750~900nm）主要用于植被成像；中红外（1550~1750nm）用于植被、土壤含水量和森林大火成像；远红外（2080~2350nm）用于土壤、湿度、地质特征、硅酸盐、黏土和火灾成像；热红外（10400~12500nm）是通过发射而不是反射辐射进行地质结构、水温差和火灾的成像。

多光谱和超光谱成像是地球观测的主要手段。光谱（可用光谱带，对应于不同材料）和空间分辨率（可以从图片中观察到细节的最小尺寸）是重要的参数。低分辨率更适合于研究区域植被覆盖或天气/云模式，中等分辨率更适合于农业研究、资源测绘和灾害影响评估。

高分辨率传感器能够突出一个物体，如建筑物或汽车。光学成像的主要局限性是天气条件和日照情况。光学传感器是土地覆盖测绘的重要工具之一。数据通常在可见光、近红外和中红外三个光谱区进行传输，这主要是不同的表面（土壤、树叶、木材、灰烬、水和雪）反射特性的显著差异。结合反射属性可以区分不同的植被类型，这是测量土地覆盖和栖息地类型一个很好的指标[32]。来自卫星图像的光谱信息提供了关于定量植被可生能力的宝贵数据(植被指数)。

光学环境任务(该任务的信息来自文献[25],除非另有说明):ERS‑2/A TSR‑2,于 1995 年发射(运行至 2011 年),用于海面温度测量、云顶温度和植被监测。EN-VISAR 于 2002 年发射(运行至 2012),它是有史以来建造的最大地球卫星,用于测量海面温度。

环境绘图和分析计划(environmental mapping and analysis program,EnMap)于 2018 年启动。它将提供农业、林业、土壤、地质环境、沿海地带和内陆水域等有关的数据。Ven_s 提供植被监测数据,于 2016 年发射。Deimos‑1 提供农业和林业数据,于 2009 年发射。Pleiades 由 Pleiades 1A(2011 年)和 Pleiades 1B(2012 年)两颗卫星组成,可以用于可再生资源管理、水文学、海洋环境和测绘以及其他非环境方面的应用。

Prisma 于 2011 年发射,为土地覆盖测绘和农业景观、自然灾害、内陆水质量、沿海地区和地中海、碳循环监测、大气浊度、地表水文和水管理、沙漠化提供信息。Proba V 于 2013 年发射,提供植被和陆地表面的有关数据,包括农业、森林/砍伐森林、沙漠、火灾、水资源管理和森林资源等其他数据。SEOS‑at Ingenio 于 2015 年发射,提供土地使用、水管理、环境监测等地图绘制数据。SPOT 任务由 7 颗光学卫星组成(SPOT 1 于 1986 年发射,SPOT 7 于 2014 年发射)。SPOT 卫星的环境应用包括切尔诺贝利灾难的污染监测[28]和植被监测[67]。

雷达(无线电探测和测距)是传播微波脉冲并测量其反射的主动系统,它不依赖于光和热量,因此可以提供日夜影像。在"哥白尼"计划中,各种各样的卫星携带可以创建目标图像(如陆地和海洋 2/3D 表面图)的合成孔径雷达(SAR)。在 SAR 中,微波天线的本身局限问题(如大波束宽度或视野角度导致的空间分辨率差),通过卫星运动时对相位和多普勒频移的精确测量,反而变成了优势。在完成信号处理后,可以构建(或合成)一个等于物理天线移动距离但位置保持在波束内的孔径。换句话说,物理天线尺寸可以很小,但 SAR 移动时,照射到物体上的雷达信号被反射形成一个更大的"合成"天线。与摄影类似,相机越大所获得的照片也就越好。采用 SAR 技术,使用小尺寸的物理天线就可获得高分辨率图像。关于 SAR 的详细情况可参见文献[13,52]。雷达可用于森林特征绘制,如寿命、密度和生物量。其主要优势是具有穿透云层的能力,主要的缺点是受地形限制,很难用于丘陵或山区的植被测绘。更多可参见文献[32]。

雷达环境任务(该部分信息来自文献[25],除非另有说明):ERS‑2/SAR(前面提到的 1995—2011 年期间运行)在携带光学传感器的同时,也携带 SAR 设备进行各种环境监测,详情参见文献[6]。Envisat/ASAR(2002—2012 年,如上所述)是有史以来建造的最大卫星。它携带了 10 套设备,包括高级 SAR。海冰测绘是 ERS‑2/SAR 应用之一。Cosmo‑SkyMed(2007—2010 年发射)由 4 颗卫星组成;每颗都配备有

SAR 传感器。Cosmo – SkyMed 的民用/环境应用包括山体滑坡、洪水、漏油和火灾监测。Radarsat –2(2007 年发射),其中一项应用是海洋环境监测(油渗漏、舱底污水倾泻)。TerraSAR – X 于 2007 年发射,旨在用于水文学、地质学、气候学、海洋学、环境和灾害监测及制图[18]。

TerraSAR – X 提供高分辨率 SAR 干涉测量(重叠同一区域的两个或更多雷达图像来检测期间的变化),适用于植被图绘制、冰漂移检测、洋流测量等。

雷达高度计是一种能够精确测量时间的传感器,测量微波或激光脉冲从照射物表面反射回卫星所需的时间。它可以精确测量陆地和海洋表面拓扑、海冰和大型冰山监测、海面风速和浪高。

高度计任务(该部分信息来自文献[25],除非另外说明):Envisat/雷达高度计 –2(2002—2012 年,如上所述)为检查年度/年代范围的全球和区域海平面,动态海洋环流模式、有效波高和风速、气候、冰层抬升、海冰厚度,以及监测海洋中尺度、近实时的有效波高与风速、海洋地球物理(极地海洋,冰盖边缘)海冰、湖泊、湿地和河流、陆地、电离层和水汽等提供了有价值的科学测量数据[8]。Cryosat 于 2010 年发射,用于确定海洋浮冰厚度和监测陆地上巨大的变化,尤其是在冰山崩塌的周边。Jason – 2 OSTM(海洋地形地貌任务)于 2008 年发射,Jason – 3 于 2016 年发射。它们都能精确测量全球海平面的高度(精度达厘米级,每 10 天进行一次测量),以支持天气预报和气候监测(因为海平面上升是理解地球动态气候的关键因素)及海洋学。2013 年发射的 Saral/Altika 有助于海洋学业务化和预测。

大气仪器,如激光雷达(光探测和测距),类似于雷达(发射微波脉冲),它使用激光来传输光脉冲和一个带有灵敏探测器的接收机来测量背散射或反射光。通过记录脉冲从发射者到反射者之间的传播时间,结合光速来确定与物体的距离。大气仪器还包括辐射计和光谱仪(定量测量光谱中特定波段的电磁辐射强度)。大气仪器可以探测穿过大气层的光线、热量或无线电能量。其应用包括气候研究和空气质量测量。关于遥感的详细方法可参见文献[30]。

大气任务(该部分信息来自文献[25],除非另外说明):Calipso 于 2006 年发射,携带一个云气溶胶激光雷达、一个红外辐射计和宽视场相机来测量云层和气溶胶。前面所述的 Envisat 携带三种大气监测仪器:GOMOS(global ozone monitoring by occultation of stars,掩星全球臭氧监测) – 中分辨率光谱仪,它采用掩星测量技术测量平流层臭氧,详情请参阅文献[9,57];迈克尔逊被动大气探测干涉仪(Michelson interferometer for passive atmospheric sounding,MIPAS),是一个基于傅里叶变换的中高大气层微量气体测量光谱仪;Sciamachy 成像光谱仪,测量对流层和平流层中的微量气体。Merlin 于 2014 年发射,用以测量大气中的甲烷浓度;MetOP – A(气象业务卫星)于 2006 年发射,METOP – B 于 2012 年发射,都为天气预报和气候研究提供数据。

11. 7. 2　"哨兵"卫星

　　"哨兵"是一系列卫星,它专门为"哥白尼"计划而研发。"哨兵"工程包含六大任务,卫星计划于 2014—2020 年完成发射;有两颗卫星服务于"哨兵"-1、"哨兵"-2 和"哨兵"-3 任务。"哨兵"-4 和"哨兵"-5 计划运行在主卫星平台。"哨兵"-6 是完善补充"哨兵"3 的信息。

　　"哨兵"-1:第一颗卫星("哨兵"1A)于 2014 年 4 月发射,第二颗卫星("哨兵"-1B)于 2016 年发射[59],它面向陆地和海洋提供基于雷达服务。SAR 运行不依赖于阳光或天气条件,可以提供不同的图像分辨率(低至 5m)和覆盖范围(高达400km)。"哨兵"-1 的应用包括:

　　(1)海洋冰区和北极环境监测,来自"哨兵"-1 的雷达图像能够及时地产生海冰条件,这就为确定冰层厚度提供了可能,它不仅有助于确保航行安全,结合早期的雷达数据,还有助于理解长期的环境变化影响。这包括北极海冰覆盖,大陆冰层和冰河,以及估计每天/每年的冰速。在图 11.4 中可以看到,CryoSat 在 2010—2014 年间(与"哨兵"-1A 于 2014 年获得的图像叠加)的冰峰演化速率。图中的深色部分表示冰面每年下沉超过 2m,4 个更小的图表示 1995—2014 年期间的冰速变化。关于冰块监测的卫星图像可参见文献[48,74,80]。

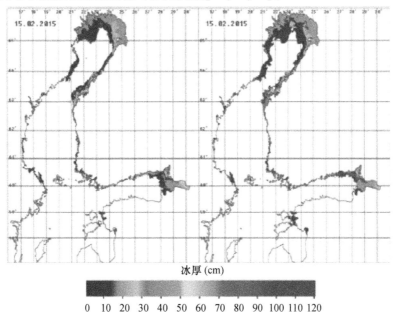

冰厚(cm)

0　10　20　30　40　50　60　70　80　90　100　110　120

图 11.4　(见彩图)2015 年 Radarsat-2 和"哨兵"-1A 测量的波罗的海冰层厚度

（2）地表和地表运动图绘制，包括森林、农业、水和土壤。配备光学和雷达传感器的卫星在准确生成土地覆盖图方面具有很大的优势。虽然光学成像是区域制图的首选工具，然而雷达成像是在当天气条件不允许光学成像时，数据源的一个重要补充。干涉雷达在实现高精度地面运动检测方面具有极大潜力。在图11.5中可以看到28个雷达图像合成一个图像（来自"哨兵"-1A），它显示了由于地下水开采，墨西哥城部分地区地面每月下沉2.5cm[19]。这种技术对监测山体滑坡、地震、人造活动、水资源监测[3]、天然气和矿业开采非常有用。

-2.5　　2.5
[cm/月]

图11.5　（见彩图）墨西哥城地面变形
由"哨兵"-1A的28个雷达扫描图产生
（该图片版权归"哥白尼"数据（2016）/ESA/DLR微波和雷达研究所
所有图片转载经 Ing. Matteo Nannini 博士许可）。

（3）监测海洋环境（漏油监测）。作为地球观测"CleanSeaNet"计划的一部分，"哨兵"-1提供漏油检测和监视服务。合成孔径雷达图像是远程漏油检测主要工具，这主要是基于24h运行能力、不依赖天气状况、在微波下水的均匀介电属性和良好的空间分辨率等优点。

图11.6是一张石油平台泄漏排放的雷达图。图中的亮点是远离挪威海岸的石油平台。黑色区域显示平台在哪里释放水。这水略微油腻"哨兵"-1A上的雷达能够灵敏地识别。文献[11,39]进一步介绍了基于卫星成像的漏油监测。"哨兵"-1还了提供关于海况信息，如风、海浪和洋流，这些都可以用来追踪漏油和其他污染物的路径。

（4）"哨兵"-1的其他应用还包括海事安全（例如船舶检测）、应急/风险管理支持（例如洪水）和危机局势中的人道主义援助。有关"哨兵"-1应用的详细阐述请参见文献[15,25,66]。

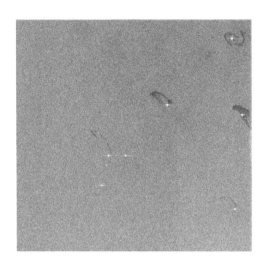

图 11.6　挪威沿海石油平台污染水案例(雷达图像取自 2014 年"哨兵"－1A)

版权所有:欧洲航天局。图像转载获得欧洲航天局许可

"哨兵"－2(所有信息均来自文献[25],除非另有说明):该任务基于两颗相同的卫星。"哨兵"－2A 于 2015 年 6 月 23 日发射,"哨兵"2B 于 2016 年下半年发射。它可以为土地应用提供多光谱成像服务。该任务主要涵盖以下 4 个领域:

(1)植被监测和植物健康:"哨兵"－2 可以以 10~20m 分辨力频繁、高效、及时地绘制植被图。当两颗卫星都在运行时,这些任务可以每 5 天访问一次,这意味着非常准确的植被生长监测。"哨兵"－2 是一个独特的地球观测任务,因为它提供了红色带(有三带在"红色边缘")内特定的光学特性,取决于植被覆盖密度和叶片叶绿素含量,红色带内反射率属性和近红外带区域有所不同,这称为归一化植被差异指数[77]。关于光谱成像的更多信息可参见文献[12,49,71]。

该任务的图像可以用来区分不同作物的种类和特点(如叶面积指数、叶绿素和含水量)。这些信息对于获得丰收是很重要的(决定何时施加多少水或肥料),并形成应对气候变化的对策。

(2)土地服务:"哨兵"－2 用于精确绘制土地覆盖图(森林、农作物、草地、水或建筑物)、景观和变化监测。它有助于监测森林砍伐、造林、野火(有助于灾害管理)和其他自然资源。

(3)水:"哨兵"－2 可以跟踪水体和沿海环境的变化。此外,图像还可以用于获取水质参数(但仅限于表面上的),如叶绿素浓度、有害藻、水的清澈度。它是有关水管理研究的重要信息。

(4)灾害图绘制:该任务为紧急情况时(如极端天气、火山活动、野火、土壤侵蚀、洪水等情况)的应对管理/影响评估提供重要信息。

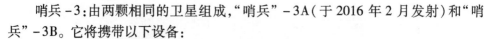

哨兵－3：由两颗相同的卫星组成，"哨兵"－3A（于2016年2月发射）和"哨兵"－3B。它将携带以下设备：

(1)彩色海洋和陆地植被测绘仪（它是"哨兵"－2多光谱成像仪的补充）；

(2)海陆表面温度辐射计；

(3)合成孔径雷达高度计；

(4)微波辐射计（测量海/陆地表面温度以及火灾）。

该任务主要致力于海洋和天气预报。但它也提供陆地服务（如野火监测、土地使用和内陆水监测，它是"哨兵"－2的功能补充）。

应用包括海洋生态系统健康监测（藻色素浓度、总悬浮物、有色可溶解有机质、叶绿素、有害藻的预测、海况、海面温度、海冰、水的清澈度和海表风速。土地方面应用包括植被测绘和温度测量。

"哨兵"4和"哨兵"5：这两项任务都将在主气象卫星上进行。"哨兵"－4计划于2019年发射，并携带紫外可见近红外（UVN）光谱仪。"哨兵"－5计划于2015—2020年发射，携带紫外可见近红外短波（UVNS）光谱仪。这两项任务都致力于大气监测，如空气质量控制（温室气体和气溶胶）、平流层臭氧和太阳辐射。

"哨兵"－6：是对"哨兵"－3的补充，它将携带雷达测高仪以提供全球海洋拓扑信息。

11.7.3 "哥白尼"数据访问

服务提供商将统一和分析来自卫星的原始数据。根据科研目的不同，卫星数据将与来自飞机、地面或海洋测量数据相结合。例如，如果科研目的是预测空气质量，那么来自卫星的空气污染测量将与来自地面仪器的数据结合，一并输入到一个模型。在 scihub. copernicus. eu 可以获得"哥白尼"卫星的开放和免费数据。

11.8 GIS 和 RS 的优点和局限性

遥感的局限性一般在于它只能监视可以从上面察看的特征。雷达和激光雷达是一个例外，它们可以穿透云层，但受表面拓扑结构限制，成本高，且缺少监视标准和数据有效性[32]。

在制作植物地图时，感兴趣特殊群的个体特征必须比图像分辨力更大（例如：10m宽的河流在一个1km空间分辨力图像里是不可见的）。

特征（被观察者）所具有的唯一谱标识对将其与其他标识区分开来非常重要（如初级和次级雨林之间的区分）。

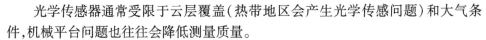

光学传感器通常受限于云层覆盖(热带地区会产生光学传感问题)和大气条件,机械平台问题也往往会降低测量质量。

在人们看来,使用传感器的真正优势在于它够自动记录数据,能够以各种算法处理数据,自动为数据标记 GPS/时间戳[58]。

11.9　小结

本章明确了几乎所有环境问题的两个主要来源:人为的空气/水/土壤污染和自然资源消耗。地理信息系统和遥感是地球观测和环境评估数据收集的强大且独特工具,具有非破坏性、重复性、适用规模大等特点。

本章介绍了以下问题:

(1)土地监测包括景区条件观测、景区变化、土地使用监测、绘制地图湿地和野生动物图表。这些信息对那些自然资源管理者更好地理解如何保护自然环境、减少城市压力是非常重要的。

(2)海洋和海岸地区有关信息可有助于评估海内及海岸动植物的栖息地,为保护珊瑚礁、红树林和海草提供支撑。

(3)为了保护生物的多样性,必须了解物种种群和识别出高风险盗猎区。遥测跟踪方法是通过在动物身上贴上特殊标签来研究个体动物。根据标签的信息可进行被存储或发送,标签相应地分为存储型或发射型。发射型标签对应的有:GPS跟踪、Argos 卫星跟踪、甚高频跟踪、声学跟踪或无源集成应答器跟踪。

(4)在非法捕鱼中各种监测技术的联合使用是船舶监测系统(在船上),船舶检测(来自卫星)与空中巡逻监视的成功结合。

(5)无人机被证明是非常有效的工具,它可以将偷猎风险降至最低。另外,热传感器飞机和隐藏远程传感器可以帮助监测偏远地区偷猎者。

(6)使用遥感和地理信息系统可以有效评估自然灾害。通过收集、组织和分析环境、气象和地理数据,可以减少/避免危害造成的损失,确保快速、有效地向灾民提供援助,并在灾后有效地恢复。

(7)为了检测海洋垃圾,必须将多种技术结合。例如:垃圾碎片运动建模(基于水面洋流/风力数据)+卫星雷达和多光谱数据+机载遥感。另一方案是将模型+卫星观测和机载雷达+可视化碎片检测作为最后阶段。也可以将实时运行的自动检测算法应用于超高光谱成像,以及基于该目标侦测算法的激光雷达。

另外,"地球生命"和"哥白尼"计划已经完成。地球生命计划包含 8 项"地球探索者"研究任务和 6 项"地球观察"任务。"哥白尼"计划是最大的欧洲环境空间项目,旨在提供海洋、陆地、大气、气候、应急和安全服务,它包括 30 个贡献任务和 6

个"哨兵"任务：

(1)"哨兵"-1：基于雷达的陆地和海洋服务。

(2)"哨兵"-2：面向陆地的多光谱成像服务。

(3)"哨兵"-3：海洋和陆地成像装置；海洋和陆地表面温度辐射计；合成孔径雷达高度计和微波辐射计。该任务主要致力于海洋和天气预报。

(4)"哨兵"-4和"哨兵"-5：紫外可见近红外(UVN)光谱仪和紫外可见近红外短波(UVNS)光谱仪提供大气监测服务。

(5)"哨兵"-6：雷达高度计提供全球海洋拓扑结构信息。光学/高光谱成像提供有关植被、洪水、采矿、污染、植被压力、农业和农村发展信息。雷达和LIDAR记录有关地球变形、地面运动和山体滑坡等信息；热图像可用于火灾、地热活动和火山的探测。

致谢：该工作得到了欧盟玛丽·居里初级培训联盟MULTI-POS(多技术定位专家联盟)FP7项目的资金支持，项目号：316528。

参考文献

[1] I. I. Abbas, J. A. Ukoje, Application of remote sensing (Rs) and geographic information systems (Gis) to environmental impact assessment(Eia) for sustainable development. Res. J. Environ. Earth Sci. 1(1), 11-15(2009). ISSN:2041-0492

[2] M. Allsopp et al., Plastic debris in the World's oceans. Tech. rep. Greenpeace, 2006, pp. 1-44

[3] D. Amitrano et al., Sentinel-1 for monitoring reservoirs: a performance analysis. Remote Sens. 6 (11), 10676-10693(2014). ISSN:2072-4292. doi:10.3390/rs61110676

[4] X. Andre, B. Moreau, S. Le Reste, Argos-3 satellite communication system: implementation on the arvor oceanographic profiling floats. J. Atmos. Ocean. Technol. 32(10), 1902-1914(2015). ISSN:0739-0572. doi:10.1175/JTECH-D-14-00219.1

[5] Argos, Worldwide tracking and environmental monitoring by satellite. Online www. argossystem. org (2014)

[6] E. P. W. Attema, G. Duchossois, G. Kohlhammer, ERS-1/2 SAR land applications: overview and main results, in IGARSS '98. Sensing and Managing the Environment. 1998 IEEE International Geoscience and Remote Sensing. Symposium Proceedings. (Cat. No. 98CH36174), vol. 4(1998), pp. 1796-1798. doi:10.1109/IGARSS.1998.703655

[7] S. Baumann, W. Lechner, Global navigation satellite systems. Comput. Electron. Agric. 25, 67-85 (2000)

[8] J. Benveniste et al., The EnviSat radar altimeter system. Remote Sens. Ocean Sea Ice 2001 4544, 71-82(2002). doi:10.1117/12.452745

[9] J. L. Bertaux et al., Global ozone monitoring by occultation of stars: an overview of GOMOS meas-

urements on ENVISAT. Atmos. Chem. Phys. 10 (24), 12091 − 12148 (2010). ISSN: 1680 − 7324. doi:10. 5194/acp − 10 − 12091 −2010

[10] K. Boat, C. Turley, Ocean acidification. Tech. rep. UNEP,2010,pp. 1 − 9

[11] C. Brekke, A. H. S. Solberg, Oil spill detection by satellite remote sensing. Remote Sens. Environ. 95(1),1 − 13(2005). ISSN:00344257. doi:10. 1016/j. rse. 2004. 11. 015

[12] H. K. Burke, G. A. Shaw, Spectral imaging for remote sensing. Lincoln Lab. J. 14 (1), 1 − 28 (2003)

[13] Y. K. Chan, V. C. Koo, An introduction to synthetic aperture radar(SAR). Progr. Electromagn. Res. B 2,27 −60(2008). ISSN:1937 −6472

[14] J. Cicuendez Perez et al. ,The efficiency of using remote sensing for fisheries enforcement:appli-cation to the Mediterranean bluefin tuna fishery. Fish. Res. 147 (2013), 24 − 31. ISSN: 01657836. doi:10. 1016/j. fishres. 2013. 04. 008

[15] M. Davidson, E. Attema, G. Levrini, Sentinel − 1 ESA's new European radar observatory, in The Future of Remote Sensing,2005

[16] C. Dempsey, Data capture in GIS,2012

[17] S. Dubey, Acid rain − the major cause of pollution: its causes, effects and solution. Int. J. Sci. Eng. Technol. 2(8),772 −775(2013)

[18] Earth Observation Portal Directory, Satellite missions,2000

[19] Earth Observation Portal Directory, Copernicus:Sentinel − 1 − Satellite Missions − eoPortal Direc-tory,2000

[20] Earth observation services, CleanSeaNet 2nd generation,2014

[21] G. Elert, The physics fact book:thickness of the ozone layer. Online e − book:www. hpertextbook. com(2000)

[22] K. Erzini et al. ,Catches in ghost − fishing octopus and fish traps in the north − eastern Atlantic Ocean(Algarve,Portugal). Fish. Bull. 106,321 −327(2008)

[23] ESchooltoday,What is water pollution for children,2016

[24] ESRI,GIS for wildlife management,Tech. rep. 2010,p. 40

[25] European Space Agency,Copernicus/Observing the Earth/Our Activities/ESA(2017)

[26] J. Forget, L. Ritter, K. R. Solomon, Persistent organic pollutants. Tech. rep. ,Canadian Network of Toxicology Centres,Guelph,1995,pp. 1 −145

[27] T. S. Galloway, S. L. Wright, R. C. Thompson, The physical impacts of microplastics on marine or-ganisms:a review. Environ. Pollut. 178,483 −492(2013)

[28] GISGeography,SPOT Satellite Pour l' Observation de la Terre − GIS Geography,2012

[29] P. Gleick, J. Morrison, Freshwater resources:managing the risks facing the private sector. Tech. rep. Pacific institute,2004,pp. 1 −16

[30] S. Graham,Remote sensing:feature articles,September 1999

[31] Greenpeace,GREENPEACE and the dumping of waste at sea:a case of non − state actors inter-vention in international affairs. Kluwer Law Int. 4(3),1 −17(1999)

[32] R. Hoft, H. Rtrand, J. Strittholt, Sourcebook on Remote Sensing and Biodiversity Indicators, Convention on Biological Diversity Technical Series, vol. 32 (CBD, Cambridge, 2007)

[33] C. M. Hunter et al. , Climate change threatens polar bear populations: a stochastic demographic analysis. Ecology 91(10), 2883 – 2897(2010). ISSN: 0012 – 9658. doi: 10. 1890/09 – 1641. 1

[34] IUCN: International Union for Conservation of Nature(2017)

[35] R. Kays et al. , Tracking animal location and activity with an automated radio telemetry system in a tropical rainforest. Comput. J. 54(12), 1931 – 1948(2011). ISSN: 0010 – 4620. doi: 10. 1093/comjnl/bxr072

[36] R. E. Kennedy et al. , Remote sensing change detection tools for natural resource managers: understanding concepts and tradeoffs in the design of landscape monitoring projects. Remote Sens. Environ. 113(7), 1382 – 1396(2009). ISSN: 00344257. doi: 10. 1016/j. rse. 2008. 07. 018

[37] V. V. Klemas, Advances in fisheries applications of remote sensing, in2014 IEEE/OES Baltic International Symposium(BALTIC), May(IEEE, New York, 2004), pp. 1 – 21. ISBN: 978 – 1 – 4799 – 5708 – 8. doi: 10. 1109/BALTIC. 2014. 6887836

[38] S. Koenig, Bioaccumulation of persistent organic pollutants(POPs) and biomarkers of pollution in Mediterranean deep – sea organisms. Ph. D. thesis, Universidad de Barcelona, 2012

[39] O. Y. Lavrova, M. I. Mityagina, Satellite survey of the black sea. Int. Water Technol. J. 2(1), 65 – 77(2012)

[40] G. Lennen, Method and apparatus for managing and configuring tracker components for enhanced sensitivity tracking of GNSS signals, November 2011

[41] M. J. Maah, M. A. Ashraf, I. Yusoff, inEnvironmental Risk Assessment of Soil Contamination, ed. byM. C. Hernandez Soriano. InTech (2014). ISBN: 978 – 953 – 51 – 1235 – 8. doi: 10. 5772/57086

[42] T. H. Mace, At – sea detection of marine debris: overview of technologies, processes, issues, and options. Mar. Pollut. Bull. 65 (1 – 3), 23 – 27 (2012). ISSN: 1879 – 3363. doi: 10. 1016/j. marpolbul. 2011. 08. 042

[43] B. Mate, Satellite tracking of sperm whales in the Gulf of Mexico in 2011, a follow – up to the deepwater horizon oil spill. Tech. rep. Hatfield Marine Science Center, 2011, p. 13

[44] B. McConnell et al. , Methods for tracking fine scale underwater movements of marine mammals around marine tidal devices. Tech. rep. Sea Mammal Research Unit, Scottish Ocean Institute of St Andrews, 2013, p. 38

[45] B. Merchant, Anti – poaching tech: can heat – seeking planes, drones, and DNA mapping save the rhino in Motherboard, 2012

[46] K. L. Metzger et al. , Using historical data to establish baselines for conservation: the black rhinoceros(Diceros bicornis) of the Serengeti as a case study. Biol. Conserv. 139 (3 – 4), 358 – 374 (2007). ISSN: 00063207. doi: 10. 1016/j. biocon. 2007. 06. 026

[47] J. Nacher – Mestre et al. , Bioaccumulation of polycyclic aromatic hydrocarbons in gilthead sea bream(Sparus aurata L.) exposed to long term feeding trials with different experimental diets.

Arch. Environ. Contamin. Toxicol. 59(1), 137 – 146 (2010). ISSN: 1432 – 0703. doi: 10. 1007/s00244 – 009 – 9445 – 1

[48] T. Nagler et al., The Sentinel – 1 Mission: new opportunities for ice sheetobservations. Remote Sens. 7, 9371 – 9389 (2015). doi: 10. 3390/rs70709371

[49] NASA, How Landsat images are made. Tech. rep., 2006

[50] National Geographic Society, GIS(geographic information system), 2016

[51] NOAA: National oceanic and atmospheric, Climate change and its effects on ecosystems habitats and biota. Tech. rep. Woods Hole, 2010, pp. 1 – 18

[52] NOAA: National oceanic and atmospheric, SAR Marine User's Manual(NOAA/NESDIS, Washington, DC, 2004)

[53] NOAA: National oceanic and atmospheric, What is remote sensing? EN – US. Tech. rep., 2015

[54] S. Northridge, A. J. Read, P. Drinker, Bycatch of marine mammals in U. S. and global fisheries. Conserv. Biol. 20(1), 163 – 169(2006). doi: 10. 1111/j. 1523 – 1739. 2006. 00338. x

[55] Ocean Conservancy, Trash travels: from our hands to the sea, around the globe, and through time, Tech. rep., 2010

[56] Organization of American States, Dept. of Regional Development and Environment, Organization of American States, Natural Hazards Project, and United States, Agency for International Development, Office of Foreign Disaster Assistance, Disaster, planning and development: managing natural hazards to reduce loss, 1990

[57] T. Paulsen et al., The global ozone monitoring by occultation of stars(GOMOS) instrument on EN-VISAT, in IEEE 1999 International Geoscience and Remote Sensing Symposium. IGARSS'99 (Cat. No. 99CH36293), vol. 2. (IEEE, New York, 1999), pp. 1438 – 1440. ISBN: 0 – 7803 – 5207 – 6. doi: 10. 1109/IGARSS. 1999. 774657

[58] W. G. Pichel et al., GhostNet marine debris survey in the Gulf of Alaska – satellite guidance and aircraft observations. Mar. Pollut. Bull. 65 (1 – 3), 28 – 41 (2012). ISSN: 1879 – 3363. doi: 10. 1016/j. marpolbul. 2011. 10. 009

[59] P. Potin et al., Sentinel – 1 Mission operations concept, in 2014 IEEE Geoscience and Remote Sensing Symposium, July(IEEE, New York, 2014), pp. 1465 – 1468. ISBN: 978 – 1 – 4799 – 5775 – 0. doi: 10. 1109/IGARSS. 2014. 6946713

[60] RIC British Columbia, Wildlife Radio – telemetry. Tech. rep., 1998

[61] P. G. Ryan et al., GPS tracking a marine predator: the effects of precision, resolution and sampling rate on foraging tracks of African Penguins. Mar. Biol. 145 (2) (2004). ISSN: 0025 – 3162. doi: 10. 1007/s00227 – 004 – 1328 – 4

[62] Sealtag, Tag types(2011)

[63] M. Sibanda et al., Understanding the spatial distribution of elephant(Loxodonta africana) poaching incidences in the mid – Zambezi Valley Zimbabwe using Geographic Information Systems and remote sensing. Geocarto Int., 1 – 13(2015). ISSN: 1010 – 6049. doi: 10. 1080/10106049. 2015. 1094529

[64] Sirtrack limited, Wildlife tracking solutions – harness(2017)

[65] A. Slingenberg et al. , Study on understanding the causes of biodiversity loss and policy assessment framework. Tech. rep. European Commission, 2009, pp. 1 – 206

[66] P. Snoeij et al. , Sentinel – 1, the GMES radar mission, in 2008 IEEE Radar Conference, May (IEEE, New York, 2008), pp. 1 – 5. ISBN: 978 – 1 – 4244 – 1538 – 0. doi: 10. 1109/RADAR. 2008. 4720735

[67] Spot – vegetation, Vegetation, 2015

[68] G. Staples, D. F. Rodrigues, Maritime environmental surveillance with RADAR SAT – 2, in Anais XVI Simposio Brasileiro de Sensoriamento Remoto – SBSR(2013), pp. 8445 – 8452

[69] The response of methane hydrate beneath the seabed offshore Svalbard to ocean warming during the next three centuries. Geophys. Res. Lett. 40 (19), 5159 – 5163 (2013). doi: 10. 1002/grl. 50985. http://dx. doi. org/10. 1002/grl. 50985

[70] B. Thomas, J. D. Holland, E. O. Minot, Wildlife tracking technology options and cost considerations. Wildlife Res. 38(8), 653(2011). ISSN: 1035 – 3712. doi: 10. 1071/WR10211

[71] S. E. Umbaugh, Digital Image Processing and Analysis: Human and Computer Vision Applications with CVIPtools, 2nd edn. , vol. 19(CRC Press, 2010), p. 977. ISBN: 143980205X

[72] United Nations, World population prospects, Tech. rep. New York, 2015. doi: 10. 1613/jair. 301. arXiv: 9605103 [cs]

[73] United Nations Environment Programme Environmental Effects Assessment Panel, Environmental effects of ozone depletion and its interactions with climate change: progress report, 2015. Photochem. Photobiol. Sci. ; Off. J. Eur. Photochem. Assoc. Eur. Soc. Photobiol. 15(2), 141 – 174(2016). ISSN: 1474 – 9092. doi: 10. 1039/c6pp90004f

[74] R. S. W. van de Wal et al. , Large and rapid melt – induced velocity changes in the ablation zone of the Greenland Ice Sheet. Science(New York, NY) 321(5885), 111 – 113(2008). ISSN: 1095 – 9203. doi: 10. 1126/science. 1158540

[75] C. J. Van Westen, Remote Sensing and GIS for Natural Hazards Assessment and Disaster Risk Management, vol. 3, March (Elsevier, Amsterdam, 2013), pp. 259 – 298. ISBN: 9780080885223. doi: 10. 1016/B978 – 0 – 12 – 374739 – 6. 00051 – 8

[76] T. S. Veenstra, J. H. Churnside, Airborne sensors for detecting large marine debris at sea. Mar. Pollut. Bull. 65(1 – 3), 63 – 68(2012). ISSN: 1879 – 3363. doi: 10. 1016/j. marpolbul. 2010. 11. 018

[77] I. Vorovencii, Satellite remote sensing in environmental impact assessment: an overview. Bull. Transilvania 4(53), 1 – 8(2011)

[78] Wikipedia, Multi – spectral image, 2015

[79] World Economic Forum, The new plastics economy – rethinking the future of plastics, Tech. rep. January 2016, pp. 1 – 120

[80] J. Wuite et al. , Evolution of surface velocities and ice discharge of Larsen B outlet glaciers from 1995 to 2013. Cryosphere 9(3), 957 – 969(2015). ISSN: 1994 – 0424. doi: 10. 5194/tc – 9 – 957 – 2015

［81］ WWF:World Wide Fund for Nature,Climate change explained,2016

［82］ WWF:World Wide Fund for Nature,Fishing problems:destructive fishing practices—WWF,2016

［83］ WWF:World Wide Fund for Nature,Illegal Wildlife Trade,2016

［84］ Z. Zommers et al. ,Reducing Disaster:Early Warning Systems For Climate Change(Springer,Dordrecht,2014). ISBN:978 - 94 - 017 - 8597 - 6

第 12 章

用于语义移动计算的情景感知

Alejandro Rivero – Rodriguez , Ossi Nykänen

12.1 引言

本章首先介绍了定位信息及其在不同环境中的获取方式。本章将从研究定位信息扩展到研究有关用户的其他类型信息,以此来提供个性化的服务。

本节研究了情景感知系统(context – aware systems,CAS),并提供一些相关背景知识;12.2 节着重介绍情景引擎(context engine,CE),其为负责处理用户情景的软件组件;12.3 节包括两个案例研究,以基于可获得的信息来推断未知的用户情景;12.4 节讨论了潜在的应用领域;12.5 节给出了小结并进行了讨论。

12.1.1 目的

移动通信技术在近几年来得到了极大的发展。目前,远距离通信允许移动设备在任何时间、任何地点连接到互联网。用户可以将移动(智能)手机用于任何目的,从传统通话到更现代的活动,如查阅电子邮件、阅读新闻或使用社交媒体等。几年来所开发的应用程序(APP)都可以实现上述功能。

APP 应用市场越来越重要:到 2017 年,该行业增长有望达到 770 亿美元[7]。移动应用程序涉及的内容包括电子邮件、新闻、消息、天气、导航、在线购物、日历、酒店预订和社交媒体。这些应用程序近年来取得了个性化的发展,可根据用户的需求,为人们的日常工作提供便利。天气预告就是一个个性化应用的例子,它需要自动获取用户位置来提供服务;网上购物平台,能根据历史信息为用户提供推送信息;个人助手,

A. Rivero – Rodriguez(✉) · O. Nykänen

Tampere University of Technology, Korkeakoulunkatu 10 ,33720 Tampere , Finland

e – mail:alejandro. rivero@ tut. fi;ossi. nykanen@ tut. fi

不仅能辅助处理一些事务性工作,还能向用户提供一条从当前位置回家的最佳途径。

本章将讨论并演示当前的应用程序如何访问用户的相关信息,以及这种服务存在的根由。总之,我们假设这些信息是很难获得并加以利用,为此提出一种框架结构和机制来管理这些信息,以使这些信息能用于用户背景与环境感知。

12.1.2　背景

按照 Baldauf 等人的说法,情景是指能够用来描述实体状态的任何信息,实体可以是一个人、一个地方、一个实体或计算对象[3]。情景感知程序根据情景信息调整他们的行为,在这种情况下,信息与用户是有关的。情景感知程序在目前的移动应用中越来越重要。纵览众多应用程序,现代移动传感器框架,例如 Android 位置与传感器应用程序接口(API),实际上都为情景感知应用提供了技术驱动。

许多类似技术也可以提供一些情景信息,然而,这些信息来源常常仅限于物理传感器,如位置或简单的用户属性(如用户语言)。位置是最常用的背景信息,即基于位置的服务(LBS)[24]。当为用户提供量身定制的服务时,还需要知道其他一些背景信息,如用户兴趣、专业和用户习惯等。不必通过应用程序向用户问询这些信息,情景感知系统应可以方便地提供这些信息。这一能力提升了情景感知系统在移动设备中的受欢迎程度。在相关文献中,已经有了几个框架和系统用以提供用户环境管理,如 CoBra、CASS、CORTEX、Gaia、Context 工具包或 CE[1,3,23]。简而言之,这些框架使得情景感知程序的开发更为便利。在某些情况下,应用程序会通过情景管理程序获取情景信息。

这意味着,当应用程序需要获取用户信息以提供具体的服务时,可以向情景管理系统发出询问,通过它来访问数据源、推理工具、外部服务和用户偏好等,情景管理系统提供相关的用户信息。下面将介绍和讨论这些框架中的其中一个 CE。

12.2　情景引擎

CE 是一个负责处理(收集、存储、分发)与情景建模和推理的软件模块[23]。CE 接受局部环境提供者与逻辑情景赋予的责任和任务。在其他一些任务中,CE 为应用程序提供情景信息,并且管理用户相关信息和偏好。

12.2.1　体系结构

CE 的体系结构如图 12.1 所示[25]。终端用户的活动通过情景感知应用程序感知,CE 所需信息来源于 CE 的应用程序接口收到的情景本体。在计算机科学中,本体是一种共享的形式化概念模型,并且一直被应用于智能信息集成或信息协作系统等领域[12]。如果有信息可用或通过一些处理方法能够获取信息,那么 CE 则发出可满足应用程序信息需求的回应。CE 还可以处理用户偏好、权限、隐私和信任、不确定性(如一致性检查),以及基于本体的推理等问题。可选的组件包括优化引擎和帮助其他应用程序顺利使用 CE 提供的服务。接下来将详细描述图 12.1 中的部分组件:

(1)术语是计算机理解信息(如文字)的关键。词库或分类可以提供单词有关信息,例如,如何将词语"父亲"和"儿子"联系起来。注意术语被 CE 用于内部推理,而不是用于与应用程序通信。

(2)事实信息为用户提供定制服务,包括与用户相关的信息,如用户性别或爱好,以及其他一些一般信息,如天气情况(当考虑用户当前位置时,可以认为天气信息与用户有关)。

(3)情景本体是 CE 和应用程序之间沟通的关键。它与术语信息相似,由于其部分目的是为了交流,所以应用程序需要了解情景本体以便与 CE 进行交流。这将在 12.2.3 节中进一步讨论。

(4)统计推断是基于可用信息来发现(以前未知的)环境属性。推理工具的一个应用是活动识别,其目的是根据可获得的传感器信息推断出用户的活动状态(步行、跑步、坐车等)[16]。12.3 节将介绍两种基于统计的推断工具。

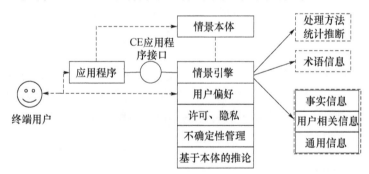

图 12.1　基本的 CE 体系结构[25]

12.2.2　责任

CE 允许局部情景提供方和情景释义方在责任与义务方面有所重叠,这通常超出个人应用程序的使用范围。CE 的基本任务包括根据标准 I/O 接口,通过各种逻辑查询向应用程序提供情景信息,管理用户的偏好。当情景信息未知时,CE 负责通过其他方式获取情景属性,这将在 12.3 节中讨论。

12.2.3　情景本体

用于情景建模的方法有许多,本节选择基于本体的建模方法,该方法具有以下好几个优势,①如信息对齐,②处理不完整或部分已知的信息,③不依赖领域的建模,④以及处理不同粒度等级的模型[5]。因此,情景本体在情景建模中具有重要的作用。在已经提出了许多情景本体建模方法中,一般会强调 W3C 语义传感器网络(semantic sensor network,SSN)本体,它的开发是基于 17 个现有的传感器或以本体为观察为中心[8],以及面向服务情景感知中间件(service – oriented context – a-ware middleware,SOCAM),并兼容一般的逻辑传感器[13]。在 SOCAM 中,利用网络本体语言(web ontology language,WOL)的环境本体建模基于两级信息架构:一层是在普通的上层本体中获取通用的情景信息,另一层是领域本体中的专用信息,如图12.2 所示。该情景引擎通常包括位置和活动等一般情景,也可汇集其他一些专用本体。建议本方法不仅要使用最上一级的本体,还要使用次一级的本体,通过整合各类领域的本体,恰当地诠释其在所处情景中的角色。

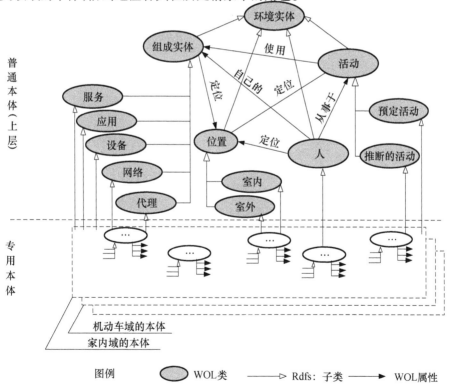

图 12.2　上层(SOCAM)本体的类层次结构[13]

12.2.4 情景查询

可根据不同的标准对情景和情景查询进行分类。下面介绍两类分类标准。

(1)信息模糊性:情景信息被认为是真实且逻辑清晰的(如用户性别),而其他信息可能存在不确定性(如用户爱好)。

(2)查询的复杂性:可以通过原子级查询来获取环境信息以推断个体信息,或至少结合两个原子级查询获得分子级查询。

表12.1展示了基于上述概念情景查询的简单分类。清晰的信息可以使用原子级查询获得,例如从用户配置文件(象限Ⅰ)中提取用户的年龄。使用原子级查询也可能会发现一些不确定信息(象限Ⅱ),如用统计的方法,人们可以根据他或她的浏览历史,预测用户的音乐喜好。注意,年龄属性具有客观性,是可以量化的,而音乐喜好等信息属性则难以统一量化。更复杂的情景信息获取需要使用分子级查询,往往需结合几个情景属性。在处理事实信息时,我可能会问用户当前可能所处的位置(象限Ⅲ)。最具挑战性的象限Ⅳ只处理分子级的查询和模糊信息,但它在实际中仍然非常有用,例如为用户提供未来几天所在位置的天气预报(注意,首先需要估计用户第二天的位置并与天气预报信息相结合)。

表 12.1　基于情景查询和信息模糊的情景信息分类案例

项目	确定信息	不确定信息
原子级查询	年龄(象限Ⅰ)	音乐喜好(象限Ⅱ)
分子级查询	位置(现在,x),提醒(x,y)(象限Ⅲ)	位置(明天,x),天气(x,y)(象限Ⅳ)

由于一些相关的情景属性通常是未知的,因此,推理工具是 CE 利用情景进行推理的关键。推理方法有基于情景本体论、逻辑属性和相关性的逻辑推理,有基于从数据中提取经验的统计推理。后者利用统计方法推断环境属性,因此推理方法的有效性和准确性必须正确传达给 CE,以确保能正确地使用此类信息。如果要使用运动识别方法来确定用户的移动状态,CE 则需要知道这些信息是如何获得的及其准确度如何。例如,某一方法给出的解是用户可能在骑自行车,概率为 0.8,而该信息是根据加速度计信息推断出的。CE 可能将此信息提供给应用程序,以让其决定该如何处理该情景信息。12.3 节将介绍环境推断工具如何处理原子级查询,这与象限Ⅰ和象限Ⅱ中的查询类型相对应。

12.3　情景属性获取方法

为了向用户提供个性化服务,需要知道用户的情景信息。将情景属性定义为

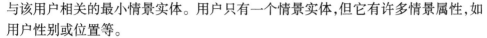

与该用户相关的最小情景实体。用户只有一个情景实体,但它有许多情景属性,如用户性别或位置等。

一些特定的情景属性通常是未知的。推理工具辅助推断该类信息,并允许应用程序使用该推断结果。例如,一个活动识别工具推断用户的活动,即行走、坐下或在公共汽车中,这些推断都基于安装于移动设备上的惯性传感器[16]。下面介绍两个预测用户信息的推理工具。

12.3.1   根据手机使用情况推测用户的位置

该推断工具的目标是基于用户的通话推断用户所处的地点[26]。也就是说,为了获得用户的位置逻辑信息,不仅依据位置,还依据位置的语义信息。通过自动地学习移动用户在不同的地点使用手机的特点。注意,用于这项研究的常规分析技术主要工作包括数据处理和最大分类准确度。本节介绍了我们先前的一些工作和结果[26]。

1. 数据集

移动数据挑战(mobile data challenge,MDC)数据集用于模式学习,由瑞士 Idiap Research Institute 提供,归诺基亚公司所有[15,17]。该数据集包含来自近 200 名用户历时 6~18 个月的电话使用数据。虽然收集的数据高达 46GB 并包含各种数种类型的信息,我们只提取了用以解决当前问题的最相关数据,且这些数据并不侵犯用户隐私。

定义用户停留时间超过 20min 的地方为常去地点,尽管这些地点可自动检测的到,但仍需要用户进行手动标记。这些标签数据用于识别手机使用情况与用户当前(语义)位置之间的关系。相应地,手机使用信息也被记录下来,这些信息包括:

(1)系统数据;

(2)通话记录;

(3)基于加速度的活动数据。

通过对这些类型的数据的分析,可以计算出潜在的一些相关特征,包括:

(1)起始时间:访问开始时间。

(2)结束时间:访问结束时间。

(3)持续时间:访问持续的时间(以 s 为单位)。

(4)夜晚停留:它记录下午 6 点到次日上午 6 点之间的访问次数。

(5)系统活动率:系统在访问中处于活动状态的持续时间比例。

(6)每小时系统活动起始数:每小时系统从不活动状态更改为活动的次数。

(7)充电时间比:每次访问时电话充电时间。

(8)平均电池量:访问期间的平均电池电量。

关于通话,我们没有区分来电和去电,但是记录了呼叫频率和通话持续时间。

(1)呼叫频率:在某个访问中每小时电话呼叫次数。

(2)呼叫持续比:在某个访问中每小时的通话持续时间。

加速计信息可用于计算运动模式,如停留、行走等。在数据中计算了用户每个运动状态的时间比例,原因是用户的运动可能与用户语义位置相关。不同的模式包括:

(1)用户停留/静止访问的比例;

(2)用户状态为漫游状态的比例;

(3)用户状态持续时间比例(用户的状态或为小车内、公共汽车,或摩托车、火车、地铁、有轨电车);

(4)运动持续时间比例(用户运行状态或是跑步、骑车或滑滑板)。

可能的分类地点包括家庭、工作地和其他地点,这些是为了解用户在每个地方如何使用手机。

2. 数据处理

这里考虑了两种数据表示方法,如图 12.3 所示。访问法是计算每次访问的特征数据,数据为用户访问一个位置的几个样本。因此,认为一个数据点对应一个位置—用户—时间。例如,三个用户访问一个工作场所,系统将捕捉到三个数据点。我们从 114 位用户中提取了 55932 次访问样本。

地点法是将用户对同一地点所有的访问都视为一个点,这个点代表用户的位置而不是时间。在前面的例子中,三次用户访问同一地点视为一个数据点,这种思路是鉴于不同的用户在语义相似的地方以相似的方式使用他们的手机,例如,用户在家使用手机的方法是很相似的。这种将聚集访问同一地点方法对异常值具有鲁棒性,可以极大地提高推断准确度。根据数据集,我们从 114 位用户中提取了 295 个标记地点。两种方法的差异如图 12.3 所示。

```
        1-访问                    2-地点

用户#1,家,数据…          用户#1,家,数据…
用户#1,家,数据…               工作,数据…
用户#2,工作,数据…             其他,数据…
用户#3,家,数据…          用户#2,家,数据…
用户#2,其他,数据…             工作,数据…
用户#1,其他,数据…             其他,数据…
用户#3,工作,数据…        用户#3,家,数据…
用户#1,工作,数据…             工作,数据…
用户#3,家,数据…               其他,数据…

    55932个实例                295个实例
```

图 12.3　访问和地点的表示方法

3. 方法和结果

基于两类数据表示我们采用 5 种常用分类方法,即决策树(DT)、袋装树(BT)、朴素(NB)贝叶斯、神经网络(NN)和 K 最近邻网络(K Nearest Network,

KNN）。访问法和地点法的结果分别如图 12.4 和图 12.5 所示。在这些图中,针对每一类最佳分类样本的百分比标注在上部,分类器最佳分类样本的总体百分比标注在下部显示。可以看出地点法比访问法结果要好。在地点法中,贝叶斯和袋装树比其他方法要好。更多的关于方法、设置、结果及其解释问题可参见文献[26]。

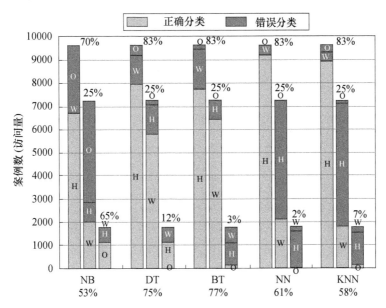

图 12.4　访问法的最佳分类百分比

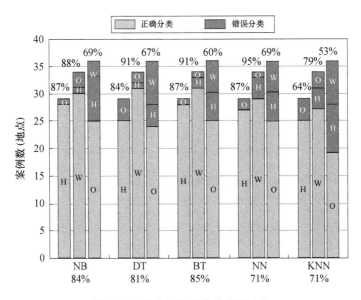

图 12.5　地点法的最佳分类百分比

当前已经开发出了一些基于 MDC 数据的推理工具。为了能在实际情况下使用这些工具,需要访问用户的系统信息、呼叫记录和基于加速度的活动数据。这种实际已应用于 CE。

12.3.2 社交网络中的情景推断

本节介绍一个具有社会性的用户特征推理案例,即使用社交网分析(SNA)获取网络中用户之间的关系。为说明问题,用包含 27 个节点图代表高校课堂上的学生。如果两个用户的共同朋友多于 f 个,则认为他们是相似的。如果两个用户在某一时间段在一起,那么他们是有联系的。首先讨论社交网络分析、给出相似性度量,进而用于情景推断。接着描述了如何用相似性度量来改进情景推断,并给出一个用度量进行推断的实验。

SNA 侧重于分析个体(人、组织、活动等)之间关系的发现和演变。显然,使用 SNA 来分析具有社会性的用户,可以提供用户有关以前未知的相关信息。将工作的重点放于相似性,并定义相似人群的接触比不相似人群内发生的概率要高[11]。相似性被证明在社交网络中是无处不在的[19],它可用来提高情景推理效果[27-28]。接下来提出一种利用网络方式测量相似性的数学方法。

1. 相似性量化

引入图表符号 $G = (V, E)$,它表示具有节点 $V = \{v_1, v_2, \cdots, v_n\}$ 和边 $E = \{e_1, e_2, \cdots, e_m\}$ 的有限无向图,其中 $n, m \in \mathbf{Z}$ 分别是图 G 中的节点数和边数,E 包含边或无序节点对

$$e_k = (v_i, v_j) \qquad \forall i,j \in \{1, 2, \cdots, n\} \quad k \in \{1, 2, \cdots, m\}$$

基于上述图的定义,我们刻画并测量了相似现象。首先解释一下初始相似指示器 Hom 的推导,从而量化相似性在图 G 中的应用潜力。由于相似性来自于关联关系,所以使用属性 c_i 来定义。注意,c_i 可以是任何二进制属性的内容,如用户性别。按照 c_i 的二元值,定义图 G 中两种类型节点,即类型 p 和 q,$V_p(G)$ 和 $V_q(G)$ 表示每种类型节点集。每组中的元素数量为 n_p, n_q。随后定义了两种类型的边界,其中节点类型相同和不同的类型边界分别称为同构边界 $E^+(G)$ 和异构边界 $E^-(G)$。设全局图为 K,局部图为 G,依据基本图论可得

$$E^+(K) = \frac{n_p(n_p - 1)}{2} + \frac{n_q(n_q - 1)}{2}$$

$$E^-(K) = n_p n_q$$

定义 r_G^+、r_G^- 分别为 G 中同构度和异构度的边界,则 K 中同构度与异构度边界的比率为

$$r_G^+ = \frac{|E^+(G)|}{|E^+(K)|}, r_G^- = \frac{|E^-(G)|}{|E^-(K)|}$$

其逻辑原理为:如果同构边界的比例明显大于异构边界,那么网络呈现出相似性。例如,假设网络表示人与人的关系,可分为男人或女人。如果同构边界的比例高于异构边界,则意味着更有可能是相同性别的人而不是不同性别的人。

遵循这一原则,并假设 G 中至少有一条边界,定义图 G 的相似指标 Hom:

$$\mathrm{Hom}(G) = \frac{r_G^+ - r_G^-}{r_G^+ + r_G^-}$$

相似指标 Hom 的取值范围是 $[-1,1]$。正值表示网络表现出同构性,负值表示网络表现出异构性,即用户与其他不同的人之间的关系。当 Hom 接近 0 时,且介于 $-\varepsilon$ 和 $+\varepsilon$ 之间,系统不呈现同构性。因此 ε 是同构阈值,在不同的网络中该值会有所不同,其取决于图的大小和边界密度。阈是一种将理论转换到实际应用的方法,即

$$G \begin{cases} 同构 & ,\mathrm{Hom}(G) > \varepsilon \\ 异构 & ,|\mathrm{Hom}(G)| < \varepsilon \\ 逆同构 & ,\mathrm{Hom}(G) < -\varepsilon \end{cases}$$

这与文献[10]中 Easley 和 Kleinberg 所提到的相同。

2. 基于相似性的预测改进

一旦测量到系统的相似性,就可以利用它来改进系统的预测。这项工作假设同构指标是时不变的,这将有助于推断缺失的信息[27]。

具体来说,考虑了一段时间 D 内的网络。通过将 G 离散化成 L 个周期,每个持续时间 W,由此获得一系列连续图状态。

$$G = (G_1, G_2, \cdots, G_L)$$

另外

$$LW = D$$

假设相似性不随时间变化,其数学表示为

$$\mathrm{Hom}_s(G_1) = \mathrm{Hom}_s(G_2) = \cdots = \mathrm{Hom}_s(G_L)$$

我们提出了以下方法来推断社交网络中的链接:

(1)随机法(random method,RM)不考虑因链接预测导致的同构效应;

(2)结构化同质随机化法(structural homophily randomized method,SHRM)认为网络具有相似性,并假设网络相似性恒定;

(3)确定性同质随机化方法(deterministic homophily method,DHM)认为网络具有相似性,并假设网络相似性恒定。然而,相似性没有高低之分,只可取 -1、0 和 1。

这些方法是经过数学推导的,推导超出了本书的范围,有兴趣读者的可参见文献[27]。

3. 实验

将前述的情景预测方法应用于 Nodobo 数据集。Nodobo 是一个开放且公开的数据集,其中包含 27 个苏格兰高地区年级学生的社交数据。数据由蜂窝基站覆盖范围、蓝牙日志和通信事件(包括通话和短信)等组成。

在 Nodobo 数据集中,构建了一系列图:将数据拆分为大小为 W 的 L 个不同的周期,对每个周期 i,构造图 G_i,从而获得整个图:

$$G = (G_1, G_2, \cdots, G_L)$$

在每个构造的图 G_i 中,用户为图的节点。①基于先前数据分析做出决策,②如果两个节点平均每天在附近停留 60 分钟,则两个节点之间引入一条无向边。在本例中,如果节点 v_i、v_j 至少有 f 个共同朋友,则边 (v_i, v_j) 满足同构条件。

为了进行实验,选择不同的场景或方式进行数据分区,其中的变量取值如下:

(1)实验 A:$W = 15, f = 4, \text{Hom} = 0.38$(低)。

(2)实验 B:$W = 15, f = 2, \text{Hom} = 0.48$(中等)。

(3)实验 C:$W = 35, f = 2, \text{Hom} = 0.67$(高)。

依据所有的信息建立了图,推断该图的演化,即基于以前的状态图 G_t 推断图 G_{t+1} 的状态。该图基于来自多种不同方式的数据所构建。在所有的实验中,使用 SHRM 考虑相似性的预测比没有使用的要好,预测改善范围为 20% ~ 119%。文献[27]中给出了更详细的计算、结果和解释。

该部分展示了相似性如何用于社交网络来改善信息推理。虽然提出的推断方法是为了推断不同时间点的情景信息,当然也可以采用同样的思路来推断当前缺失的信息,这确实非常强大。已有其他研究表明,可以用相似性来推断与用户相关的地理位置、兴趣爱好和学校等信息[21]。

12. 4　应用领域

用于移动计算的 CAS 具有众多的应用领域[25]。其重要性随着传感器使用越来越普遍(低成本和技术发展)而愈加突出。用户可获得的信息量也在不断增加:几种用户终端,如无处不在的智能手机、平板电脑以及传感器,包括家里,甚至公共交通中的电子设备、天气信息、通过 API 访问提取的社交网络信息等,都可以从 CAS 获得,例如:

(1)定位服务[24],适应于用户的定位,地理围栏已经成为 LBS 的热门话题[22]。

(2)信息供应,帮助用户处理大量网络信息。AmbiAgent 就是一个专门针对基于环境信息传递的基础架构[18]。

(3)个性化推送,与信息提供的应用方式相似。其具体任务是根据用户的信

息,评估用户与特定商品的匹配度[2],如亚马逊推送系统。

(4)教育,也可以从 CAS 中受益。有一种选择趋势是为人们提供个性化的学习服务,而不是一刀切的解决方案,例如 UoLmP,一款支持自适应环境感知和个性化服务的移动学习系统,该系统支持半自动适应学习活动。用户信息可帮助提高授课人员的动机或目标设定[29]。

(5)运动,在这个领域有大量基于情景感知的服务,从运动跟踪应用(如 PureRunner 等应用程序),到运动伙伴寻找应用(如 buddyup)。

(6)健康领域,例如,基于情景感知计算的家庭护理(home – care context – aware computing,HoCCAC),根据医院环境的变化,多个应用实现最大化任务规划安排和动态调整[30]。

(7)观光旅游,与一些旅游相关的情境感知系统和应用可以参见文献[6,20]。情景感知导引是一款向游客提供信息的智能电子应用,它会针对游客定制适合他们个人和情景的信息[6]。

(8)逻辑分析,此应用已逐渐出现,特别是如能给出开放的公共交通数据[14]。一些应用程序已经提供如何从 A 点到 B 点的公共交通信息,或者与驾驶汽车相关的道路交通堵塞信息。

(9)电子民主,通过社交媒体上来研究人们的观点和看法是一种不错的手段,政府可了解其公民的观点和焦虑,这些信息对决策制定来说是有利的。"支持面向社会智能研究的先进大规模语言分析"项目(advanced large – scale language analysis for social intelligence deliberation support,ALL – SIDES)[9]的目的就是利用语言分析来掌握公民的观点。

(10)智慧城市,在智慧城市中,随着各种基于网络的传感器系统和设备在城市中大量部署[31]。CAS 的发展对智慧家园至关重要[32]。

(11)面向群体应用,是将一些用户的需求与另外一些用户的资源进行匹配。Airbnb 就是这种类型应用的典型案例。面向群体应用也可用于汽车共享、社区活动、志愿工作、电子商务、面向群体后勤和培训的专家服务。

12.5　小结

情景感知系统在处理用户信息时非常重要,可以为第三方提供个性化服务。况且目前技术已经支持基于位置的服务。

为了实现(更多)个性化服务,CAS 需要一些组件来处理用户情景并再授权将其提供给第三方应用程序使用。这个组件即是情景引擎。

当前,已经有很多关于 CAS 的研究。这些 CAS 已经可以用来对不同类型的情景信息进行管理和推理。一些用户信息被认为是符合实际的,这些信息可以从用户手机或社交网络中分析提取。其他信息则被认为是模糊的,因为用户没有确认,但是可通过用户信息推断获得,如使用日志。现在已经有了很多相关的推理工具。

　　未来的工作可能会集中在更为复杂的情景查询,即组合多个情景属性,以便深度理解用户情景。

　　了解用户情景最终可以让人们了解用户的状态和需求。在拥有大量用户信息的时代,个性化似乎是减少信息过载的关键。重要的是,希望不久的将来市场上会出现更多个性化的服务[25]。

　　致谢:该项工作得到了欧盟玛丽·居里初级培训联盟 MULTI－POS(多技术定位专家联盟)FP7 项目的资助,资助编号 316528。

参考文献

[1] G. D. Abowd et al. ,Towards a better understanding of context and context－awareness,in Proceedings of the 1st International Symposium on Handheld and Ubiquitous Computing,HUC '99(Springer,London,1999),pp. 304 – 307. ISBN:978 – 3 – 540 – 66550 – 2

[2] G. Adomavicius,A. Tuzhilin,Toward the next generation of recommender systems:a survey of the state－of－the－art and possible extensions. IEEE Trans. Knowl. Data Eng. 17(6),734 – 749 (2005). ISSN:1041 – 4347. doi:10. 1109/TKDE. 2005. 99

[3] M. Baldauf,S. Dustdar,F. Rosenberg,A survey on context－aware systems. Int. J. Ad Hoc Ubiquitous Comput. 2(4),263 – 277(2007). ISSN:1743 – 8225. doi:10. 1504/IJAHUC. 2007. 014070

[4] N. Belov,J. Patti,A. Pawlowski,GeoFuse:context－aware spatiotemporal social network visualization,in Proceedings of the 13th International Conference on Human Computer Interaction,2009

[5] H. Chen,T. Finin,A. Joshi,An ontology for context－aware pervasive computing environments. Knowl. Eng. Rev. 18(3),197 – 207(2003). ISSN:0269 – 8889. doi:10. 1017/S0269888904000025

[6] K. Cheverst et al. ,Developing a context－aware electronic tourist guide:some issues and experiences,in Proceedings of the SIGCHI Conference on Human Factors in Computing Systems,CHI '00 (ACM,New York,NY,2000),pp. 17 – 24. ISBN:978 – 1 – 58113 – 216 – 8. doi:10. 1145/332040. 332047

[7] C. Clifford,By 2017,the App Market will be a ＄77 billion industry(Infographic),2013

[8] M. Compton et al. ,The SSN ontology of the W3C semantic sensor network incubator group,in Web Semantics:Science,Services and Agents on the World Wide Web,vol. 17(2012). ISSN:1570 – 8268

[9] DFKI,DFKI LT－ALL－SIDES,2016

[10] D. Easley,J. Kleinberg,Networks,Crowds,and Markets:Reasoning About a Highly Connected World(Cambridge University Press,Cambridge,2010)

[11] N. E. Friedkin,A Structural Theory of Social Influence(Cambridge University Press,Cambridge,

2006) ,254 pp. ISBN:978 - 0 - 521 - 03045 - 8

［12］ W. Gao,T. Xu,Stability analysis of learning algorithms for ontology similarity computation,in Abstract and Applied Analysis,vol. 2013(Hindawi Publishing Corporation,London,2013)

［13］ T. Gu,H. Keng Pung,D. Qing Zhang,A service - oriented middle - ware for building context - aware services. J. Netw. Comput. Appl. 28(1) ,1 - 18(2005). ISSN:1084 - 8045. doi:10. 1016/ j. jnca2004. 06. 002

［14］ HSL,Open data - Home page,London,UK,2016

［15］ N. Kiukkonen et al. ,Towards rich mobile phone datasets:Lausanne data collection campaign,in Proceedings of the 7th International Conference on Pervasive Services,2010

［16］ J. R. Kwapisz,G. M. Weiss, S. A. Moore,Activity recognition using cell phone accelerometers. SIGKDD Explor. Newsl. 12(2) ,74 - 82(2011). ISSN:1931 - 0145. doi:10. 1145/1964897. 1964918

［17］ J. K. Laurila et al. ,The mobile data challenge:big data for mobile computing research. http://research. nokia. com/files/public/MDC2012_Overview_LaurilaGaticaPerezEtAl. pdf(2012)

［18］ T. C. Lech, L. W. M. Wienhofen,AmbieAgents:a scalable infrastructure for mobile and contextaware information services,in Proceedings of the Fourth International Joint Conference on Autonomous Agents and Multiagent Systems, AAMAS '05. (ACM, New York, NY, 2005), pp. 625 - 631. ISBN:978 - 1 - 59593 - 093 - 4. doi:10. 1145/1082473. 1082568

［19］ M. McPherson, L. Smith - Lovin, J. M. Cook,Birds of a feather:homophily in social networks. Ann. Rev. Sociol. 27 ,415 - 444(2001). ISSN:0360 - 0572

［20］ K. Meehan et al. ,Context - aware intelligent recommendation system for tourism,in 2013 IEEE International Conference on Pervasive Computing and Communications Workshops (PERCOM Workshops) ,March 2013 ,pp. 328 - 331. doi:10. 1109/PerComW. 2013. 6529508

［21］ A. Mislove et al. ,You are who you know:inferring user profiles in online social networks,in Proceedings of the Third ACM International Conference on Web Search and Data Mining, WSDM '10 (ACM, New York, NY, 2010), pp. 251 - 260. ISBN: 978 - 1 - 60558 - 889 - 6. doi: 10. 1145/1718487. 1718519

［22］ D. Namiot,GeoFence services. Int. J. Open Inf. Technol. 1(9) ,30 - 33(2013). ISSN:2307 - 8162

［23］ O. A. Nyknen,A. Rivero Rodriguez,Problems in context - aware semantic computing. Int. J. Interact. Mob. Technol. (iJIM)8(3) ,32 - 39(2014). ISSN:1865 - 7923

［24］ B. Rao,L. Minakakis,Evolution of mobile location - based services. Commun. ACM46(12) ,61 - 65(2003). ISSN:0001 - 0782. doi:10. 1145/953460. 953490

［25］ A. Rivero - Rodriguez,O. Antero Nyknen,Mobile context - aware systems:technologies,resources and applications. Int. J. Interact. Mob. Technol. (iJIM)10(2) ,12 - 20(2016). ISSN:1865 - 7923

［26］ A. Rivero - Rodriguez,H. Leppkoski,R. Pich,Semantic labeling of places based on phone usage features using supervised learning,in Ubiquitous Positioning Indoor Navigation and Location Based Service (UPINLBS), 2014, November 2014, pp. 97 - 102. doi: 10. 1109/UPINLBS. 2014. 7033715

［27］ A. Rivero - Rodriguez,P. Pileggi,O. Nyknen,Social approach for context analysis:modeling and predicting social network evolution using homophily, in Modeling and Using Context, ed. by H. Christiansen, I. Stojanovic, G. A. Papadopoulos. Lecture Notes in Computer Science, vol. 9405. doi:10. 1007/978 − 3 − 319 − 25591 − 0_41(Springer International Publishing,2015) , pp. 513 − 519. ISBN:978 − 3 − 319 − 25590 − 3 978 − 3 − 319 − 25591 − 0

[28] A. Rivero − Rodriquez, P. Pileggi, O. Nykanen, An initial homophily indicatorto reinforce context − aware semantic computing, in 2015 7th International Conference on Computational Intelligence, Communication Systems and Networks (CICSyN) , June 2015, pp. 89 − 93. doi: 10. 1109/CIC-SyN. 2015. 26

[29] L. Shi et al. , Contextual gamification of social interaction towards increasing motivation in social E − learning, in Advances in Web − Based Learning ICWL 2014 , ed. by E. Popescu et al. Lecture Notes in Computer Science, vol. 8613. doi:10. 1007/978 − 3 − 319 − 09635 − 3_12(Springer International Publishing,2014) , pp. 116 − 122. ISBN:978 − 3 − 319 − 09634 − 6 978 − 3 − 319 − 09635 − 3

[30] B. Skov, Th. Hegh, Supporting information access in a hospital ward by a context − aware mobile electronic patient record. Pers. Ubiquitous Comput. 10 (4) , 205 − 214 (2006) . ISSN: 1617 − 4909. doi:10. 1007/s00779 − 005 − 0049 − 0

[31] USA Information Resources Management Association, Computer Engineering: Concepts, Methodologies, Tools and Applications, 1st edn. (IGI Global, Hershey, PA,2011). ISBN:978 − 1 − 61350 − 456 − 7

[32] D. Zhang, T. Gu, X. Wang, Enabling context − aware smart home with semantic technology. Int. J. Hum. − Friendly Welf. Robot. Syst. 6(4) ,12 − 20(2005)

第13章

开放式伽利略服务对基于位置服务市场的影响:成本与潜在收益

Anahid Basiri,Elena – Simona Lohan,and Terry Moore

13.1 概述

LBS 是所有 GNSS 应用中收益最大的部分。GNSS 一半以上的收入都来自 LBS。计划到 2020 年,LBS 将会占得全球 GNSS 市场收入的 62%[8]。移动手机、智能电话、平板电脑、便携式计算机和健身设备都是基于位置服务的接收/运行平台。全球有超过 25 亿的移动设备具备 GPS[17]。接收多模 GNSS 信号的诸多优势也使得制造商和用户更愿意生产/使用多 GNSS 设备(配备有多模 GNSS 接收天线、前端、基带处理和导航软件)。这引起了全球导航卫星系统市场上相互竞争,都希望能够紧随 GPS 之后成为行业第二。另外,世界各地的许多用户都已经习惯了免费使用 GPS 信号。GPS 在造就一个全球规模的市场后,也对其他 GNSS 系统的收支问题带来了拷问,目前除了两个功能齐全的卫星导航系统外(GPS 和格洛纳斯(GLONASS)),GNSS 市场是否还需要其他卫星导航系统? 其他类似于 GPS 的卫星系统是否也能取得经济上的成功? 是否能在全球范围内提供免费卫星信号的情况下也取得成功并拥有合理的财政收益? 其他 GNSS 能否会对 LBS 市场产生重大影响和/或提高质量服务? 欧盟一直在发展和部署一个以民用为基础的全球导航卫星

A. Basiri(⊠)· T. Moore

The Nottingham Geospatial Institute,The University of Nottingham,Triumph Rd,Nottingham

NG7 2TU,UK

e – mail:anahid. basiri@ nottingham. ac. uk;terry. moore@ nottingham. ac. uk

E. – S. Lohan

Tampere University of Technology,Korkeakoulunkatu 10,33720 Tampere,Finland

e – mail:elena – simona. lohan@ tut. f

系统——伽利略卫星导航系统(Galileo),然而,Galileo 计划不断延误导致了其成本的不断攀开,并丧失了全球一些地区的市场,中国和印度目前正在部署自己的卫星导航系统(印度系统是区域性的)。在 Galileo 延误期间,更多的卫星导航系统被不断地开发,全球导航卫星系统市场空间越来越小。

除了政治上的原因,Galileo 延误也有许多技术和社会层面的原因[14]。欧盟认为 Galileo 是 GPS 技术上的补充/备份而不是对手[4]。2004 年欧盟和美国之间就 GPS 和 Galileo 的兼容性和互操作性达成了协议,使其更容易收到更多可用卫星。许多 LBS 应用都将得益于更多的可用卫星,因为这能提供更连续、更精确的定位服务。这对于直接提高人们生活质量,在应急、安全以及安全相关的应用来说非常有用。还有一些更准确和连续的导航服务,例如汽车导航,能够帮助人们节省更多的燃料和时间。

此外,Galileo 作为以民用为目的全球导航卫星系统,对一些关键和敏感应用场景来说是非常可靠的。如银行事务和石油相关行业等应用,而目前这些服务都还要依赖美国或俄罗斯受军事控制的 GPS。这些只是未来 Galileo 可以发挥重要作用一个缩影,因此来说 Galileo 可以分享未来的全球市场。此外,除了对 GPS 补充,Galileo 是一个完整的独立全球导航卫星系统,如果它只将欧洲作为未来用户(由欧盟委员会强制),几年内仅靠设备和服务带来的收入几乎就可以收回 Galileo 整个开发、验证及部署成本。Galileo 也计划为专业用户提供付费商业服务(CS),这也会改变 Galileo 的收入状况。Galileo 的 CS 预计将提供精确点定位服务、代码加密服务认证、补充开放式的免费服务认证。但是,由于商业服务规范当时没有正式批准,本章未对此考虑。

本章从正反两方面的经济观点评论了 Galileo 系统对 LBS 市场的影响;研究了 Galileo 的成本构成,估计了它对全球 LBS 市场的影响以及到 2022 年它将产生的价值;评估了 Galileo 的成本结构和潜在的收益;估计了在 Galileo 全面部署后,LBS 作为所有 GNSS 应用中最大的收入来源,该系统会对其造成多大的影响。

首先回顾 Galileo 的成本构成,包括对 Galileo 财务方面的疑问甚至怀疑等问题;然后讨论 Galileo 系统的一些潜在市场和机会,以及独特的功能和可能的服务,当然还将会给出一些建议。

13. 2 伽利略卫星导航系统的成本构成与质疑

一直以来,除了美国的 GPS 之外,人们考虑是否还需要其他的全球导航卫星系统。世界各地的很多人,包括目前欧盟在内那些都在为 Galileo 付钱的纳税人,都已经习惯了免费的 GPS 信号,因此他们可能会问启动和维护这样一个类似 GPS 的系统在经济上合理吗？本节评论了 Galileo 支持和反对者的看法和观点,包括当该系统达到功能级应用水平时,其投资、成本构成以及潜在收入。Galileo 总成本包括:开发和验证(24 亿欧元),部署(34 亿欧元),20 多年的运营维护成本(20×8 亿欧元),欧洲地球静止导航覆盖服务(EGNOS)部署阶段(11 亿欧元),也有报道称达到 230 亿欧元。但是,相较 2000 年最初公布的估算成本,这一数据已经有了很大变动[3]。例如,部署成本最初估计约为 21.5 亿欧元,而在 2013 年的欧盟报告中则超过了 2 倍。表 13.1 展示了迄今为止较为详细的成本估算。项目不同阶段的延迟、公私合作资金谈判和方案计划的改变[13]、计划和启动的延迟、欧盟成员国之间达成协议的时耗是 Galileo 成本增加的其中原因。下面将讨论其中的部分原因。

表 13.1　Galileo 成本估算[1,5-6,16]

阶段	初始预算	PPP 失败后的预算	EC 预算报告	EC 备忘录报告
年份	2000	2007	2010	2013
发展和验证（百万欧元）	1100	2100	2100	2400
部署（百万欧元）	2150	3400	5000	4500
运行（百万欧元）	220	312	750	800
20 年的运行和保养（百万欧元）	4400	6240	15000	16000
总计（百万欧元）	7730	11820	22180	22900
公共资金源	33.63% 来自欧盟纳税人	100% 来自欧盟纳税人	100% 来自欧盟纳税人	100% 来自欧盟纳税人

　　Galileo 成本增加的根本原因之一就在于欧盟决策过程过于缓慢。相比于其他由一个独立国家军事当局主持的项目,欧盟 Galileo 项目的决策受到其大量成员国的影响。因此,相比于其他类似系统,Galileo 的管理和决策过程更加耗时。这已经导致了 Galileo 的数次延迟、资金计划变化甚至技术方案改变。由于不同成员国有各自的关切和问题,为此在达成一致协议时往往需要更多耗时的谈判和讨论。例如,成员国就系统中心(包括地面基础设施和总部)进行了长期多轮的讨论和谈判。显然,这对其他由一个国家主持类似的全球导航卫星系统而言都不是问题[20]。这种谈判导致了项目延误和计划改变,同时也增加了 Galileo 的成本。其中著名的案例就是为了达成 Galileo 财政支持协议,整个项目被暂停,为此增加了 1.03 亿欧元的支出;2005 年 7 月至 2005 年 12 月,成员国和私人投资者之间为达成如何在财务上向前推进的协议,导致整个项目停顿 6 个月而没有进展。欧洲审计院在这一阶段除了谈判,其他什么也没做,谈判本身就增加了 1.03 亿美元的成

本,即每月额外支出了1700万美元。

随着其他卫星导航系统的正在(或已经)开发和部署,如俄罗斯GLONASS,中国北斗2号等,另外还有一些区域系统,包括印度区域卫星导航系统(IRNSS)和日本准天顶卫星系统(QZSS),卫星导航系统市场变得越来越拥挤。面对其他GNSS不断地涌入市场,Galileo显然是延误的。除了在全球导航卫星系统市场拥有更多的竞争对手外,Galileo已经失去了其部分潜在的市场份额,比如中国和印度这两个相当大的市场。

Galileo部署的不断延误也影响了其未来市场份额和服务盈利能力。除了市场竞争者增多之外,Galileo计划的管理稳健性、声誉、价值可持续以及可预期性也遭受到了破坏。如果Galileo继续延误,越来越多竞争者所造成的损害和威胁可能会带来更大、更严重的问题,不幸的是,有些一损失难以挽回,如一些伽利略竞争对手正在控制并逐步完善地区的市场。

很多人在一开始就对Galileo系统的成本持保留意见,特别是精确的最终成本难以确定。除了成本不断增加外,还对Galileo未来市场份额存有怀疑。另外,有很多Galileo可以从中产生收入或产生间接影响的潜在领域。13.3节将研究伽利略卫星导航系统的未来市场,并讨论其潜在市场、收入源以及Galileo对LBS市场的影响。

13.3 伽利略卫星导航系统潜在收入与机会

开发伽利略卫星导航系统(Galileo)市场虽然带来了一些挑战和质疑,但同时也带来一定的机遇。随着GNSS越来越多,市场越来越拥挤,在中国、俄罗斯和印度等巨大的GNSS市场中,Galileo无法发挥重要作用,然而,作为不受军事部门控制和管理的系统,它显然更容易获得信任[15]。鉴于目前的主要拥有GNSS国家(美国、俄罗斯和中国)之间的政治局势,作为唯一的民用系统,几乎所有国家都可能选择Galileo作为第三或第二位备用GNSS[2]。另外,由于已经与美国官方达成协议,基于此协议,伽利略卫星导航系统与GPS兼容,且具有互操作性,这就显著加强了该系统在美国、非洲和中东的GNSS市场被作为第二系统,在俄罗斯和远东地区被作为第三系统的地位。对伽利略卫星导航系统的优势、弱点以及机会的总结,见图13.1。

全球导航卫星系统在美国及欧洲、非洲、中东和亚洲的市场份额(不包括中国)占GNSS全部收入的80%以上(图13.2)。作为第二大运营系统,在这样一个庞大且完善的市场当中,预计可以实现600亿欧元的核心收入,2000亿欧元的潜在收入[10]。

优势	劣势
● 具有更高的定位和时间精度 ● 唯一基于民用的 GNSS ● 默认拥有欧洲市场（授权） ● 互操作性，与 GPS 的协议的兼容性（具备 100% 的 GNSS 市场能力） ● 拥有非常广泛且发展良好的潜在应用，这些应用目前基于 GNSS（潜在卖点） ● 至少在欧洲具有潜在安全的巨大市场 ● Galileo 设备没有特定的进出口限制	● 缺乏明显的竞争力 ● 延误造成的管理可靠性受损 ● 由于延迟导致更多的竞争对手加入，失去中国和印度很大一部分潜在市场 ● 多国管理模式，使决策过程更耗时 ● 公私伙伴关系（PPP）模式的失败让人们对财政效益和收益持怀疑态度（甚至在欧盟国家之间） ● 应用的可预测性差 ● 计划需要具有透明度
机会	威胁
● 其他竞争对手都是基于政治和军事管理（作为军事基础，难以被信任并且达成共识） ● 至少拥有欧洲市场（强制） ● 没有特定的进出口控制 ● 新的应用提升了 GNSS 市场 ● 完善的增强系统	● GPS 技术威胁（干扰、欺骗）对 Galileo 同样存在 ● 没有明显的市场推动/需求 ● 几次延期导致成本增加，并失去了一些大的市场（特别是在中国和印度） ● 即将开发或已经开发的技术（例如，4G、WiFi、5G），可用于许多 LBS 应用（作为 GNSS 市场的主要补充） ● 越来越拥挤的 GNSS 市场 ● 成熟且提供免费服务的竞争对手

图 13.1　Galileo – SWOT 分析

美国和欧洲就民用 GPS 和 Galileo 在无线电频率兼容性与可互操作性上达成了一致。这增加地球上任一地点的可观卫星数量，为全球民用用户提供了更为可靠的导航信号[4]。此外，由于政治局势以及对俄罗斯的制裁，如果情况继续如此，Galileo 甚至可能成为美国和欧洲支持的第二大接收机制造商[14]。欧洲与美国制造商占据了全球 91% 的 LBS 芯片数量和收入[8]。另外,欧盟没有特别的进出口管制政策,这很容易使得 Galileo 设备向全球范围内发售。GNSS 年度核心收入(如 GNSS 接收机及设备的出货量)目前为 600 亿欧元[8],预计到 2022 年,市场规模将达 1100 亿欧元[8]。即使忽略美国 GPS 和欧盟 Galileo 信号之间兼容性达成一致协议所带来的增长,保守地假设只有欧盟和世界上其他欧盟有影响地区使用 Galileo 设备,估计伽利略的年度市场也可达到 53 亿欧元。这只是 GNSS 的直接市场收入,其他一些间接的以及长期收入都还未考虑在内。

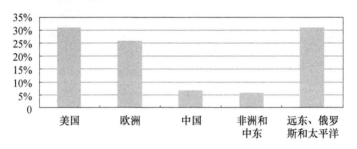

图 13.2   各地区 GNSS 市场份额

目前,全球导航卫星系统服务和产品年收入超过 1800 亿欧元,到 2022 年将达到 2400 亿欧元[8]。如果保守地假设 Galileo 的服务市场仅限于欧盟,那么具有 Galileo 功能的服务和产品在整个欧洲范围内的市场份额将达 300 亿欧元。除了 Galileo 在许多国家的许多敏感领域商业应用会带来一些潜在机会这一政治考量[2],Galileo 还有一个可以帮助其增加在全球导航卫星系统市场上份额的独特优势;对接收机制造商而言,信号认证也激励其生产 Galileo 功能级芯片。尽管根据 Galileo 当前的服务层[9],即开放服务、搜索和救援以及其他公共监管服务,信号认证还不能开放;但如果它变得对每个人都可用,这无疑将是 Galileo 的独特优势。

在这一提法的背后有几个收入来源和财政收入(特别是针对强制的伽利略替代)。我们认为,Galileo 提供的免费认证信号服务将是其吸引欧盟甚至欧盟外巨大市场的一个绝佳机会[19]。即使没有强制使用 Galileo(这可能在法律和政治上都具有挑战性),这也可以做到。根据市场调研,2013 年欧盟境内生产总值(GDP)的 6%~7%(大约 8000 亿欧元),目前都要依靠 GPS 提供的卫星导航信号[18]。2014 年欧盟委员会报告指出,2014 年这种依赖度更是达到了约 8500 亿欧元(基于 2013 年欧盟 28 国 GDP 的 6.5%,即 130.75 亿欧元)。因此,如果中断 GPS 信号将对欧洲的经济产生重大的影响。①基于位置的服务,②依赖于 GNSS:这是一类使用位置/地理数据的信息服务。几年来,LBS 市场、用户和设备数量都有着巨大的增长,预计在 2013 年其收入将达到 7.35 亿欧元,在 2018 年将再次增长到 23 亿欧元。

卫星导航系统在道路方面也有很多应用场景,例如先进驾驶辅助系统

（ADAS）、道路使用收费（RUC）、按使用付保险费（PPUI）和道路交通监控等。这是一个欧盟内部超过 5000 万的用户都在使用的过渡市场[8]，且预计它在 GNSS 市场中的相对份额也会不断增长。航空部门对导航系统的稳健性和完整性要求更高。所有的航空领域，预计到 2022 年 GNSS 的使用将超过 90%。铁路部门主要使用 GNSS 设备跟踪列车，预计在未来几年内 GNSS 使用率会显著增长。这对欧洲制造商来无疑是个好兆头，因为在 2012 年欧洲主导的市场中，铁路 GNSS 设备出货量超过了 5000 台[8]。海事部门是 GNSS 最早使用者之一。从全球范围看，2012 年，GNSS 设备的出货量大约在 10 万，仅超出服务欧洲市场海事设备的 25%。全球导航卫星系统对农业经济领域重要性不高，但仍在不断增长。随着导航技术在西欧应用程度的提高，预计在中欧和东欧也将出现大幅度的增长。

欧洲航天局（ESA）预计企业依赖于卫星导航产生的价值大约以每年 11% 的速度增长，2020 年计划达到 2440 亿欧元。随着网络和移动交易增多，服务和应用愈加普遍，这种依赖性也会逐年增加。这种依赖性关乎所有的地区和国家，由于一些应用和服务的敏感性，比如银行交易的同步性，相当大的市场目前依赖于潜在易受攻击的 GPS 信号，对此，需要有一个可靠的（备份）系统。伽利略卫星导航系统免费提供认证信号（提供开放服务的全球导航卫星系统），因此许多国家都会转向并利用该系统。这一巨大市场也许不会带来直接的收入，但它会间接地创造出许多由使用 Galileo 信号的系统和服务，并基于该信任的系统开发许多新类型服务，这反而会带来更多的经济效益。

除了基本服务外，还有其他一些直接收入源。许多敏感服务，比如授时和同步，航空和航海均需要信号认证，这都可以由 Galileo 独家提供。虽然定时和同步、航空和海事应用占全球 GNSS 市场份额不到 3%[8]，但其中大约 30% 的高价值零部件制造商都在欧洲。信号认证以及获得欧洲公司支持可以使这些有价值的、敏感的、以 Galileo 为基础的产品在全球导航卫星系统市场中发挥极具影响力。

Galileo 是唯一的民用卫星导航系统，因此，对于许多国家来说，将 Galileo 信号用于敏感和关键的应用领域，如电网同步、电子交易和银行、手机网络、空中交通管理，将提高其可靠性。Galileo 永远不受军事部门的控制[7]，因此它的信号是安全的，这对一些关键应用来说是必需的，这也让 Galileo 会有一个不错的市场。除了商业原因，由于敏感性、政治问题、经济问题等，欧洲也不应该依赖 GPS[11,20]；欧盟那些依赖 1 年 GPS 信号所产生的 GDP，对于整个 Galileo 部署来说已经足够。因此，Galileo 无论从政治上还是经济上讲都是很有价值。它可以带来更大的市场，这与欧盟安全政策是一致的。

欧盟委员会官员最近已公开表示，他们正在考虑如何刺激 Galileo 的使用，特别是通过监管，要求在飞机、汽车和飞机或其他平台上都安装 Galileo 导航设备。不过，据美国政府代表在国际卫星导航论坛（GPS World，2015）上的介绍，强制特定的

GNSS 服务用于紧急呼叫、道路收费和 LBS 等可能会违反世贸组织（WTO）协议条款，因为包括 6 家卫星导航服务提供商（美国、欧盟、中国、俄罗斯、印度和日本）签署了促进公开市场准入和技术壁垒协议（TBT）以及服务贸易总协定（GATS）[6,14]。

为了避免这种冲突和违规，建议讨论并指定一个中立的技术方、采用基于平台的标准[6]。例如，美国 E911 规定了针对具体的定位精度要求，可相应地选择最佳技术解决方案。

正如表 13.1 所列以及之前所解释的，由于计划的变化、延误和管理的问题，Galileo 成本一直在增加，这就使人们对投资和未来营业能力持怀疑态度。

成本增加最重要的一个原因是 2007 年公私伙伴关系的崩溃，见表 13.1。除了成本增加，投资结构的变化也引发一些关于在 Galileo 达到完整功能时稳定性和盈利能力问题[13]；如果一些投资基金机构和私人投资者都怀疑能否收回他们的投资，那么其他人当然也会怀疑。

GPS 的投资结构可能有助于回答这个问题。GPS 是由美国纳税人投入巨资建设的，且以相当可观的回报迅速回本（实际上已收回很多倍）。市场预测 GPS（1984—1988 年）接近 10 亿美元；而在 2001 年 GPS 市场估计将获得 52 亿美元，只有 4 年就翻了一番[12]。如今 GPS 的核心收入更是多达 500 亿美元[4]。这是 Galileo 的一个很好仿照：如果公共出资的 GPS 不止一倍地偿还了美国纳税人的债务，伽利略卫星导航系统为什么不能呢？

据估计，在 Galileo 系统在建成后 15 年内，通过出售精确的 Galileo 信号产生的收入将能够偿还公共部门债务（主要是政府）。但大部分的利润也将在这个时候结束，这也就是为什么 PPP 会崩溃：私人投资者可能想在此之前就能收回他们的资金，但由于反复延迟，这一时间可能会被严重推迟。

由于市场竞争的关系，预计 Galileo 不会像 GPS 那样具有相同的收入来源和收入结构。早期的 GPS 企业家现已经取得很大回报，这给现在的 GNSS 市场剩下的空间很少。更精确的定时能使 Galileo 的定位服务更加精准和连续。更高量级的准确度、更强的信号穿透性、更多的可视卫星、连续性以及其他更好的定位服务参数也非常有利于 LBS 应用（包括导航）。Galileo 是一个完全独立的系统，然而随着市场趋势的变化，应用需求和免费提供与竞争对手类似的服务让它不再作为一个独立的系统使用。伽利略信号具有很好的穿透力，可用于室内、城市"峡谷"定位，Galileo 信号与 GPS 的兼容性和互操作性，能够提供更多的可视卫星，从而为 LBS 用户提供更加准确、连续的定位服务，见图 13.3。据估计，将更准确和连续的定位服务与实时交通数据相结合，仅在汽车导航领域，到 2020 年就可节省 460 亿欧元。2011 年，麦肯锡全球研究院估计，到 2020 年利用个人智能手机或车载导航系统获得的位置数据，通过节省"时间"和"燃料"，全世界每年将节省超过 460 亿欧元。最明显的例子是通过避免拥挤和可替换路线建议等手段来节省时间和燃料。

Galileo 通过提供更准确和连续的定位数据,虽然不一定产生收入,但是有助于节省更多的资金。就当前欧洲而言,有超过 5 亿部智能手机和跟踪设备,占全球市场份额的 25% 以上。

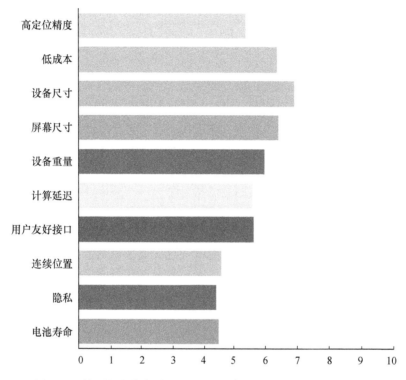

图 13.3　从用户角度来看 LBS 服务/设备的质量(来自作者的调查)

　　虽然 Galileo 对经济的贡献并不像其他直接收入那样直观,或者至少不被投资者认同,但间接节省燃油消耗、减少旅行时间对工业无疑是有利的。得益于更精确和持续的汽车导航服务,Galileo 在减少二氧化碳排放方面可以做出很多贡献。考虑到 Galileo 在上面讨论导航领域所做的贡献,它每年为 4600 亿欧元的税收做出约 25% 的贡献。这也远远超过了最初的投资。但是这种贡献更多的是节省而非以收入的形式出现。这种节省和长期回报的另一个例子是溢出效应。牛津经济研究所的一项研究表明,在航天工业投入的研究和开发成本,技术发展以“溢出”的形式转移到其他部门的效益是惊人的,长期来看可以达到约 70% 的社会回报。如果将开发和部署阶段的成本(24 亿欧元 + 34 亿欧元)视为研发投资,那么从长期来看,在其他行业(如卫生、运输和计算机科学)预计增收 40 亿欧元。如上面两个简单的案例,各行行业都从 Galileo 服务中受益,然而这些好处并不能全部以收入的形式出现,它们以节约成本或以溢出效应的形式出现。虽然这并不是投资回报最有利形式,但它是长期的,甚至会在其他部门蔓延。因此,Galileo 能够收回最初的投资,甚至远远超过投资,但是,这种返金将以节约的形式返还给其"真正"投资者(欧盟纳税人)。最近的一项研究表明,这个机会之窗将给 Galileo 一个大约 18 亿用户的 GNSS 市场规模(2010 年),2020 年达到 36 亿用户。其他研究进一步支持了这一论断,包括线路导引、个人紧急救助改善、出租车和救护车管理、减少污染(减少旅行时间)、创造 14 万个工作岗位。下面估计了 2000—2020 年 Galileo 产生的受益:经济效益 62000 百万欧元,社会效益达到 12000 百万亿,总收益为 74000 百万亿美元。Galileo 的总投资成本约为 2300 百万欧元(欧盟 MEMO – 11 – 717)。自 2008 年起,每年成本约为 220 百万欧元,包括运营、维护和设备更新。如果 Galileo 的部署和维护下一步不再延迟,就会产生上述机会。这并非是空想,而是基于现在可靠的调查结果,另外现在也没有关于系统技术或财务方面设计变更的坏消息。此外,还有一个基本的需要,那就是推广 Galileo 服务信号的特征和优点。这应该瞄准几乎所有的市场链和用户类型,包括芯片组制造商、设备应用平台、应用程序开发者、利益相关者、地图和其他内容提供者、决策者和研究人员。还有相关的政策、法规和标准等,如进出口管制、即将到来 E112 的职位需求和政策、外联、公共参与政策以及推广 Galileo 市场的计划。这些都可以通过向研究机构和中小企业提供研发资金、举办研讨会、学术会议完成,让开发人员和研究人员意识到 Galileo 的独特功能和与多 GNSS 兼容能力。通过行业、公众和学术界的参与,外事活动、投入研发资金,出口促进等,完善法律方面的工作。

13.4 小结

GPS 听起来如此成功,以至于人们认为它会对另外任何一个类似的全球导航卫星系统造成威胁,因此对新的卫星导航系统,人们不可避免地会有质疑。本章回顾了 Galileo 的影响、欧洲 GNSS、LBS 市场、Galileo 成本结构和潜在威胁,以及它能为欧盟纳税人创造收入的实力和机会。本章全面介绍的财务、成本、威胁和弱点,然后估计了当它达到使用级时所产生的经济效益,尤其是对 LBS 市场的影响。在经历了几次开发和部署延迟后,由于受大量决策者(欧盟成员国)运行和管理,几年来随着整个项目成本不断增加,成本结构也不断发生变化,由此引发了一些问题和关注。另外,随着其他国家和地区,如俄罗斯、中国、印度和日本,卫星导航系统的部署,市场也变得更加拥挤。另外,Galileo 具有独一无二的优势特征,如信号认证、更高的准确性和信号渗透能力,并且是唯一以民用为基础的全球导航卫星系统,这将为其带来了市场机遇。此外,如果 Galileo 能够将自己建成与 GPS(或类似系统)具有互操作性和兼容性的系统,无疑还将会有更多的机会、更多的可视卫星和更稳定的系统管理。基于市场调查、研究报告、访谈以及一些专家观点，本章提出了一些建议和相关报告，这对提高 Galileo 在全球导航卫星系统的机会、开发新的市场收入具有的重要意义。这些意见包括：为所有人免费提供认证信号，提供更多有利服务和敏感应用来吸引用户，提供研发项目资金支持，加强公众参与和推广活动，便利出口的控制，通过研讨会和会议来宣传 Galileo 的潜力和独特功能，部署和维护阶段不要再有更多的延迟，促进与其他 GNSS 谈判提高兼容性以确立其在 GNSS 市场第三甚至第二的地位。

致谢：此项工作得到了欧盟玛丽·居里初级培训联盟 FP7 项目的资金支持，项目号：316528。

参考文献

[1] S. Abbondanza, F. Zwolska, Design of meo constellations for Galileo: towards a design to cost approach. Acta Astronaut. 49(12), 659 – 665(2001)

[2] G. P. Ammassari, M. C. Marchetti, Innovation process in the European union: the case of the Galileo project, in European Socio – Economic Integration(Springer, Berlin, 2013), pp. 129 – 146

[3] J. P. Bartolome et al. , Overview of Galileo system, in GALILEO Positioning Technology(Springer, Berlin, 2015), pp. 9 – 33

[4] S. W. Beidleman, GPS Versus Galileo: Balancing for Position in Space(Lulu. com, 2012)

[5] EC(2016). http://ec. europa. eu/enterprise/policies/satnav/galileo/index_en. htm

[6] B. Giegerich, Navigating differences: transatlantic negotiations over Galileo. Camb. Rev. Int. Aff. 20 (3), 491 – 508(2007)

[7] M. P. Gleason, Galileo: power, pride, and profit. The relative influence of realist, ideational, and liberal factors on the Galileo satellite program. Technical Report DTIC Document(2009)

[8] GNSS GSA. Market Report, Issue 4(2015)

[9] G. W. Hein, T. Pany et al. , Architecture and signal design of the Europeansatellite navigation system Galileo – status Dec 2002. Positioning 1(02), 73 – 84, 2009

[10] I. F. Hernandez, Galileo receiver research in Europe, inGALILEO Positioning Technology(Springer, Berlin, 2015), pp. 249 – 271

[11] T. Hoerber, Creating ESA, inYearbook on Space Policy 2014(Springer, Berlin, 2016), pp. 243 – 254

[12] L. Jacobson, GNSS Markets and Applications – GNSS Technology and Applications. Artech House Publishers, 2007

[13] E. Killemaes, Study of public – private partnerships in the European space industry. Ph. D. thesis, Faculty of Science, Universiteit Gent, 2012

[14] D. Kong, Shaping a uniform governance structure over Global Navigation Satellite System (GNSS): the way of risk management, in Uniform Law Review – Revue de droit uniforme,

unw019 Oxford University Press, (2016)

[15] J. Lembke, The politics of Galileo. Center for West European Studies (2001)

[16] MEMO/11/717, Galileo will boost economy and make citizens' lives easier (2016)

[17] Pew Research, Location – based services, smartphone ownership 2013: three – quarters of smartphone owners use location – based services (2013)

[18] P. Stephenson, Talking space: the European Commission's changing frames in defining Galileo. Space Policy 28(2), 86 – 93 (2012)

[19] P. Walker et al. , Galileo open service authentication: a complete service design and provision analysis, in Proceedings of the 28th International Technical Meeting of the Satellite Division of The Institute of Navigation (ION GNSS + 2015) (2015), pp. 3383 – 3396

[20] S. – C. Wang, Surviving the crises: the changing patterns of space cooperation among the United States, Russia, Europe, and China (2010)

第 14 章

定位服务分析——基于电子健康案例的层次分析法

Elena－Simona Lohan,Pedro Figueiredo e Silva,
Anahid Basiri, Pekka Peltola

14.1 引言

14.1.1 动机

无线定位为大量基于位置或基于位置感知服务提供了有价值的位置信息。随着位置信息需求的粒度越来越细(如需要知道目标所在区块或房间层面的位置,而不仅是街道或区域层面),其经济价值越来越显著,如文献[2]。LBS 通常由 LBS 提供商使用一种或多种属于或不属于 LBS 提供商的定位技术给用户提供服务。例如,一个 LBS 提供商可以使用一幢大楼物业提供的 WiFi 网络来提供位置信息。在这种情况下,LBS 提供商和位置提供者(WiFi 网络的所有者)是两个不同的个体。再如,一个手机运营商可以使用自己小区基站提供的信息给出用户位置。在这种情况下,LBS 提供商和位置提供者是同一个个体,即手机运营商。

当前,基于位置的服务具有以下 4 个主要特征:

E. －S. Lohan(✉) · P. Figueiredo e Silva

Tampere University of Technology,Korkeakoulunkatu 10,33720 Tampere,Finland

e－mail:elena－simona. lohan@ tut. fi;pedro. figs. silva@ gmail. com

A. Basiri,P. Peltola

The Nottingham Geospatial Institute,The University of Nottingham,Triumph Rd,Nottingham
NG7 2TU,UK

e－mail:anahid. basiri@ nottingham. ac. uk;pekka. peltola@ nottingham. ac. uk

（1）它们是主动而不是被动的。这意味着，它们可以被网络或应用自动唤醒和产生，无须用户专门请求。

（2）它们是多目标而不是单目标的。这意味着，从 LBS 供应商的角度来看，焦点在于估计和关联几个目标的位置，而不是单目标的位置。

（3）它们是面向应用而不是内容导向的。这意味着，提供的 LBS 需要实现用户位置和手机应用之间的动态交互。

（4）它们是互相参考的。这意味着，LBS 供应商收集的用户信息通常用于增强或提供定位信息，或者为使用同一供应商服务的其他用户提供基于位置的内容服务。

对于用户和 LBS 提供商来说，这些特征既有优点也有缺点。例如，主动 LBS 需要对用户连续跟踪并且不断地更新服务，这增加了 LBS 提供商的设计、实施、计算资源负担。一个主动的交叉参考 LBS 也会威胁到用户的隐私安全，因为许多决策是由 LBS 提供商决定，而不是由基于用户的专门请求所决定。有利的方面包括：在主动 LBS 中，外出旅游的用户无须特定搜索，仅仅让 LBS 提供商知道他的位置信息，即可获得适宜的、及时的有关旅游景点和附近用餐场所信息。这极大地改善了用户体验。多目标特征的 LBS 使许多邻近的应用程序更加便利化，例如，对经过附近商店的用户进行广告优惠信息推送，或向第一名到达某一地点的用户给予奖励。

LBS 基本可以分为室外 LBS 和室内 LBS，如图 14.1 所示。室内 LBS 的场景：在通勤大厅找到自己的路径，如火车站广场、老人摔倒检测告警[30]、在购物中心货架上快速找到想要的商品[20]，通过安装 Kinect 相机和运动检测系统的游戏进行室内锻炼[18]，在塌矿中寻找失踪人员，或者在拥挤的停车场快速找到停车位[32]。室外 LBS 的应用场景：车载导航系统，飞机着陆和起飞引导，水下资产监测或精准耕作。LBS 适用于大量的室内和室外场景，例如，地理围栏（如在医院设置允许患者活动的区域边界），访问不知名小镇时的步行导航，帮助盲人导航，或者根据每日运动监测给出健康建议。

LBS 服务通常取决于定位系统的技术参数，如位置估计精度、可靠性和完整性（或"信任度"）。例如，几十米的精度足以让 LBS 指出附近的旅游点，却难以帮助人们找到超市货架上理想的物品。因此，技术的选择很大程度上影响着 LBS 的可行性以及功能，如图 14.1 所示。反之也成立，即考虑到具体的 LBS，LBS 提供商应该设计专门的定位系统，并选择对应的定位技术以能更好地服务于 LBS 的目标。另外，定位技术的选择是由特定技术的有效性决定。如果你的手机只有一个基于 WiFi 的定位系统，而你在森林中迷路了，那么这种基于 WiFi 的定位系统将不能再提供服务。

LBS 的一个关键是基于可用的定位技术，在综合考虑用户的需求和各种约束后，如何进行服务和应用的设计与创建。

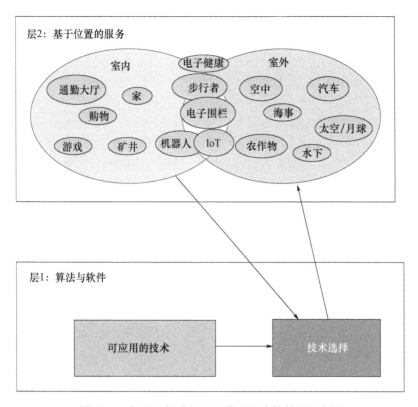

图 14.1 与 LBS 相关的 LBS 类型和决策等级的案例

层次分析法(AHP)为解决这类设计问题提供了一个框架。AHP 由 Saaty 提出[34],它属于多标准决策(multi criteria decision making,MCDM)处理问题[28]。通过考虑定量和定性因素,AHP 可以帮助决策者在各种选项之间进行选择,它在许多领域都是一个非常有力的研究工具。事实上,许多工程和研究领域都面临着采取何种行动以满足某一目标的资源部署问题。自上而下(分层)的方法通常是将目标分解成几个较小的子问题,各子问题的目标相互交联。一个层次关系一旦建立,通过建立多属性代价函数并根据一组目标进行评估,就可获得整体的解决方案。AHP 概念已被提出 30 多年,迄今仍在各个领域中使用,如项目管理和组织[28]、数学规划[22]、地理信息系统[40]、物流[24]、血管外科手术[35],以及体域网络(body area network,BAN)[1]。

决策者在做决定时,会有来自不同时刻、不同传感器的信息资源可用,这些信息有时还是互相矛盾的。知道更多可用信息并不一定能够保证做出最好的决策。在数学框架下对决策过程建模可见文献[11],它是当前一流的综合调查方法之一。使用 AHP 框架而非单目标决策的主要优势在于其灵活性,即它可以同时处理多个相互冲突的目标[22],并在其中加入主观信息。14.2 节详细描述了 AHP 分析的主要思想。鉴于电子健康是当今社会的一个热门领域,本书选择其作为层次分析法的典型

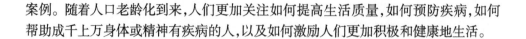

案例。随着人口老龄化到来,人们更加关注如何提高生活质量,如何预防疾病,如何帮助成千上万身体或精神有疾病的人,以及如何激励人们更加积极和健康地生活。

14.1.2　基于位置服务的关键问题

目前有很多无线定位技术适用于室内场景,它们也是各有其优点和不足,目前还没一个万能的解决方案能适合所有的室内场景。每一基于位置的服务或应用都有自己的定位要求和服务质量优先级。而且,对一个特定的 LBS 应用,设计师可能会专注于适应性、定位和导航精度、成本或功耗、隐私保护级别、软/硬件基础设施设备要求等指标。设计合适 LBS 关键问题之一是如何选择出最满足目标的定位技术。这是一个挑战,事实上,它可以通过层次分析法得以解决,如 14.4 节所述。

LBS 要解决一些共性问题包括:

(1)是使用可穿戴设备或是独立设备?

(2)是使用现有的基础设施或是新建设施?

(3)具体的应用或 LBS 需要怎样的定位精度?

(4)用户对所选技术是否感到舒服? 安装、使用和维护是否便捷?

(5)用户是否愿意为付费?

(6)在受到攻击和干扰下,定位技术是否仍然有效?

(7)用户需要什么级别的隐私保护?

如果关注几个特定的 LBS 应用领域,如物流、电子健康或紧急响应等,那么还有其他几方面问题需要解决,这依赖于具体的应用目标,示例见表 14.1。

表 14.1　特定 LBS 设计需要解决的潜在问题

LBS 应用	需要解决的具体问题
物流	技术脆弱性(干扰、欺骗、干扰、隐私等)的级别是多少? 这个级别对于目标应用够吗? 技术容易扩展吗
共享乘车或交友	最近前往的人是谁或与用户位置相同的是谁? 移动 LBS 的功耗低吗
安全或人员/车辆识别	位置信息是否可以用于识别用户,是否可用于交易安全
电子健康	定位设备易于携带? 易于老人和孩子使用
	定位服务是否有争议? 是否可以确保提供可靠的服务质量
	是否支持跌倒检测
	跌倒检测报警率
	该技术是否能够准确估计用户的移动模式
紧急响应	该技术是否提供快速的在线响应? 或是仅在离线模式下才能正常工作
	该技术在室内和室外是否都有效? 是否仅限于某些场景

14.1.3　概念定义和介绍

为了更好地理解本章的内容,本节列举了主要概念并做了简要的定义:

(1)基于位置的服务:是指安装于用户终端(通常是移动和无线设备)的一些应用程序,该应用需要导航信息的支持才能运行。LBS 服务各种各样,从寻人(宠物)到娱乐信息搜索、游戏和社交网络等。

(2)多标准决策过程:针对某个问题,通过考虑不同的冲突(约束)和不同信息资源来做决策的过程。MCDM 的主要挑战之一是当可以获得许多决策者的许多判断时,如何达成共识。

(3)层次分析法:它是解决问题或达到一个目标的工具,通过定义多种标准并陈述在每个标准下可能的选择,然后基于代价函数进行决策。层次分析法的数学表达见 14.2 节。

(4)成对对比:它是 AHP 中的关键要素,通过任何两个标准之间的对比,从而研究一个标准相对另一个标准的重要性。如果要对比一个移动无线电产品的成本和易用性以及电池寿命,通过判断哪一个标准更重要就可以作出决策。这种判断可以是主观的,也可以是基于用户调查或经验数据进行。成对对比典型的案例,如:假如成本的重要性是易用性的 2 倍,和电池消耗一样重要,同时电池消耗比易用性重要 3 倍,这存在明显的矛盾,那么就可以通过层次分析法来解决(这将在本章后面给出解释)。AHP 中一个重要方面是主观决策的一致性。

(5)AHP 的一致性:是指决策过程的一致性或逻辑性。如果主观判断或意见过于矛盾,那么决策结果是不一致的。例如,当根据收集到的错误数据进行判断时,可能会产生不一致性。另外,由于差异性是人类的本质,所以决策的不一致是固有存在的[39]。

(6)电子健康:是 10 多年前兴起的一个术语,涵盖各种与健康相关的药物、疾病预防和有线、无线网络下的远程健康干预等。电子医疗涵盖了当今所有的医疗服务以及远距离用户终端(病人、照顾者或家庭成员)的健康信息发布。

14.2　层次分析法

同时考虑几个标准并将问题分解为一个层次过程,可以获得解决某一问题的决策方案。AHP 有多个层次级别,图 14.2 所示的是一个包含 2 级 AHP 决策树的块图,第一层展示了达成决策所需的标准,第二层展示了选项分析。每一层都有一个优先因子或者与它有关的权系数，表示为 $w_i(i=1,2,\cdots,M)$（第一层）和 v_{ij} $(i=1,2,\cdots,M;j=1,2,\cdots,N)$（第二层），其中 M 是在做决策时需分析的标准个数，N 是决策或选项个数。w_i 是在试图达成某一决策时，衡量第 i 个标准的重要性权值。v_{ij} 是表示在当获得第 j 种决策时，第 i 个标准的重要性权值。为了计算 w_i 与 v_{ij}，在每一层级 h 都需要引入一些称为决策权值的中间权变量，表示为 $d_{kl}^{(h)}$ ($k=1$, $2,\cdots,N_h;l=1,2,\cdots,N_h;h=1,2$)，其意义是表示第 h 层的第 k 个标准或第 k 个决策的重要性是 h 层的第 l 个标准或第 l 个决策的多少倍。N_h 表示第 h 层的标准或决策或选项个数。在简要描述完这些符号的数学意义和相互关系后，下面将详细地分析"重要性"问题。图 14.2 展示了分层权值。

一旦一个主要的决策标准（图 14.2）以及每一层级的决策权重被选中（基于主观或客观信息或二者结合），就可以建立起每一层级的成对对比矩阵。

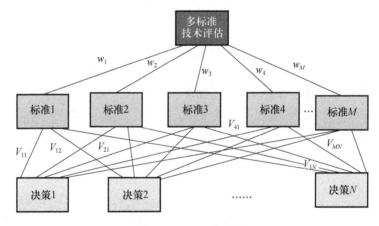

图 14.2　AHP 块形图

h（此处 $h=1,2$）层级的成对对比矩阵形式如下：

$$\boldsymbol{A}^{(h)} = \begin{bmatrix} 1 & d_{12}^{(h)} & d_{13}^{(h)} & \cdots & d_{1N_h}^{(h)} \\ \dfrac{1}{d_{21}^{(h)}} & 1 & d_{23}^{(h)} & \cdots & d_{2N_h}^{(h)} \\ \dfrac{1}{d_{31}^{(h)}} & \dfrac{1}{d_{32}^{(h)}} & 1 & \cdots & d_{3N_h}^{(h)} \\ \vdots & \vdots & \vdots & & 1 \\ \dfrac{1}{d_{N_h1}^{(h)}} & \dfrac{1}{d_{N_h2}^{(h)}} & \dfrac{1}{d_{N_h3}^{(h)}} & \cdots & 1 \end{bmatrix} \qquad (14.1)$$

成对对比矩阵 $\boldsymbol{A}^{(h)}$ 的每一元素表示为 $a_{ij}(i,j=1,2,\cdots,N_h)$，将矩阵 $\boldsymbol{A}^{(h)}$ 的每一列元素相加可以将 $\boldsymbol{A}^{(h)}$ 进一步规范化，获得规范化矩阵 $\boldsymbol{M}^{(h)}$，$\boldsymbol{M}^{(h)}$ 的每一个元素

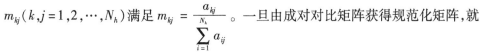

$m_{kj}(k,j=1,2,\cdots,N_h)$ 满足 $m_{kj}=\dfrac{a_{kj}}{\sum\limits_{i=1}^{N_h}a_{ij}}$。一旦由成对对比矩阵获得规范化矩阵,就

可以获得第 h 层的优先矢量:

$$V^{(h)}=\frac{\sum(M^{(h)})^{\mathrm{T}}}{N_h} \tag{14.2}$$

式中:上标 T 表示矩阵的转置运算;$\sum(\cdot)$ 表示矩阵列的求和运算。

在基于层级权值并按照上述步骤建立优先矢量后,即可获得每一层级的决策权值,即矢量 $V^{(h)}$ 的元素。当每一层级的层级权值确定后(如对一个 2 层级,层级系数分别为 w_i 和 v_{ij}),每一决策的优先等级可按照下式计算获得:

$$t^{(i)}=\sum_{j=1}^{N_j}w_i v_{ij},i=1,2,\cdots,N_2 \tag{14.3}$$

最高优先级 $t^{(i)}$ 对应于最适合的决策,最低优先等级意味该决策最不合适,整个 AHP 决策流程如图 14.3 所示。

14.4 节将给出 AHP 在基于位置电子健康服务的一个简化应用。

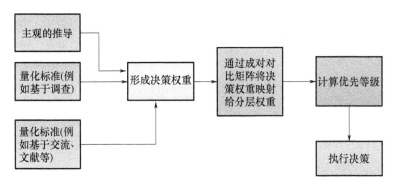

图 14.3　AHP 决策过程

14.3　可用定位技术

可用于移动节点(如人或车)的定位技术基本包括如下几类:

(1)可穿戴技术:它们需要用户携带标签或发射器,如嵌入在衣物中,或作为手环或便携式设备(如手机)。

(2)无设备技术:将某些无线收发器、标签或传感器安装在用户被定位的区域(如家中、医院或购物中心),用户不需要携带任何设备。当然,无设备技术的定位精度通常比可穿戴技术的要低。

14.3.1　可穿戴技术

可穿戴技术是指可以由用户携带的,在移动设备中或嵌入在衣服上。最广泛采用的无线定位或运动检测方法有:

(1)射频识别(RFID)标签:RFID 标签由于能以较低的成本实现跟踪和定位,因此在电子健康领域越来越具有吸引力。RFID 可以是主动的或被动的。被动的 RFID 可以嵌入在人的衣物中,通过测量反向散射功率与室内阅读器进行通信。RFID 功率范围通常很小(几米),从而允许近距离定位。例如,基于 RFID 的跌倒监测器已经被研究。

(2)蓝牙低功耗(BLE)标签或发射器:BLE 是蓝牙的低功耗应用版。目前已有可穿戴 BLE 标签,基于蓝牙方案的跌到检测和室内定位已经被研究,但目前来说作用范围不大。

(3)WiFi(或 WLAN)标签或发射机:WiFi 是当前最流行和最广泛采用的无线技术之一,它们遍布于房屋、医院、大学、通勤大厅等。现在大多数便携式无线设备都有一个兼容的 WiFi 芯片组,嵌入服装的收发器也正在成为现实[27]。基于可穿戴的 WiFi 标签,室内定位和跌倒检测也在变为可能[5]。

(4)基于加速度计的可穿戴设备:加速度计是测量人体沿某些轴线加速度的设备。3D 数字加速度计广泛用于电子健康监测[21]。利用加速计进行定位估计通常只需要很少的额外传感器,如陀螺仪(测量方向变化)、气压计(在三维定位中测量高度变化),甚至基于相机的传感器[30]。

(5)超宽带(UWB)标签:UWB 技术是在很宽的带宽上发射短脉冲,可以达到厘米级的定位精度。UWB 目前仍然是一种相当昂贵的技术,在可穿戴应用上相当少见。

(6)辅助全球定位系统的可穿戴接收机:GPS 在室内的可用性和准确度相当有限。然而,在网络和高灵敏度接收机的帮助下,GPS 辅助系统(assisted - global positioning system, A - GPS)这一解决方案也可以在一定程度上支持室内使用(如有许多窗户或墙薄或木墙的室内)。然而,室内定位解决方案很可能要依赖于 GPS 或 A - GPS 与其他传感器组合[3]。

(7)多普勒雷达:雷达系统可用于检测距离和位移。当与数字陀螺配合使用时,可以用于计算人在室内的运动轨迹或用于老年人的跌倒检测[25]。

(8)发光二极管(light emitting diodes, LED)标签:随着广泛使用 LED 进行照明,可见光通信也开始应用于定位[46]。2015 年在法国里尔的家乐福超市,飞利浦公司已经开始部署基于 LED 定位的商业应用方案。为了使用这一解决方案,用户必须在其移动设备上安装一个应用程序,以识别固定在天花板上 LED 的光谱。

14.3.2　无设备技术

在无设备定位技术中,用户不必携带任何设备。一些固定且互连的接收机形成无线网络,通过中央控制单元,感知由于用户身体出现所引起的光线反射或信号传播的改变,进而实现对用户的定位和感知。典型情况下,相比于可穿戴设备技术,这些技术的定位准确度较低,其原因在于:大多数无设备定位技术(视觉系统除外)往往是基于当人穿过室内时,会对室内的标签与接收机之间的信号强度产生影响这一事实。他们中的有些技术是具有隐私侵入性的(如视觉系统),相比隐私保护技术,用户对他们接受度较低。

(1)室内 RFID 系统:与 RFID 标签具有相同的适用原则,但在这里标签将被分散到整个房间,而不是由个人携带。该定位是基于人的出现造成信号传播路径的改变这一现象。所以 RFID 阅读器可以检测到人的存在,并且原则上可以估计出人的运动[19,33]。

(2)BLE 室内系统:该技术与 BLE 标签应用情况相同,主要区别在于该标签放置于室内固定的地方而不是随身携带。跌倒检测和室内定位的原理与 RFID 相同。

(3)WiFi 室内系统:与 RFID 和 BLE 室内系统类似,WiFi 室内系统是非接触式系统,接入点和无线标签或发送器均安装在可穿戴衣物外或口袋内[47]。最近的研究表明,在 15% 虚警概率下,WiFi 室内系统能平均达到 94% 的跌倒检测成功概率[43]。

(4)UWB 室内系统:UWB 室内系统不同于 UWB 标签,事实上,在 UWB 的室内系统解决方案中没有适应于可穿戴设备的。用户位置和跌倒检测是基于在人体出现时,多径反射造成到达时间差这一原理工作的[8]。当前,无设备的 UWB 解决方案仍很少见。

(5)ZigBee 室内系统:ZigBee 信号类似于其他类型的室内无线信号室内定位的情况。文献[42]提出,利用用户出现在无线链路中所造成的阴影效应来估计用户位置,并推断用户的活动。

(6)视觉系统或基于相机的系统:视觉系统要求用户家中至少有一台监控摄像机。监视摄像机不断捕捉用户的图像,并基于视觉导航和模式匹配技术分析用户的移动模式和行为变化。

(7)触觉地板:触觉地板或智能地板可以为室内的用户状态监测(如用户位置或跌倒检测)提供无设备的解决方案。估计精度取决于压力传感器节点的密度,信息可以通过 WiFi 网络发送到中央服务器。然而,触觉地板昂贵,并且在老房子中使用具有一定的破坏性,因此不对此进行分析。

(8)声学和超声波解决方案:这种解决方案已经部分被研究,并应用在老年人自动监测和室内定位的场景。有关于将该解决方案用于室内定位和跌倒检测方面的研究还很少。在无设备的超声波定位解决方案中,一些壁挂式超声波传感器可以通过捕捉回波来确定一个人的位置[41]。

(9)红外定位:在红外通信中,人体的热辐射能够被利用,并且不需要额外的标签[15]。简而言之,红外定位的原理就是温度高于 0K 的任何物体都会通过电磁辐射辐射能量。人体皮肤的温度会产生大的辐射[15]。如热电传感器、微辐射热计阵列或热电堆等热探测器,将接收到的红外辐射转化为热量以检测到这种辐射。热电堆是最便宜的热探测器,将热电堆放置在房间的角落,就能够检测到人的存在。

14.3.3 室内定位技术应用案例

众所周知,人们大部分时间都是在室内度过的。在过去十年,定位技术的研究重点已由室外转向了室内。一些最有前途的室内跟踪技术被不断地讨论和研究,如文献[10,26]。表 14.2 列举了当前主要的室内定位技术,它们在下文也会被交叉用到。

表 14.2 适用于室内定位跟踪、运动检测和跌倒检测的定位技术

可穿戴技术	相关文献
可穿戴 BLE 标签 + 室内接收机	[9,12]
可穿戴 RFID 标签 + 室内阅读器	[12,31]
可穿戴 WiFi 标签 + 室内接收机	[5,12]
可穿戴 UWB 标签 + 室内接收机	[38]
可穿戴加速度计标签 + 室内接收机	[21,30]
A - GPS 可穿戴接收机	[3,4]
多普勒雷达	[25,37]
无设备技术	相关文献
室内 BLE 系统(用户无需设备)	[12]
室内 RFID 系统	[12,19,33]
室内 WiFi 系统	[12,43,44,47]
室内 UWB 系统	[8]
室内 ZigBee 系统	[42]
基于视觉的系统/摄像机	[30]
触觉或智能地板	
声学和超声波解决方案	[41]
红外定位	[15]

14.4　层次分析法在基于 LBS 电子健康中的应用示例

本节重点介绍一个简化应用案例,即如何使用 AHP 来解决以下问题:在一组选定的定位技术中,哪一个最适合室内电子健康应用。为了更好地理解 AHP,本示例仅考虑表 14.2 中的四种技术,并且仅考虑这些技术三个决策标准。更多全面和现实的案例可以参考文献[5,6,26]。

假设设计人员想要为老年人提供一套基于室内定位的服务,主要包括跌倒检测和非正常移动模式检测。假设所有设计师都关注系统成本、性能和用户终端的可接受度三个主要约束。在这一例子中,也假定出于某种原因,仅仅有三种技术可以考虑:①可佩戴 BLE 标签方案;②基于室内摄像机的解决方案;③无设备的 WiFi解决方案。

第一步,设计人员可基于三个设计标准,构建成对对比矩阵。该矩阵的对角元素值等于 1(见式(14.1)),针对 1 级成对对比矩阵的其余元素,设计人员可综合主观和客观信息进行设置。通过调查和文献调研,得出成本标准比性能重要 4 倍,比用户终端对技术的可接受度小 50%。设计人员也认为可接受性标准是性能的 7倍。根据这些值构造出 1 级成对对比矩阵,见表 14.3。

表 14.3　1 级成对对比矩阵(只针对该案例)

	成本	性能	可接受度
成本	1	4	1/2
性能	1/4	1	1/7
可接受度	2	7	1

为检查数据是否"有意义",是否合乎逻辑,AHP 概念的发明人 Saaty 介绍了基于成对对比矩阵特征值这一一致性检查的思想[34]。关于一致性比例的详细计算可参见文献[34 - 45]。表 14.3 中成对对比矩阵的一致性比率是 0.2%。通常,如果一致性比率低于 10% 就认为有很好的数据一致性。

对于二级成对对比矩阵,将有三个成对对比矩阵,每个对应一个设计标准。表 14.4 为 2 级成对对比矩阵,表 14.5 为 2 级性能成对对比矩阵,表 14.6 为 2 级可接收度成对对比矩阵。表 14.6 中所有权重的选择是基于 3 类文献调查的结果,分别是基于不同性能定位技术、基于用户对某一技术的可接受度调研(见文献[26])和基于目前市场上常用技术的现成货架方案。

表 14.4　2 级成对对比矩阵(成本效率标准)

	可穿戴蓝牙	视觉	室内 WiFi
可穿戴蓝牙	1	5.87	4.73
视觉	0.1704	1	0.813
室内 WiFi	0.2114	1.23	1

表 14.5　2 级成对对比矩阵(性能标准)

	可穿戴蓝牙	视觉	室内 WiFi
可穿戴蓝牙	1	0.08	3
视觉	12.5	1	20
室内 WiFi	0.33	0.05	1

表 14.6　2 级成对对比矩阵(可接受标准)

	可穿戴蓝牙	视觉	室内 WiFi
可穿戴蓝牙	1	4	1.5
视觉	0.25	1	0.25
室内 WiFi	0.67	4	1

在表 14.4 中,较高的值意味着相比与其他技术,该技术的成本效益更高。

在表 14.5 中,性能标准是指要有多高的跌倒检测概率(低误报率),另外仅考虑一种技术能达到多高的室内定位精度。

在表 14.6 中,较高的值表示从用户的角度看,技术的可接受度很高。另外用户通常希望其隐私被保护,同时也更喜欢那些无破坏性的技术。

利用表 14.3 ~ 表 14.6 的数据,按照 14.2 节给出的方法计算出优先矢量 t_i (i = 1,2,3),可得对应的值分别为 53.9、17.7、28.4。这意味着在所有被考虑的技术及该案例设计标准中,基于可穿戴 BLE 标签是最合适的技术选择,基于视觉的技术是最不合适的方案,其原因在于可接受度太低。如此低的可接受度是因为人们更偏重于保护自己的家庭隐私,不喜欢如摄像机这样的技术干扰到自己的生活。

14.5　多层次联合决策

使用 AHP 的优点之一是可以比较多层选项或因素。AHP 层次结构由一个总目标、一组选项或备选方案,以及一组可以细分的因素或标准(可进一步细分为子因素或子标准)组成。AHP 层次结构可用于多层级问题[16,23]。AHP 层次结构依赖

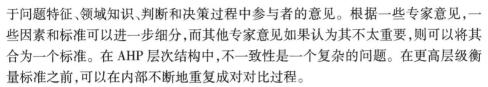

于问题特征、领域知识、判断和决策过程中参与者的意见。根据一些专家意见,一些因素和标准可以进一步细分,而其他专家意见如果认为其不太重要,则可以将其合为一个标准。在 AHP 层次结构中,不一致性是一个复杂的问题。在更高层级衡量标准之前,可以在内部不断地重复成对比过程。

此外,多个代理(如感兴趣人员或公司)都是联合决策的参与者。他们的身份、地位、相互信任和权力相互影响着联合决策,各种关系在联合决策中不断演变。认同感、责任感、认知感和感受在决策过程中也在一直变化。整个处理可以被描述成决策过程。文献[13]给出了市场营销模型,根据市场和目标群体,广告商可以判断他面向是所有人、少部分人还是极少数关键人群;建模不仅有助于评估营销的有效性,而且还可以估计出目标群体的差异性。

一旦考虑到人的因素,联合决策变量就很少可以完全独立地决定。当然,这取决于上面提到的随机变量。贝叶斯网络方法可以处理这种决策者之间有条件依赖关系的问题。更详细的方法可以参照 Hartmann 与 Yildiz 提出的方法[13],其重点是针对两个代理人的决策过程。另一种使用 AHP 的合作或协作营销模式可以参见文献[36]。在合作模式中,两个或两个以上的单位或企业加入以形成一个长期的联盟,进行资源互补。

本章没有考虑多级标准或多级选项问题,也没有考虑共同决策问题;然而,如果研究多种定位技术组合问题,AHP 也能提供一个非常好的解决方案。

14.6　小结

本章介绍了层次分析过程的步骤,并将它们应用于 LBS 进行展示。本章概述了目前支持 LBS 的主要技术,强调了需要被 LBS 设计者需要进一步解决的主要问题。本章的主要目的并不是要回答所有 LBS 设计带来的挑战,而是介绍了 AHP 这个有用的工具,它可以用来解决其中的一些问题和挑战。业已表明,AHP 作为一种灵活而有用的工具,它可以在许多情况下使用,因为最终决策或分级是基于设计者提供的标准和选项的成对相对评估。鉴于当今社会对电子健康领域的重视,本章选择了一个关于电子健康 LBS 领域的例子来说明 AHP 的适用性。AHP 仅仅是 MCDM 过程的一个实施方法,它可以扩展应用到分析网络过程(ANP)或模糊集理论。

致谢:本工作得到以下项目支持:芬兰科学院(项目 250266 和 283076),欧盟 AAL NITICS,Mobile @ Old,PN – II – PT – PCCA – 2013 – 4 – 2241No 315/2014,欧盟玛丽·居里初级培训联盟 MULTI – POS(多技术定位专家联盟)FP7 项目的资助,资助编号 316528。

参考文献

[1] S. Aflaki et al. , Evaluation of incentives for body area network – based health – care systems, in2013 IEEE Eighth International Conference on Intelligent Sensors, Sensor Networks and Information Processing(2013) , pp. 515 – 520. doi:10. 1109/ISSNIP. 2013. 6529843

[2] F. Baccelli , J. Bolot , Modeling the economic value of the location data of mobile users, in 2011 Proceedings IEEE INFOCOM(2011) , pp. 1467 – 1475. doi:10. 1109/INFCOM. 2011. 5934934

[3] Y. Bai et al. , Designing a wearable computer for lifestyle evaluation, in2012 38th Annual Northeast Bioengineering Conference(NEBEC) (2012) , pp. 93 – 94. doi:10. 1109/NEBC. 2012. 6206978

[4] K. Bakhru , A seamless tracking solution for indoor and outdoor position location, in2005 IEEE 16th International Symposium on Personal, Indoor and Mobile Radio Communications, vol. 3 (2005) , pp. 2029 – 2033. doi:10. 1109/PIMRC. 2005. 1651796

[5] A. Basiri et al. , Indoor positioning technology assessment using analytic hierarchy process for pedestrian navigation services, in 2015 International Conference on Localization and GNSS(ICL – GNSS) (2015) , pp. 1 – 6. doi:10. 1109/ICL – GNSS. 2015. 7217157

[6] A. Basiri et al. , Overview of positioning technologies from fitness – to – purpose point of view, in 2014 International Conference on Localization and GNSS(ICL – GNSS) (2015) , pp. 1 – 7

[7] P. Bellavista, A. Kpper, S. Helal, Location – based services: back to the future. IEEE Pervasive Comput. 7(2) ,85 – 89(2008). ISSN:1536 – 1268. doi:10. 1109/MPRV. 2008. 34

[8] C. Chang , A. Sahai , Object tracking in a 2D UWB sensor network, inConference Record of the Thirty – Eighth Asilomar Conference on Signals, Systems and Computers,2004, vol. 1(2004) , pp. 1252 – 1256. doi:10. 1109/ACSSC. 2004. 1399342

[9] Z. Chen, H. Hu , J. Yu , Privacy – preserving large – scale location monitoring using bluetooth low energy, in 2015 11th International Conference on Mobile Ad – hoc and Sensor Networks (MSN) (2015) , pp. 69 – 78. doi:10. 1109/MSN. 2015. 38

[10] D. Dardari , P. Closas , P. M. Djuri , Indoor tracking: theory methods, and technologies. IEEE Trans. Veh. Technol. 64(4) ,1263 – 1278(2015). ISSN:0018 – 9545. doi:10. 1109/TVT. 2015. 2403868

[11] J. Figuera, S. Greco, M. Ehrgott(eds.) , Multiple Criteria Decision Analysis, State of the Art Surveys(Springer, New York, 2005)

[12] Y. Gu, A. Lo, I. Niemegeers, A survey of indoor positioning systems for wireless personal networks. IEEE Commun. Surv. Tutorials 11(1) ,13 – 32(2009). ISSN:1553 – 877X

[13] W. R. Hartmann, V. T. Yildiz, Marketing science conference, inA Structural Analysis of Joint Decision – Making(2006) ,38 pp.

[14] M. Hasani et al. , Hybrid WLAN – RFID indoor localization solution utilizing textile tag. IEEE Antennas Wirel. Propag. Lett. 14, 1358 – 1361 (2015) . ISSN: 1536 – 1225. doi: 10. 1109/ LAWP. 2015. 2406951

[15] D. Hauschildt, N. Kirchhof, Advances in thermal infrared localization: challenges and solutions, in 2010 International Conference on Indoor Positioning and Indoor Navigation(IPIN)(2010), pp. 1 – 8. doi:10. 1109/IPIN. 2010. 5647415

[16] G. Hu, W. Li, Y. Li, Evaluation of teacher's performance in independent colleges based on AHP and multi – level matter element extension measurement models, in 2010 International Conference on Computational Intelligence and Software Engineering(CiSE)(2010), pp. 1 – 4. doi:10. 1109/CISE. 2010. 5676753

[17] Z. Irahhauten, H. Nikookar, M. Klepper, A joint ToA/DoA technique for 2D/3D UWB localization in indoor multipath environment, in 2012 IEEE International Conference on Communications (ICC)(2012), pp. 4499 – 4503. doi:10. 1109/ICC. 2012. 6364603

[18] M. Jalobeanu et al. , Reliable kinect – based navigation in large indoor environments, in 2015 IEEE International Conference on Robotics and Automation(ICRA)(2015), pp. 495 – 502. doi: 10. 1109/ICRA. 2015. 7139225

[19] A. R. Jimnez, F. Seco, Combining RSS – based trilateration methods with radio – tomographic imaging: exploring the capabilities of long – range RFID systems, in 2015 International Conference on Indoor Positioning and Indoor Navigation (IPIN) (2015), pp. 1 – 10. doi: 10. 1109/IP-IN. 2015. 7346937

[20] T. Kagawa, H. B. Li, R. Miura, A UWB navigation system aided by sensor – based autonomous algorithm – deployment and experiment in shopping mall, in 2014 International Symposium on Wireless Personal Multimedia Communications(WPMC)(2014), pp. 613 – 617. doi:10. 1109/WPMC. 2014. 7014890

[21] D. M. Karantonis et al. , Implementation of a real – time human movement classifier using a triaxial accelerometer for ambulatory monitoring. IEEE Trans. Inf. Technol. Biomed. 10(1), 156 – 167 (2006). ISSN:1089 – 7771. doi:10. 1109/TITB. 2005. 856864

[22] R. Khorramshahgol, H. Azani, Y. Gousty, An integrated approach to project evaluation and selection. IEEE Trans. Eng. Manag. 35 (4), 265 – 270 (1988). ISSN: 0018 – 9391. doi: 10l. 1109/17. 7449

[23] Y. Kuang, M. Hu, Q. Wu, Multi – level evaluation model for intangible cultural heritage status based on fuzzy set theory, in 2015 8th International Symposium on Computational Intelligence and Design(ISCID), vol. 2(2015), pp. 572 – 576. doi:10. 1109/ISCID. 2015. 170

[24] J. S. Li, X. L. Miao, Research on mode selection for developing port logistics in China based on analytical hierarchy process: Taking Tianjin port logistics as an example, in 2010 IEEE 17th International Conference on Industrial Engineering and Engineering Management(IEEM)(2010), pp. 1383 – 1387. doi:10. 1109/ICIEEM. 2010. 5646005

[25] L. Liu et al. , Doppler radar sensor positioning in a fall detection system, in 2012 Annual International Conference of the IEEE Engineering in Medicine and Biology Society(2012), pp. 256 – 259. doi:10. 1109/EMBC. 2012. 6345918

[26] E. S. Lohan et al. , Analytic hierarchy process for assessing e – health technologies for elderly in-

door mobility analysis,in 5th EAI/ACM International Conference on Wireless Mobile Communication and Healthcare – Transforming Healthcare Through Innovations in Mobile and Wireless Technologies,Mobihealth 2015(2015). doi:978 – 1 – 63190 – 088 – 4

［27］ M. Mantash et al. ,Dual – band textile hexagonal artificial magnetic conductor forWiFi wearable applications,in 2012 6th European Conference on Antennas and Propagation(EUCAP)(2012),pp. 1395 – 1398. doi:10. 1109/EuCAP. 2012. 6206238

［28］ P. K. M'Pherson,A framework for systems engineering design. Radio Electron. Eng. 51(2),59 – 93(1981). ISSN:0033 – 7722. doi:10. 1049/ree. 1981. 0010

［29］ S. Nakao et al. ,UHF RFID mobile reader for passive – and active – tag communication,in 2011 IEEE Radio and Wireless Symposium(2011),pp. 311 – 314. doi:10. 1109/RWS. 2011. 5725441

［30］ K. Ozcan,S. Velipasalar,Wearable camera – and accelerometer – based fall detectionon portable devices. IEEE Embed. Syst. Lett. (1),6 – 9 (2016). ISSN: 1943 – 0663. doi: 10. 1109/ LES2015. 2487241

［31］ D. C. Ranasinghe et al. ,Towards falls prevention:a wearable wireless and battery – less sensing and automatic identification tag for real timemonitoring of human movements,in 2012 Annual International Conference of the IEEE Engineering in Medicine and Biology Society(2012),pp. 6402 – 6405. doi:10. 1109/EMBC. 2012. 6347459

［32］ S. F. A. Razak et al. ,Interactive android – based indoor parking lot vehicle locator using QR – code,in 2015 IEEE Student Conference on Research and Development(SCOReD)(2015),pp. 261 –265. doi:10. 1109/SCORED. 2015. 7449337

［33］ W. Ruan,Unobtrusive human localization and activity recognition for supporting independent living of the elderly,in 2016 IEEE International Conference on Pervasive Computing and Communication Workshops(PerCom Workshops)(2016),pp. 1 – 3. doi:10. 1109/PERCOMW. 2016. 7457085

［34］ T. L. Saaty,Decision Making for Leaders(Lifetime Learning Publications,Belmont,CA,1982)

［35］ G. E. Slutsker,Decision making in vascular surgery,inIntelligent Systems and Semiotics(ISAS), Proceedings of Intelligent Control(ISIC),1998. Held Jointly with IEEE International Symposium on Computational Intelligence in Robotics and Automation(CIRA)(1998),pp. 489 – 492. doi: 10. 1109/ISIC. 1998. 713710

［36］ X. Sun,The effect of online product reviews motivation on collaborative marketing,in 2012 IEEE Symposium on Robotics and Applications (ISRA) (2012), pp. 525 – 528. doi: 10. 1109/IS-RA. 2012. 6219240

［37］ Y. Tang,C. Li,Wearable indoor position tracking using onboard K – band Doppler radar and digital gyroscope,in 2015 IEEE MTT – S 2015 International Microwave Workshop Series on RF and Wireless Technologies for Biomedical and Healthcare Applications(IMWS – BIO)(2015),pp. 76 – 77. doi:10. 1109/IMWS – BIO. 2015. 7303785

［38］ X. F. Teng et al. ,Wearable medical systems for p – health. IEEE Rev. Biomed. Eng. 1,62 – 74 (2008). ISSN:1937 – 3333. doi:10. 1109/RBME. 2008. 2008248

［39］ R. C. Trundle,Paradoxes of human nature. Etica & Politica/Ethics & Politics IX 1 (2007), pp. 181 – 186

[40] M. H. Vahidnia et al. ,Fuzzy analytical hierarchy process in GIS application,in The International Archives of the Photogrammetry, Remote Sensing and Spatial Information Sciences (2008), pp. 593 – 596

[41] E. A. Wan,A. S. Paul,A tag – free solution to unobtrusive indoor tracking using wall – mounted ultrasonic transducers,in 2010 International Conference on Indoor Positioning and Indoor Navigation(IPIN) (2010) ,pp. 1 – 10. doi:10. 1109/IPIN. 2010. 5648178

[42] J. Wang et al. ,Device – free simultaneous wireless localization and activity recognition with wavelet feature. IEEE Trans. Veh. Technol. PP (99), 1 (2016) . ISSN: 0018 – 9545. doi: 10. 1109/TVT. 2016. 2555986

[43] Y. Wang, K. Wu, L. M. Ni, WiFall:device – free fall detection by wire – less networks. IEEE Trans. Mob. Comput. PP(99),1(2016). ISSN:1536 – 1233. doi:10. 1109/TMC. 2016. 2557792

[44] C. Wu et al. ,Non – invasive detection of moving and stationary human With WiFi. IEEE J. Sel. Areas Commun. 33 (11), 2329 – 2342 (2015) . ISSN: 0733 – 8716. doi: 10. 1109/ JSAC. 2015. 2430294

[45] W. J. Xu,Y. C. Dong,W. L. Xiao,Is it reasonable for Saaty's consistency test in the pairwise comparison method? in 2008 ISECS International Colloquium on Computing Communication,Control, and Management,vol. 3(2008),pp. 294 – 298. doi:10. 1109/CCCM. 2008. 136

[46] W. Xu et al. ,Indoor positioning for multiphotodiode device using visible – light communications. IEEE Photonics J. 8 (1), 1 – 11 (2016) . ISSN: 1943 – 0655. doi: 10. 1109/ JPHOT. 2015. 2513198

[47] B. Zhou,N. Kim,Y. Kim,A passive indoor tracking scheme with geometrical formulation. IEEE Antennas Wirel. Propag. Lett. 99,1(2016). ISSN:1536 – 1225. doi:10. 1109/LAWP. 2016. 2537842

第 15 章

一种面向紧急响应的自主无人机

Luis Bausá López, Niels van Manen,

Erik van der Zee, Steven Bos

15.1 无人机

无人飞行器(unmanned air vehicles,UAV)又名无人机,作为一种新兴技术正在许多领域引发应用革命。早期的无人机主要用于军事领域,然而近年来也逐渐用于民用领域,其应用成本更加便宜,功能也更为丰富。作为一个开放领域,研究人员和企业正不断寻找可应用这种技术的各种应用场景[16]。其中一个重要的应用是危机管理(crisis management,CM)和紧急响应[11],这主要得益于无人机可以比人类更快到达目的地[21],并且能够到达那些目前尚不适合人类到达的地方。另外,使用 UAV 也可以降低由人类飞行员决策失误而可能造成的事故风险。

15.1.1 无人机的类型

目前国际上尚未对无人机制定明确的分类标准,不过,根据功能目的、重量、结构、飞行距离等,官方和民间已经形成了一些无人机标准,下面将详细介绍其中的几种。

L. B. López · N. van Manen(✉)

Vrije Universiteit Amsterdam,De Boelelaan 1105,1081HV Amsterdam,The Netherlands

e－mail:luis. bausa@ uji. es;n. van. manen@ vu. nl

E. vander Zee · S. Bos

Geodan,President Kennedylaan 1,1079 MB Amsterdam,The Netherlands

e－mail:erik. van. der. zee@ geodan. nl;steven. bos@ geodan. nl

根据功能目的的不同,无人机可以分为以下四类:

(1)军事:专为军事应用而设计,如战场侦察、后勤、作战或训练行动。

(2)物流:专为物流工作而设计。

(3)研发:用于无人机的开发和测试技术。

(4)民用和商业:出于休闲和商业目的而设计。本章所介绍的无人机案例即属于此类。

按照结构无人机可分为以下两大类:

(1)固定翼:形状如一般飞机(图 15.1(b))。

(2)旋翼飞机:类似于直升机的无人机,也称为多旋翼无人机(当它们有超过两个转子时)。可以根据转子的数量进行具体的命名。

例如,四旋翼飞行器(图 15.1(a))有 4 个转子。

根据重量无人机可分为以下四类:

(1)微型无人飞行器(MAV):重量从几克到 2kg。

(2)微型或小型无人机:重量在 2 ~ 25kg 之间(图 15.1(a))。

(3)中型无人机:重量在 25 ~ 200kg 之间。

(4)重型无人机:重量超过 200kg(图 15.1(c))。

最适合描述本章问题的无人机类型是小型旋翼无人机。选择旋翼无人机而不是固定翼主要是考虑到两方面:一是小尺寸的、轻便的固定翼无人机需要人的投掷进行起飞,且在着陆期间也需要人工参与,旋翼机无人机则可以在没有人的帮助下起飞和着陆;二是旋翼无人机着陆和起飞所需的场地比固定翼无人机要小,而且旋翼无人机还可以在空中保持固定位置,这在需要连续或近距离获取图像的情况下[4]具有很强的比较优势。然而,旋翼机无人机与固定翼无人机相比,其缺点是飞行速度和自动化程度较低,这意味着它们的飞行距离也相对较短[7]。

(a) 四旋翼

(b) 固定翼

(c) 生物燃料直升机

图 15.1　无人机的类型

选择小型无人机有两方面的原因:一是其规定的无人机起飞时重量小于 25kg,当然该要求并不那么严格,这使其有了更大的使用空间;二是小型无人机功能更加多样,更适应于城市、公园或森林等复杂的环境。

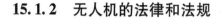

15.1.2　无人机的法律和法规

每个国家都有责任制定自己的无人机飞行法律和法规。民用和商用无人机适用的有关法律和法规仍处于早期阶段,目前达到最好的情况或者非常完善的无人机法律和法规尚不存在。美国目前拥有最全面的无人机飞行使用法规。美国联邦航空局(FAA)是负责无人机监管的领导机构。2015 年,欧洲航空安全局(EASA)开始着手收集信息,以制定一套共同的制度来规范无人机使用,并希望能在 2016年和 2017 年立法。与此同时,每个欧盟国家都有责任制定自己的法律。西班牙相关的负责机构是西班牙航空安全局(AESA),芬兰是运输安全局(Trafi),荷兰是人类环境和运输监察局(ITL)。各个国家无人机法律和法规的全面清单可以访问http://uavcoach.com/drone-laws/。但目前还没有任何国家有关于民用和商用自主无人机的法规。

1. 隐私考虑

一段时间以来,美国联邦航空局已经开始了无人机系统使用的法律和法规制定工作[6]。目前大部分现行法律和法规都是关于无人机飞行和使用方面的,当前一个重要问题是考虑在公共场所,如无人机安装摄像头所带来的隐私问题。为此,FAA 制定了面向商业用途和公共实体的飞行规定(不同于以休闲为目的)。还有一个举措,就是在飞前告知,目的是告知无人机用户当前的流程和法规。

2. 飞行空域限制

无人机飞行的一个重要规则是在机场周围建立无人机禁飞区(NFZ)和无人机限高飞行区(HRZ)(图 15.2)。根据机场的规模和重要性可分为两类,A 类机场的NFZ 为 2500m,HRZ 为 8000m。B 类机场的 NFZ 为 1600m。顾名思义,无人机禁飞区是无人机不能进入的区域,而限高飞行区则是无人机只能在获得许可的情况下才能飞行,并始终要在这一区域的 100m 以下飞行。部分无人机提供商已经在他们开发的无人机中进行了限定,所以他们的无人机不会飞进在这些领域[3]。FAA 还领导倡议了一项无人机安全和使用责任制,并设计了无人机禁飞区标志[5]。目前,也有整个城市或区域被宣布为无人机禁飞区,如美国的华盛顿特区。

另外一个需要考虑的是跨境国际法规。在大多数情况下,各国法规都有关于无人机飞行不能跨越国界的限制。这条规定的设立往往是出于多种原因,比如为了避免犯罪,使用无人机进行毒品走私。此外,该规定也旨在避免因各国法律和法规间差异而造成冲突。

3. 飞行执照和飞行器注册

许多国家已经制定了关于无人机驾驶的规定。在大多数情况下,它需要一个国家机构颁发特别许可证,以便能够使用无人机。在美国这个许可证称为授权证书(COA),可以从 FAA 或其他类似的认证机构获得。美国联邦航空局也规定无人机在飞行之前必须进行注册登记。

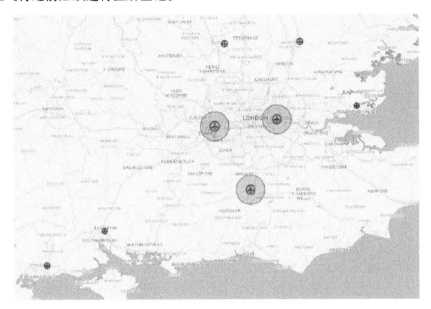

图 15.2　机场周围的无人机禁飞区和无人机限高区示例
(图片为英国伦敦附近的三个 A 类机场和 B 类机场)

15.1.3　无人机当前及未来的应用

无人机在许多领域有着各种的应用,比如:

搭载 LiDAR 相机的无人机可用于建筑物、结构性地理区域 3D 空间模型绘制,用于完成测量任务或用于作物和树木的统计和分类[20]等。目前已有公司能按需提供这些服务,甚至有了专门针对寻找无人机公司、飞行员和操作手的经纪服务。

搭载摄像机的无人机可用于获取公共活动的录像,如音乐会或体育比赛,以执行监视任务,如警察跟踪嫌疑人或救生员观察海滩[15],或出于娱乐目的等。

无人机在运输和物流方面也有应用。众所周知的案例是亚马逊计划在未来使用无人机来运送包裹。还有将无人机创新地应用于人道主义和医疗任务,例如向某些因季节原因而被隔离的村庄提供药品[9]或心脏除颤仪[23]。

15.1.4　组成

根据无人机的类型,无人机的组成可能存在很大差异。常见的无人机包括以下组件[13]：

(1)机身：机身是无人机的主要部件，它由框架和机翼(固定翼飞机)或机械臂和转子(直升机)组成。

(2)能量供给：小型无人机通常由锂电池供电，但更大的无人机可由燃料或太阳能供电。

(3)计算：根据无人机的功能目的和尺寸，计算能力可能存在很大差异。大的无人机需要具有高计算能力，中型无人机具有低计算能力，小型无人机具有基于微控制器的嵌入式系统。计算部分的主要功能是飞行控制和通信。控制器支持飞行控制任务，如稳定器和速度控制器。执行器负责各种控制任务，如控制每个转子的转速、飞机倾斜度和速度，以及根据输入执行预定义的动作。

(4)传感器：无人机可配备各种传感器，在无人机上常见的传感器按目的可分为以下三类：

① 通信：不同频率的无线电波天线，如 WiFi 和 3G。

② 定位和导航：数字罗盘、定位传感器(GPS/GNSS/GLONAS 等)、惯性传感器和超声波传感器。

③ 观察和测量：摄像机、激光雷达、麦克风、扬声器、气压计、湿度计、磁传感器、接近传感器、红外传感器等。

(5)软件：最简单的无人机可以不使用任何外部的软件，而是通过遥控器来飞行。先进的无人机是由无人机地面控制系统(ground control system，GCS)控制。在最简单的情况下，该系统仅提供直接驾驶无人机的基本工具。更先进的无人机地面控制系统则可以提供一些扩展功能[12]：访问遥测传感器；实时的遥测媒体流，如视频流[4]；记录传感器输出；创建和装载飞行路线；创建和执行复杂宏定义动作，如在特定位置周围进行盘旋或拍摄一系列照片；传感器遥测数据的后处理，创建区域的 3D 模型或飞行路径地图；对预先确定的飞行路线在线校正等。

虽然在某些情况下扩展功能已嵌入到 GCS 中，但严格来说其中的许多任务不属于 GCS 的职责范围，因此不属于 GCS。在这些情况下可以使用其他附加软件来扩展 GCS 功能[8]。附加软件可分两种类型：一是作为"插件"与 GCS 紧密配合，提供可以直接从 GCS 接口访问的额外功能；二是与 GCS 分开的应用，它能够提供单独的接口来访问新的功能。例如，飞行路线规划器可以嵌入到 GCS 接口中，此时它属于第一种类型，它也可以是外部应用，此时将归为第二种类型。另外，将飞行路线上传到无人机的应用通常属于第一种类型。

GCS 安装在独立的计算设备上，如 PC、笔记本电脑、智能手机等。第一种类型附加软件必须与 GCS 安装在同一设备上，而第二种类型软件可以安装在独立的设备上。在某些情况下，可以从另一个设备远程访问 GCS，如使用平板电脑通过互联网网络接口访问。

15.2　紧急响应

紧急服务必须能处理各种各样的紧急警报。响应处理的相关机构和程序取决于紧急警报的性质[22]。在大多数情况下,它主要涉及警察、财产和医疗服务,但其他机构也可能参与其中,如天然气、电力、交通(道路,铁路)、通信、水、港口、公共建筑甚至军队等负责基础设施的各种机构。

15.2.1　紧急警报的来源

紧急警报有以下五个来源:
(1)Galileo 搜索和救援(SAR)服务;
(2)紧急呼叫服务;
(3)112 救援服务;
(4)传感器,如烟雾探测器、温度传感器、水位传感器等;
(5)私人安保服务,如报警系统、监控中心、私人保安。

此外,根据紧急警报的来源情况,警报还可以包含警报原因、性质等各种信息。如果呼叫者可以提供此类信息,则拨打 112 救援服务电话时就可提供有关紧急情况的全面信息。在这种情况下,明确的警报必须做出响应。另外,由烟雾传感器触发的警报包含有关警报时间、位置及可能原因等信息,则可通过进一步评估确认威胁是否真正存在[19],如派人亲自检查该区域或通过其他传感器交叉验证。因为这可能是传感器失灵或有人吸烟造成的,虽然不能立即认定火灾是否真的存在,但紧急响应法规和程序必须对此做出响应,并且只有在负责人(警察、私人保安人员、救火队员)亲自检查了警报发起的地方,并证实这是一个误报之后才能解除紧急响应。

本研究重点关注来自于伽利略全球卫星导航系统 SAR 的紧急警报。这种警报中仅包含警报时间和位置信息。这种情况对紧急警报的响应最具有挑战性,因为没有其他更多信息,难以预测紧急情况的类型,因此也就很难为其做好充分的准备。

15.2.2　紧急情况的类型

根据当前的紧急情况,紧急警报可分为两类:
(1)作为重大紧急情况的一部分:这些警报由影响大量人口或影响范围广的重大紧急情况所引发。例如,地震后由困在倒塌建筑物内人员触发的警报。

（2）作为独立紧急警报：不属于重大紧急情况的紧急警报。例如，由于远足事故而由困在山上人员发出的警报。

在这两种情况下，此处所提供的系统能够获得警报发起地的实时图像，使得紧急响应者能够在短时间内到达。通过图像分析可以获得更详细的警报性质信息，使得紧急响应者可以在出发前或者在向警报位行进途中就做好准备，从而节省宝贵的救援时间。

15.3 无人飞机警报系统

无人机警报系统旨在使用 UAV 获得紧急警报位置的实时图像，并将该图像发送给紧急响应者，最终提供警报性质的有关信息，以便应急响应小组在到达事故发生地点之前就做好准备，从而节省宝贵的时间，这些时间对挽救生命、减少损失和成本是非常重要的。图 15.3 展示了一个应用案例。

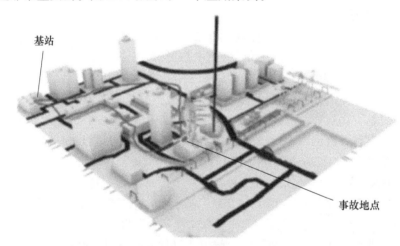

基站

事故地点

图 15.3　无人机警报系统自主飞行操作示例

无人机警报系统能够通过获取警报发出地的实时图像从而向紧急响应者提供空中支持。捕获事件发生地点的实时图像有助于紧急服务部门做出早期的分析判断和准备。根据早期情况分析获得的信息，确定最合适的应对方案，如紧急程度和处理所需资源（是否需救火员或警察？是否需要医疗援助？需要多少救护车？只有受害者吗？只有一个受害者？等等）。此外，图像分析所提供的有关位置、环境、地形等信息，还可用来确定如何到达事件位置。

未来，增强型无人机警报系统还将安装额外的设备来增强紧急支持。系统可增强功能包括：

（1）双向通信：为无人机配备麦克风和扬声器，以便建立起与警报发起人双向通信。此功能使紧急服务能够收集到更多更详细的有关警报器状态信息，并在紧急响应人员到达该位置之前向警报发起人发出指示。

（2）急救箱：无人机可以配备一个辅助工具包（如毯子和镇痛药），以在到达援助地点时能及进帮助受害者。

15.3.1　自主 UAV

无人机警报系统的一个重要特征是无人机具有自主能力[7]。自主 UAV 被认为是在没有飞行员不断直接干预情况下仍能正常飞行的无人机。自主性可以通过两种方法（或两者的组合）实现：第一种方法是将飞行路线加载到 UAV 中，这种无人机需使用定位和导航技术进行跟随，如采用 GNSS 芯片、运动传感器和超声波等技术。然而，这种方法也存在着缺陷：如果飞行路线要穿过树木或建筑物，无人机将会撞到障碍物上。采用第二种方法则能避免发生这种情况，该方法涉及无人机对障碍物的识别能力，并根据情况及时纠正其飞行路线。第一种方法依赖于计算飞行路线所用地理模型的准确性，第二种方法依赖于无人机执行繁重计算任务并在某些情况下能及时解决复杂问题的能力。显然，第二种方法更为复杂（更难实现）和昂贵（需要更昂贵的无人机）。然而，自主性是无人机系统的亮点，通过自主飞行和起飞，加快了空中支援的部署过程，并极大地减少了救援到达时间。此外，这种自主性允许一个或几个操作员同时监视多架无人机，从而提高了操作效率。

15.3.2　无人机的局限

无人机作为一种新兴技术，也必须考虑其局限性。当前，无人机主要局限于电池的能力，当使用锂电池供电的小型无人机时，大多数情况下电池的自主性低于 30min，这给无人机的自主性带来了挑战，它直接影响无人机飞行的覆盖距离。例如，考虑一架具有 25min 自主性的无人机，在 25min 的自主权内，1.5min 用于起飞，1.5min 用于着陆，6min 用于捕捉实时图像。行程需要 16min（去程 8min，归程 8min）。如果无人机以 10m/s 的速度飞行，它可以覆盖距基站最大半径为 4800m 的区域。虽然这足以覆盖一座小城镇，但在大多数情况下难以覆盖一座大城市。解决方案是将几个基站均匀分布，以覆盖整个区域。通过空间分析计算，确定覆盖所需区域基站的最合适位置和最佳无人机数量。Pulver[18] 使用了类似的解决方案，要求是部署能够在 1min 内到达的无人机。

与自主性关系密切还有无人机及其货物的最大重量，因为无人机越重，能耗就越高,这是一个非常重要的因素。无人机最重的部件是电源(电池),且随着货物的增加,更强大的电池并不一定意味着具有更大的自主性,因此一般自主飞行限制上限为30min。

不同天气条件下的运行能力是无人机飞行的另一个限制(主要是小型无人机)。由于小型无人机体积小、重量轻,风会严重影响到无人机的飞行,雨、雪和冰雹也会造成无人机不可飞行,雾对无人机操作不是问题,但它会对图像获取产生影响,极端的温度也会影响无人机的飞行,特别是如果出现过热问题,会导致电池爆炸。

15.4　系统架构

图15.4和图15.5对无人机的空中支援过程进行了梳理总结。该系统的组成可详见15.4.1节,用例图中的活动将在15.4.2中讨论。

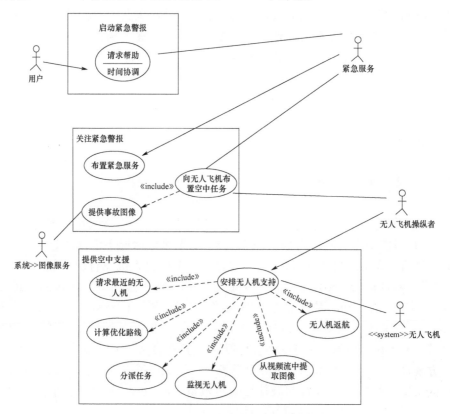

图15.4　无人机警报系统的用例图

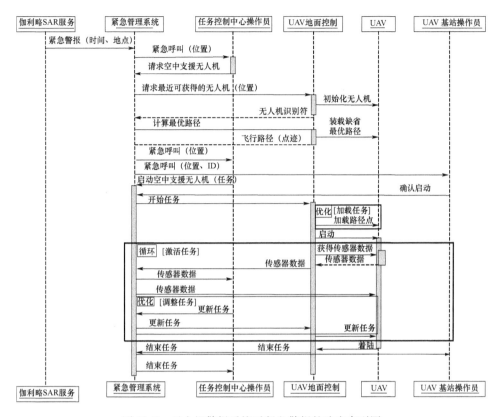

图 15.5 无人机警报系统对紧急警报的响应序列图

15.4.1 组成

1. 紧急管理系统

紧急管理系统(emergency management system,EMS)是接收紧急服务(例如112)的系统。EMS 由紧急服务操作员操作,操作员负责管理紧急情况并部署足够的应急资源和设备。一旦操作员决定进行空中支援,则系统将警报信息发送给无人机任务控制中心(mission control center,MCC)。

2. 无人机地面控制系统

无人机地面控制系统(GCS)负责管理和控制无人机[8],设计飞行路线和获取遥测数据。在案例中,GCS 包含三个主要模块:

(1)无人机地面控制系统,负责控制无人机并获取遥测数据;

(2)无人机管理系统,负责管理无人机,即位置、状态和能力;

(3)无人机飞行路线规划,负责计算飞行路线并设计飞行计划。

3. 无人机基站操作员

无人机均匀分布在基站周围,以覆盖尽可能多的区域。每个基站包含 1 架或多架 UAV。每个基站配备 1 名操作员,负责验证 UAV 是否正常,设置为任务所选择的 UAV,并对任务开始和结束(UAV 起飞和着陆)进行确认。

当无人机开始执行任务时,操作员将对无人机是否成功部署进行二次确认。此外,操作员也会协助无人机着陆,并在任务完成后确认无人机是否成功返回基站。基站的操作员还负责该基站的 UAV 状态更新及维护(电池充电、传感器校准等)。

4. UAV

无人机是本章所提系统的主角。无人机开始布置于基站,其坐标原点是任务的起点。如果 UAV 的状态显示为可用,方可选择该 UAV。

当为任务选择无人机时,智能路线加载到无人机中。无人机包含一个自动驾驶模块,该模块利用定位传感器通过飞行路线来确定航路点。一旦任务控制中心操作员授权该任务,无人机就开始执行任务。在任务执行期间,通过将遥测数据流传输与 GCS 来实现对无人机的持续监测。操作员通过向无人机发送新命令或更新飞行路线来随时更新任务。当无人机完成任务,如在提供了所要求的航拍图像后,新的飞行路线(包含返回到相应基站的路线)被重新加载到 UAV 中。

5. 任务控制中心操作员

任务控制中心操作员接收并处理空中支援请求,并对任务进行监测。该操作员是无人机警报系统与接收紧急警报并执行空中服务人员间的桥梁。

15.4.2 活动

为了提供所需的功能,无人飞机警报系统执行图 15.4 所示的活动。本节将按执行顺序介绍这些活动。

1. 请求最近可用无人机

无人机管理系统是 GCS 的一部分,它包含所有无人机的位置、状态和能力。当 UAV 被请求使用时,系统将从列表中选择最合适的 UAV。无人机的选择标准主要基于以下三方面考虑:

(1)可用性:只有可用的无人机才能被选择执行任务。

(2)位置:系统优先考虑距基站最近的无人机。

(3)能力:无人机必须具备足够的飞行自主权才能从基站飞达事故发生点。此外,可以根据是否具有特殊功能来筛选无人机,如夜视(光线不好)或防水操作(阴雨天气)。

无人机的可用性取决于其状态,无人机的状态可以是以下之一:

(1)可用。

（2）不可用：

①预留或等待命令；

②给电池充电；

③破损，修理或维护；

④电池缺电。

（3）飞行（执行任务中）：

①飞向目标；

②在目标处；

③飞回基站。

2. 计算最优飞行路线

为计算无人机飞行路线，系统需考虑障碍物和禁飞区（图 15.2）。必须考虑障碍物的形状和高度来进行避障。根据障碍物特点，飞行路线将绕过它或在其上方飞行。障碍物包括建筑物、树木、路灯、桥梁、雕像等。必须绕过禁飞区，因为在该禁止区域内飞行，除了高度限制外，还有其他的一些条件，例如飞行只允许低于100m 范围下或获得特别许可。障碍物和禁飞区都存储在地理数据库中。

飞行路线在飞行计划中定义。为制订飞行计划，该项目使用 Paparazzi 无人机自动驾驶系统定义的标准。飞行计划由航路点和命令块两个主要元素组成。航路点表示地理位置，用于定义无人机的飞行轨迹。命令块是下达给 UAV 的指令集，完成一个命令块后，UAV 自动驾驶仪将进入下一个命令块。

飞行计划第一行定义默认参数，包括默认高度、基站坐标和高度、飞行计划名称、与基站的最大距离等。然后定义航路点，最后定义命令块。下面是执行图15.6所示任务的短时飞行计划代码。

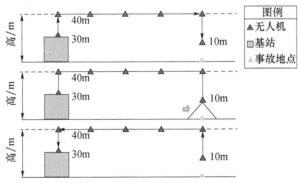

图 15.6　简单的无人机任务示意图

```
<! DOCTYPE flight_plan SYSTEM "flight_plan.dtd" > <flight_
plan name = "Example Mission" alt = "45"
  ground_alt = "15" security_height = "50" lat0 = "4.56789" lon0
```

```
= "1.23456" max_dist_from_home = "3000" qfu = "180" >  < waypoints >
    < waypoint name = "BASESTATION"
    lat = "4.56789" lon = "1.23456"/>
    < waypoint name = "INCIDENTLOCATION" lat = "4.111112" lon = "
1.000111"
    alt = "ground_alt +10."/>
    < waypoint name = "1" lat = "4.123412" lon = "1.123444"
    alt = "ground_alt +50"/>
    < waypoint name = "2" lat = "4.123321" lon = "1.123212"
    alt = "ground_alt +60"/>
    < waypoint name = "3" lat = "4.122111" lon = "1.122665"
    alt = "ground_alt +60"/>
    < waypoint name = "4" lat = "4.121212" lon = "1.111122"
    alt = "ground_alt +50"/>
    < waypoint name = "5" lat = "4.120123" lon = "1.111221"
    alt = "ground_alt +40"/>
    < /waypoints >
    < blocks >
    < block name = "toIncident" >
    < path wpts = "1,2,3,4,5,INCIDENTLOCATION"/>
    < /block >
    < block name = "toIncident" >
    < circle radius = "10" wp = "INCIDENTLOCATION" alt = "ground_
alt +12" until = "90"/>
    < stay wp = "INCIDENTLOCATION" alt = "ground_alt +10" until = 
"90"/>
    < /block >
    < block name = "returnToBaseStation" >
    < path wpts = "5,4,3,2,1,BASESTATION"/>
    < stay wp = "BASESTATION" alt = "44"/>
    < /block >
    < /blocks >
    < /flight_plan >
```

在该飞行计划中,默认高度为45m,这是海平面加上基站的高度。安全高度高于默认高度50m,无人机首先向南(180°)朝事故位置飞行。计划定义了7个航路点:基站、事故地点和5个中途点。三个块包含了任务执行的三个步骤。第一块包含从基站到事故位置的路线。第二块向无人机下达距事故点地面 15m 绕飞 1.5min,然后下达在事故点 10m 外停留 1.5min 的指令,在此期间无人机将捕获事故点的图像。第三块将指示无人机返回基站并使其悬停在基站上空,直到基站操作员准备好协助其着陆,并向其发出降落命令。

在飞行计划被创建和修改完之后,将其加载到无人机中,无人机方可以开始执行任务。

3. 无人机任务执行

一旦飞行路径装载到无人机,且任务控制中心操作员授权执行该任务,则无人机就开始执行该任务。任务飞行路径示意如图 15.6 所示。该图通过三个步骤展示了一个简单任务:

(1)无人机从基站起飞,飞往事发地。

(2)无人机在事故地上方 10m 处悬停并拍摄。

(3)无人机返回基站。

4. 无人机遥测获取

无人机不断将遥测数据传输至 GCS,任务控制中心操作员一直监视着任务进度,并时刻准备在必要的时刻采取行动。遥测数据使用标准的协议直接传输到 GCS。如果无人机通过 WiFi 连接,则采用的标准协议是 MavLink。无人机提供的主要遥测数据包括位置(坐标)、高度、速度、方向、倾角、剩余电量以及视频。在前往事故点过程中,伴随着剩余到达时间的估计,无人机的位置被发送与紧急服务中心。

5. 无人机图像发送与紧急服务

出于隐私保护,在无人机在飞往事故地点和返回基站的途中,无人机既不记录视频片段,也不发送与紧急服务。

一旦无人机到达事故地点,将所获取的图像发送与紧急服务。在此期间,如果紧急服务需要,例如为了能更仔细地了解事件或周围的环境,则向 UAV 下达额外的指令。一旦不再需要空中支援,则无人机终止与紧急服务的联系。有许多种方法可以为紧急服务提供图像信息。如果紧急服务仅仅需要图片,则采用图像共享服务。但是,如果紧急服务需要视频,则采用视频流服务。在任何一种情况下,都必须采用专用的服务以确保隐私安全。利用公共的媒体共享平台可能会侵犯隐私权,因为无人机所获取的是公共场所发生紧急情况的图像。

6. 无人机返回

无人机在完成任务目标后,将终止与紧急服务的连接。此时,无人机任务控制中心操作员将确认任务结束,并将无人机发送回基站。一旦无人机到达基站,基站操作员需确认结束任务。当 UAV 到达基站时,操作员执行降落 UAV 命令并协助其着陆。降落后,操作员负责利用无人机管理系统更新无人机状态,给电池充电并检查是否有损坏。

15.5　小结

本章提供的告警系统旨在通过自主无人机,获取紧急警报源位置处的实时图像,以能够为紧急服务提供空中支持。虽然该系统的首要目标只是提供最简单的航空影像,但基于该系统可以开发出更为复杂的灾难管理应用场景,例如提供急救包、药品、互联网接入点、受灾区域地图绘制和疏散监测等。无人机应用的可能性是无穷无尽的,但目前主要受到合适法规的缺乏和技术尚处于早期阶段两方面因素的限制。

尽管许多国家已经开始着手制定无人机使用的有关法律和法规,但目前这些法规多在于控制和限制无人机使用,在该技术的特定应用受到监管之前还有很长的路要走。然而,通过区分政府、业余爱好者和商业应用的目的,无人机在使用上已经迈出了一大步。

相比手动操纵的无人机,自主无人机的好处是它不需要经验丰富的飞行员来一直专注于每一步的操作。但一般还是建议配备一名经验丰富的飞行员,以保证在发生意外情况时能安全驾驶无人机,其他主要工作还是由负责监测任务进展的无人机任务控制中心的操作员来完成。

未来,该领域的工作包括创建系统工作情景、基站空间位置优化分析,以及设计专用无人机以满足紧急服务的特殊需求。

致谢:感谢埃里克·范德泽,史蒂文·博斯和吉格丹研究团队对系统分析工作的支持和帮助。该项工作得到了欧盟玛丽·居里初级培训联盟 MULTI – POS(多技术定位专家联盟)FP7 项目的资助,资助编号 316528。

参考文献

[1] 3DR, Mapping drones(2016). https://3dr. com/mapping – drones/(visited on 01/28/2016)

[2] Airvid, Hire drone pilot(2016). http://air – vid. com/wp/(visited on 01/28/2016)

[3] DJI, No fly zones(2016). http://www. dji. com/fly – safe/category – mc? www = v1 (visited on 01/28/2016)

[4] H. Eisenbeiss, A mini unmanned aerial vehicle(UAV):system overview and image acquisition, in International Archives of Photogrammetry. Remote Sensing and Spatial Information Sciences 36. 5/ W1(2004)

[5] FAA, No drone zone(2016). https://www. faa. gov/uas/no_drone_zone/(visited on 01/28/2016)

[6] FAA, Unmanned Aircraft Systems(UAS) Regulations and Policies(2016). https://www. faa. gov/uas/regulations_policies/(visited on 01/28/2016)

[7] P. Fabiani et al. , Autonomous flight and navigation of VTOL UAVs:from autonomy demonstrations to out – of – sight flights. Aerosp. Sci. Technol. 11(2) ,183 – 193(2007)

[8] G. Hattenberger, M. Bronz, M. Gorraz, Using the Paparazzi UAV system for scientific research, in IMAV 2014, International Micro Air Vehicle Conference and Competition 2014, Delft. HAL. Hal - id: hal - 01059642, Aug(2014), pp. 247 - 252. doi: 10. 4233/uuid: b38fbdb7 - e6bd - 440d - 93b ef7dd1457be60

[9] S. Hickey, Humanitarian drones to deliver medical supplies to roadless areas (2014). http:// www. theguardian. com/world/2014/mar/30/humanitarian - drones - medical - supplies - no - roadstechnology(visited on 03/21/2016)

[10] J. How, E. King, Y. Kuwata, Flight demonstrations of cooperative control for UAV teams, in AIAA 3rd Unmanned Unlimited Technical Conference, Workshop and Exhibit, Chicago, IL. American Institute of Aeronautics and Astronautics(AIAA), pp. 20 - 23, Sept(2004)

[11] H. Kelly, Drones: the future of disaster response(2013). http://edition. cnn. com/2013/05/23/ tech/dronesthefuture%20ofdisasterresponse/index. html(visited on 11/09/2015)

[12] P. Kemao et al. , Design and implementation of a fully autonomous flight control system for a UAV helicopter, in 2007 Chinese Control Conference(IEEE, New York, 2007), pp. 662 - 667

[13] G. Khaselev, J. Singleton, UAV: Autonomous flight(2014)

[14] Know Before You Fly, Know before you fly(2016). http://knowbeforeyoufly. org/(visited on 02/ 12/2016)

[15] M. Maciag, Law enforcement agencies using drones list, map (2013). http://wwwg. overning. com/gov - data/safety - justice/drones - state - local - law - enforcement - agencies - license - list. html(visited on 03/21/2016)

[16] K. Nonami, Prospect and recent research & development for civil use autonomous unmanned air- craft as UAV and MAV. J. Syst. Design Dyn. 1(2), 120 - 128(2007)

[17] Paparazzi UAV, Paparazzi UAV, The free autopilot: overview(2016). https://wiki. paparazziuav. org/wiki/Overview(visited on 01/25/2016)

[18] A. Pulver, R. Wei, C. Mann, Locating AED enabled medical drones to enhance cardiac arrest re- sponse times. Prehosp. Emerg. Care 20(3), 378 - 389(2016)

[19] J. San - Miguel - Ayanz, N. Ravail, Active fire detection for fire emergency management: potential and limitations for the operational use of remote sensing. Nat. Hazards35(3), 361 - 376(2005)

[20] Sensefly, Mapping drones applications (2016). https://www. sensefly. com/applications/over- view. html(visited on 03/21/2016)

[21] T. Tomic et al. , Toward a fully autonomous UAV: research platform for indoor and outdoor urban search and rescue IEEE Robot. Autom. Mag. 19(3), 46 - 56(2012). ISSN: 1070 - 9932. doi: 10. 1109/MRA. 2012. 2206473

[22] B. Van de Walle, M. Turoff, Decision support for emergency situations. IseB 6(3), 295 - 316 (2008)

[23] Webredactie Communication, TU Delft's ambulance drone drastically increases chances of survival of cardiac arrest patients (2014). http://www. tudelft. nl/en/current/latest - news/article/de- tail/ambulance - drone - tu - delft - vergroot - overleving%20skans - bij - hartstilstand - dras- tisch/(visited on 01/28/2016)

第 16 章

MULTI – POS 研究管理的经验教训

Elena – Simona Lohan, Jari Nurmi, Gonzalo Seco – Granados,
Henk Wymeersch, Ossi Nykänen

16.1　引言

通过建立如玛丽·居里这种培训联盟,可以使国际间的联系更为广泛,并可以为学员提供多种便利与好处,例如,可以使他们接触到不同单位和不同的研究设施与设备,更有机会与来自各个学科领域的人员进行交流,以及为选定的研究人员提供研究和流动资金的支持。这一联盟的另一个特殊之处就在于,它要求只雇佣那些在合同开始生效的前 3 年内、在受雇佣国家居住时间不超过 12 个月的人员,这样做有利也有弊。

一方面,创建一个具有广阔文化背景的大型工作网络,可以在社交、人际交往和工作方式、技能等方面互相学习,使参与者变得更加开放、更加灵活、更加包容。

另一方面,研究人员要适应一个新的国家和一种新的文化,与联盟中的其他同事、主管进行交流也并不容易,有时行政和语言障碍也会使这种情况变得更糟。

E. – S. Lohan (✉)

Tampere University of Technology, Korkeakoulunkatu 10,33720 Tampere, Finland

e – mail:elena – simona. lohan@ tut. fi

J. Nurmi · O. Nykänen

Tampere University of Technology, Tampere, Finland

e – mail:ossi. nykanen@ tut. fi;jari. nurmi@ tut. fi

G. Seco – Granados

Universitat Autonoma de Barcelona, Barcelona, Barcelona, Spain

e – mail:gonzalo. seco@ uab. es

H. Wymeersch

Chalmers University of Technology, Gothenburg, Sweden

e – mail:henkw@ chalmers. se

2016 年 5 月的一项网上匿名调查表明,在 MULTI-POS 工作中流动性所带来的正面评价超过了负面评价,而研究人员的整体经验提升得到了 92% 的正面评价。此外,如果有再次选择的机会,58% 的人将毫不犹豫地选择来 MULTI-POS 体验,42% 的人更愿意花费更多的精力来选择主办单位、东道主国(如选择一个他们语言所精通的国家)来重复这种经历,并将以更加积极的态度进行自我的时间管理和开展研究任务。

16.2 行政问题

行政方面的教训主要是来自协调人员和监管者的看法。

在行政方面需要认识到的第一个教训是,虽然项目时间看起来非常宽松,早期研究人员在一个为期 4 年的项目中会有 3 年的合同时间,这样在招聘阶段可以有 1 年的宽裕时间,然而实际运作中可能会存在招聘延迟的问题。招聘延迟会缩短人员的实际工作时间。另外,在项目结束后合同经费仍未报销使合同的灵活性很低。在 MULTI-POS 项目中,此类延误通常是由以下原因造成:

(1)合作伙伴撤离,导致一系列相关管理决策的改变,如需寻找新的合作伙伴来接管该职位、职位相关的一些调整及相关资金的决策、重新启动招聘流程,以及与新合作伙伴就开始日期达成一致。

(2)从欧洲以外地区招募的研究人员,获得签证和工作许可证困难。

(3)招聘人员的辞职(影响管理决策),重新开始招聘,结合新同事情况,商榷起始日期。

(4)一些被招募者获得所需学位(硕士或博士)所造成的延迟,例如,其本国各种行政政策造成的延误。

在招聘过程中得到的主要教训是:在最终签字审批前,就可以开始着手宣传工作,这将增加招到优秀人员的机会。

与合同期限有关的另一个经验教训是:在大多数国家,博士研究需要 3 年以上。而在这种培训联盟中,时间是具有挑战性的,因为研究人员需要花费很长时间进行借调,这实际上将会影响中心工作的开展,且研究人员需找到新的学习方法。此外,MULTI-POS 的培训相比于个别大学的大多数博士生学习课程来说更为广泛。需要做的事情很多,但时间又很少。因此,MULTI-POS 中的许多大学都不得不寻找额外的资金来源,以支持这些研究人员获得博士学位。

从联盟中每个成员的本地化管理和行政角度来看,在玛丽·居里联盟的运行过程中,那些不习惯此类资金支持的合作伙伴需要事先了解一些流程。在玛丽·居里联盟中,资金会跟随研究人员走,如果研究人员需要从一个雇佣方转移到另一个雇佣方,那么资金预算也必须跟着转移。不幸的是,在 MULTI – POS 中,为更好地完成培训计划,此类转移经常会发生。根据 MULTI – POS 的经验,标准的联盟协议带来了过多的程序时耗,难以适应于比如需要"营救"员工以使培训能够得以继续进行的这类紧急情况。而欧盟常规项目管理就不会出现像玛丽·居里联盟这种以员工为中心的类似情况。

　　还有一个经验是:需要学习公司和大学的财务和/或人力资源部门的一些相关知识。首先需要将用于员工工资的所有生活、流动津贴、一些相关的必需费用,以及可自由使用的一次性培训和间接费用津贴,以不同的方式进行说明,并且经常给出一些使用建议。财务方面的经验还包括:由于需要向一个或多个合作者做大量的说明(这会影响到联盟中所有的成员),会造成一些临时性付款被严重拖延。

　　从上面可以看出,在玛丽·居里联盟中,有一个专职的项目经理非常重要。由于借调计划经常存在着一些变动,并且必须找到一些新的合作伙伴引入到联盟中来以主持借调工作。在应对借调和合作合同变化方面,MULTI – POS 已经获得了很多经验。事实证明,在项目启动之后,再让新的合作伙伴加入到联盟之中非常困难,这主要受到知识产权的限制。在默认情况下,知识产权归雇佣方所有,除非他明确可以转让或许可给借调者。我们从中吸取的经验教训是:在一开始,知识产权规则及其转让或许可条件都应该具体明确,联盟中的每个合作伙伴对此都应该非常清楚。借调计划和借调中可能存在的变更也需要尽早地考虑(在联盟创建或需要出现时)。

　　图 16.1 展示了主管人员对 MULTI – POS 监管上所花费时间百分比(来自全部

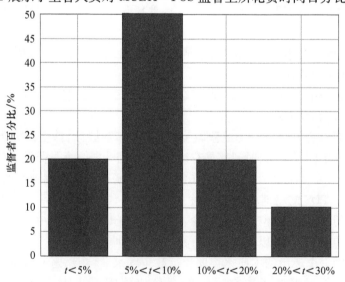

图 16.1　MULTI – POS 监督事务用时统计

工作时间)的自我评估,包括对研究人员的直接监管、会议以及行政任务时间。大多数主管人员需要花费5% ~ 10%的工作时间来专门处理这些事务。此外,90% 主管认为在 MULTI - POS 的整体体验很好或非常好,80% 认为自己从 MULTI - POS 中受益,100%的人员一致认为如果将来有机会还愿意参与到这样的联盟中。

在研究人员招募方面,根据匿名调查结果,需要关注候选人员的四方面特征:在所选研究领域有着良好的技术背景(70% 的主管认为),在所选领域有良好的专业知识(60% 的主管认为),努力工作的意愿(50% 的主管认为)和良好的社交技能(50% 的主管认为)。令人惊讶的是没有一个主管认为演讲技巧和随和个性是选择候选人应该具备的主要特征。

16.3　科学问题

MULTI - POS 涵盖了广泛而多样的研究课题。这意味着,在研讨会期间一些研究人员很难理解其他不同领域研究人员所提出的问题。人们注意到,解决这一问题的最好方法是就将研究人员分成 4 人或 5 人(如以工作组的形式)的较小群体,然后让他们向较少的受众展示他们的工作。这已被证明是鼓励交往、头脑风暴和积极主动的有效方法。这一想法是在 2015 年哥德堡研讨会上提出的。该研讨会的一项成果是 2015 年 10 月由 5 位研究员共同提交了一个联合文件。在一些小型会议期间也鼓励联合工作,比如当几个研究人员在他们借调、会议和出席研讨会重合期间。因此,MULTI - POS 现在有 13 个联合出版物,其中至少包含两个 MULTI - POS 研究人员的成果,另外还有 24 个出版物,其中至少有两个来自不同单位的 MULTI - POS 研究人员或主管相互合作的成果。

MULTI - POS 极大地帮助研究人员接触到一些资深研究人员并与他们分享想法。一些研究人员坦言,在联合处理某些问题时,经历了"个人模式的转变",从其他成员或合作者那里获得了灵感。但是,联盟的潜力尚没有被全部发挥出来,因为每一成员的技术技能仅用于自己的工作而不是共同目标。当问及研究人员对 MULTI - POS 的看法时,这确实是突出的问题之一,项目间的沟通本可以进一步改善,研究具有较高科学重合度的共同问题可以促进更好的合作。研究人员还指出,在研讨会期间通过实验就可能更容易地进行知识分享。

大多数研究主题都非常关注特定和新颖的问题,这使得大多数受雇研究人员共同的研究领域知识较少。考虑到最多 3 年的联盟时间,这使得一些研究人员感到没有足够的时间来学习所需的其他新知识,或者从深入的主题学习中获益。

研究人员指出的另一项挑战是将学院的要求与公司利益相结合起来并不容易。作为 MULTI - POS 的主要参与者和借调地,私营公司在刊物出版、数据共享等方面有很多限制。学者和行业主管之间的要求往往可能不匹配甚至不兼容。应对这些挑战的可能解决方案是从一开始就与工业部门讨论这些学术要求,就共同利益问题达成一致意见,多组织学术和工业部门进行联合会议,以减少不必要的误解。

16.4 个性和文化问题

在多元文化研讨会中(培训活动的一部分),尽管研究人员和主管是各种各样的人(这取决于国籍,也取决于个人性格),但通过研讨会,他们能够很好地彼此了解,研究团队在工作和娱乐方面能够很好地融合在一起。即使是"个性极端"者,也很少存在个人的适应性问题。

我们还了解到,挑选研究人员的过程通常会产生非常优秀的研究人员。然而,仅通过电话或视频面试进行远程筛选研究人员不是一项容易的工作,而且在某些情况下,无论是对研究人员或是主管来说,结果可能都不太令人满意。在 MULTI-POS 中,根据匿名调查的结果,60% 的管理者表示对自己选择的研究人员感到非常满意,30% 的人比较满意,10% 的人不满意。从研究人员的角度来看,40% 的人对他们的主管非常满意,40% 的人比较满意,20% 的人对主管的指导和监督以及与主管间的互动不满意。由此可见,一方面,主管、研究人员之间的不匹配存在着一个不可忽视的比例,这可能是由不同的期望、不同的工作目标、不同的工作实践以及不同的个性所造成的。另一方面,研究人员在对这样一个项目监督方面往往都会持有批判的观点。目前还不清楚这些百分比是否不同于传统的博士生课程和监管。

在 MULTI-POS 中,一个好的经验做法是将研究人员进行结对和分组来为共同的目标工作,如合作撰写论文,研讨会期间的团队协作,这将有力地促使研究人员之间更多的互动与合作。

由于被招聘的研究人员间的个性差异,目标动机也可能大不相同:一些偏重技术性,一些偏重科学性,而另一些则偏重"定性"主导。这方面得到的教训是:联盟的目标与监督应该非常灵活,以能够适应所有不同的需求,并努力让所有的参与者都感到愉快,或者至少让他们感到在共同的努力中自身会有所收获。另一个重要的经验教训是:在这样一个联盟中,社交技能和技术技能是同样重要的。

一些研究人员还发现,他们在新的国家也会存在着一些经济条件方面的挑战,例如昂贵的住宿费用(或住宿质量与价格比差)和出差后迟迟无法获得报销凭据等等。

一些学者指出,在这样一个联盟中语言障碍可能是一个非常重要的挑战,特别是当研究人员必须在与自己的母语有很大不同的国家工作时。约 42% 的研究人员承认至少获得东道主国或借调国家语言的基本技能,8% 的研究人员获得了一些新的语言知识,17% 的研究人员获得新语言的一门高级知识,33% 的人没有付出任何努力或没有任何机会去学习所在国家的语言。

从 MULTI－POS 培训对未来就业能力的塑造来看,80% 的学员认为,在未来的职业道路上 MULTI－POS 的培训让他们的就业能力得到了显著提升;20% 的学员则没有意见,或者不确定这种联盟培训是否对他们未来的职业有益。

绝大多数研究人员(在匿名调查中)还表示,在 MULTI－POS 的总体经验是好的(占 67%)或非常好的(占 25%)。8% 的人员则选择了"中立"立场,这意味着他们既不讨厌也不喜欢在 MULTI－POS 的工作经历。

16.5　小结

表 16.1 总结了主要挑战和解决方案。

表 16.1　主要挑战和解决方案

挑战	潜在的解决方案
招聘延迟	在官方合同签订之前,尽快开始职位宣传
选择到一个"不合适"的人员	在交流期间注意科学和社交技巧;尝试为小组找到"个性合适"的人,并利用好监督策略
合作水平	通过团队联合、配对和分组,增加合作者之间的协作;所有主管定期参加联盟活动,加强单位间的协作
借调地选择	在选择借调地点时应保留一定的灵活性;应尽快解决好知识产权问题
繁重的管理任务	一个专门的项目经理是必需的;提高东道主的支持
研究人员的激励	为了保持长期和良好的自我激励,设定自己的目标并时刻紧盯该目标;分解学习和创造任务
主管的激励	应该制定一些激励主管定期参加联盟活动的措施
适应新文化	至少学习东道国的基础语言知识;提高社交能力
联盟跟踪	平衡个人爱好/工作时间分配;在项目结束后为每个研究人员找到至少 1 年的资金,以增加研究人员的动力和项目的后续影响

第 17 章

总　结

Elena – Simona Lohan, Gonzalo Seco – Granados, Henk Wymeersch, Ossi Nykänen, Jari Nurmi

现在导航是大多数无线通信设备的固有部分,它们也会在未来新一代通信设备如设备到设备(D2D)、物联网(IoT)和5G中扮演重要的角色。

当前人们普遍认识到,无缝和无处不在的导航定位只能通过混合解决方案获得,例如 GNSS 结合 WiFi、超宽带、惯性传感器或其他类型的传感器和技术。虽然没有哪一种技术可以提供低成本、全覆盖和连续可用定位方案,但已经有许多商业解决方案结合各种技术和信号,能够在某些目标场景下提供准确和连续的位置信息。与此同时,得益于更高效和更低成本的定位技术,新的服务和应用可能会不断涌现。如今,这些技术正在被不断地开发设计,以便在更具挑战性的条件下使用,特别是室内场景。

本书讨论了当今市场和研究领域中存在的不同定位技术,从四大全球卫星导航系统到基于 WiFi、5G 信号、低功耗蓝牙、视觉导航或任何其他信号等解决方案。

E. – S. Lohan

Tampere University of Technology, Korkeakoulunkatu 10, 33720 Tampere, Finland

e – mail: elena – simona. lohan@ tut. fi

H. Wymeersch

Chalmers University of Technology, Gothenburg, Sweden

e – mail: henkw@ chalmers. se

O. Nykänen · J. Nurmi

Tampere University of Technology, Korkeakoulunkatu 10, 33720 Tampere, Finland

e – mail: ossi. nykanen@ tut. fi; jari. nurmi@ tut. fi

G. Seco – Granados

Universitat Autonoma de Barcelona, Barcelona, Barcelona, Spain

e – mail: gonzalo. seco@ uab. es

同时还讨论了无线定位扮演重要角色的不同应用领域,从环境应用到基于无人机应用,以及电子卫生领域。

　　本书的主题分三个层次:首先讨论了卫星导航物理层设计的相关方面;其次介绍了陆地非 GNSS 定位解决方案,关注的也主要是物理层;最后讨论了无线定位的应用领域(并非最不重要)。此外,第 16 章专门介绍了在 MULTI – POS 中得到的一些经验教训,这些经验不仅对未来参与国际培训人员有用,而且就个人层面而言,也适用于那些因工作或教育而需要进行国际流动的个人。

缩略语

A – GPS   assisted global positioning system 全球定位辅助系统

ADC   analog to digital converter 模/数转换器

AESA   Spanish Air Safety Agency 西班牙航空安全局

AGC   automatic cain control 自动增益控制

AHP   analytical hierarchical process 分析层次法

ALL – SIDES   advanced large – scale language analysis for social intelligence deliberation support 面向社会智能研究支撑的先进大规模语言分析

AltBOC   alternate binary offset carrier 交替的二进制偏移载波

AM   amplitude modulation 调幅

ANN   artificial neural network 人工神经网络

AOA   angle – of – arrival 到达角

AOD   angle – of – departure 出射角

AWGN   additive white gaussian Noise 加性高斯白噪声

BDT   BeiDou time 北斗时间

BLE   bluetooth low energy 蓝牙低功耗

BOC   binary offset carrier 二进制偏移载波

BPSK   binary phase – shift Keying 二进制相移键控

BS   base station 基站

C/A   coarse acquisition C/A 码

C/N_0 carrier – to – noise density 载波与噪声强度比

CAS   context – aware systems 情景感知系统

CBOC   composite binary offset carrier 复合二进制偏移载波

CDMA   code division multiple Access 码分多址

CE   context engine 情景引擎

CGCS2000 China geodetic coordinate system 2000 中国大地坐标系

CM crisis management 危机管理

COA certificate of authorization 授权证明

COTS commercial off – the – shelf 货架商品

CRLB Cramér – Rao lower bound 克拉美罗下界

CS commercial service 商业服务

CW continuous wave 连续波

DAC digital – to – analog – converter 数/模转换器

dBc decibels relative to the carrier 频点与载波输出功率比值

DHM deterministic homophily method 确定性同质法

DLL delay lock loop 延时锁定环

DME distance measuring Equipment 测距装置

DOA direction of arrival 到达方向

Doppler doppler frequency shift 多普勒频移

DP dot Product 内积

DTV digital Television 数字电视

DVB – T digital video broadcasting – terrestrial 数字视频广播

E early correlator 初始相关器

EASA European Aviation Safety Agency 欧洲航空安全局

ECEF Earth centered earth fixed 地心固定坐标系

EKF extended Kalman filter 扩展卡尔曼滤波

EMS emergency management system 紧急管理系统

ENAC Ecole Nationale de l'Aviation Civile 国家民用航空学校

EPN EUREF permanent network EUREF 永久网络

ES emergency services 紧急服务

ESA European Space Agency 欧洲航天局

FAA Federal Aviation Agency 联邦航空局

FCC Federal Communications Commission 联邦通信委员会

FDMA frequency division multiple access 频分多址

FEC forward error correction 前向误差修正

FLL frequency lock loop 锁频环

FM frequency modulation 调频

FOC fully operational capability 完全作战能力

FSL free space loss 自由空间衰减

Galileo Galileo,the European global navigation satellite system 伽利略,欧洲全

球导航系统

GCS　UAV ground control system 无人机地面控制系统

GDOP　geometric Dilution of Precision 几何精度

GEO　geostationary earth orbit 地球静止轨道

GGTO　Galileo to GPS time offset 伽利略到 GPS 的时间偏移

GIM　global ionospheric map 全球电离层分布

GLONASS　globalnaya navigazionnaya sputnikovaya sistema 格洛纳斯导航系统

GMS　Galileo Mission Segment 伽利略任务部门

GNSS　global navigation satellite system 全球卫星导航系统

GPS　global positioning system 全球定位系统

GPST　gps time GPS 时间

GST　Galileo system time 伽利略系统时间

GTRF　galileo terrestrial reference frame 伽利略陆地参考系

HRZ　UAV high restriction fly zone 无人机限高飞机区

IAR　integer ambiguity resolution 整周模糊度

ICD　interface control document 接口控制文档

IF　intermediate frequency 中频

IGS　international GNSS service 国际卫星服务

IGSO　inclined geosynchronous orbit 倾斜地球同步轨道

ILS　instrument landing system 指挥着陆系统

IMU　inertial measurement units 惯性测量单元

INS　inertial navigation system 惯性导航系统

IR　infrared 红外

IRI　international reference ionosphere 国际参照电离层

ITN　Initial Training Network 初始训练联盟

ITRF　international terrestrial reference frame 国际陆地参考系

ITU　International Telecommunication Union 国际电信联盟

KF　Kalman filter 卡尔曼滤波器

L　late correlator 后相关器

LBS　location – based services 基于位置的服务

LED　light emitting diodes 发光二极管

RF　radio frequency 射频

RFID　radio frequency identification 射频无线电识别

RHCP　right hand circularly polarized 右旋圆极化

RM　random method 随机法

RMSE root mean square errors 平方根误差

RSS received signal strength 接收信号强度

RTK real time kinematics 实时动态

RTLS real time location service 实时位置服务

RX receiver 接收机

SAR search And rescue 搜索和救援

SHRM structural homophily randomized method 结构化同质随机法

SIS signal – in – space 空间信号

SME small or medium – size Enterprise 中小型企业

SNA social network analysis 社交网分析

SNR signal – to – noise Ratio 信噪比

SOCAM service – oriented context – aware middleware 面向服务内容的感知中间件

SSN W3C semantic sensor network 语义传感网络

ST scalar tracking 标量跟踪

SV space vehicle 空间飞行器

T – DAB terrestrial digital Audio Broadcasting 陆地数字声音广播

TACAN tactical air navigation System 战术空中导航系统

TEC Total electron content 总电子含量

TMBOC time – multiplexed binary offset carrier 时间多路二进制偏移载波

TOA time – of – arrival 到达时间

TOW time of week 时间周

Trafi Finnish Transport Safety Agency 芬兰交通安全局

TX transmitter 发射机

UAS unmanned aerial system 空中无人系统

UAV unmanned air vehicle 无人飞行器

UAV unmanned air vehicles 无人飞行器

UERE user equivalent range Error 用户等价距离误差

UHF ultra high frequency 超高频

UTC coordinated universal time 世界标准时间

UWB ultra wide band 超宽带

VDFLL vector delay frequency lock loop 矢量延时锁频环

VDLL vector delay lock loop 矢量延时环

VFLL vector frequency lock loop 矢量频率锁定环

VHF very high frequency 甚高频

VOR　VHF omni – directional Range 甚高频全向天线

VT　vector tracking 矢量跟踪

WARTK　wide area RTK 广域 RTK

WGS – 84　World Geodetic System 1984 世界大地测量系统 – 84

WiFi　wireless LAN network or, arguably, Wireless Fidelity 无线局域网或无线保真

WLAN　wireless local area networks 无线局域网

WLS　weighted least square 加权最小二乘

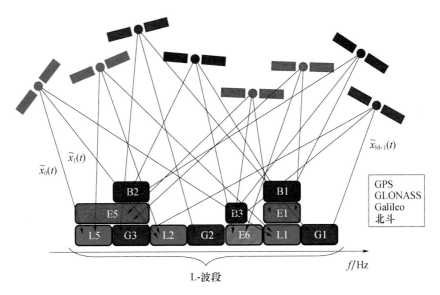

图 3.1 GNSS 频带示意图

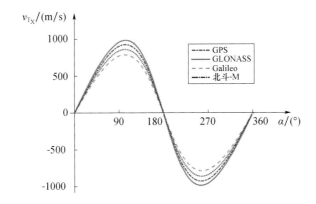

图 3.30 径向速度

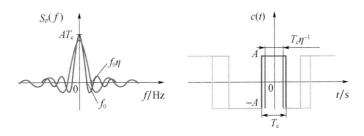

图 3.33 多普勒移动在频域和时域的影响

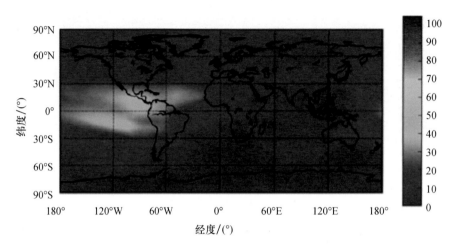

图4.2　天顶方向总电子含量图(GPS L1 信号 0.1TECU$_s$≃1.6cm 的时延,格林尼治
时间 2016 年 5 月 23 日 20:25:00,由 NASA/JPL – 加州工学院提供)

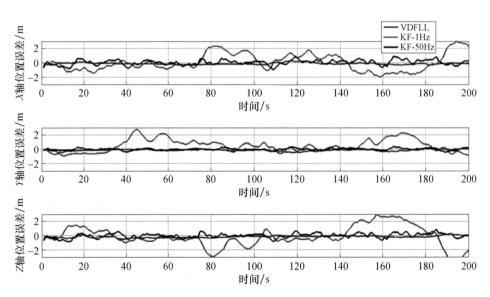

图5.11　X、Y、Z 轴位置误差比较(1Hz 的标量跟踪 + KF 定位模型
(红色),VDFLL 算法(蓝色),50Hz 的标量跟踪 + KF 定位模型(黑色))

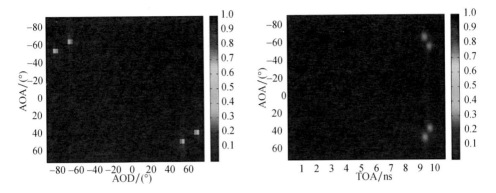

图 9.5 AOA/AOD 子空间中虚拟
表达式 $\{H_v(i,m,l)\}$
的归一化幅度显示

图 9.6 AOA／TOA 子空间中虚拟
表达式 $\{H_v(i,m,l)\}$
的归一化幅度显示

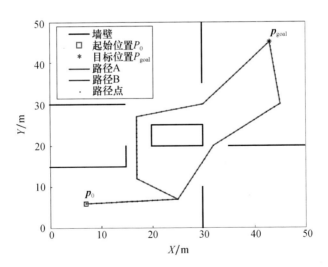

图 10.1 从起始位置 $p_0 = [7,6]^T$ 到目标位置 $p_{goal} = [43,45]^T$
具有两条路径 A 和 B 的场景（智能体在保证定位精度的前提下，
选择最低消耗路径前行）

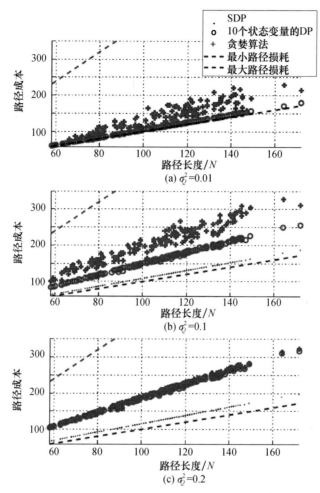

图 10.2　不同路径长度下的路径成本仿真结果,噪声方差取值为 $\sigma_Q^2 \in \{0.01, 0.1, 0.2\}$ 时的结果(图中给出了在不考虑约束式(10.8)条件下,通过比较 SDP 算法、DP 算法及贪婪算法三种算法性能,选择最低和最高成本消耗传感器时的路径成本估计值)

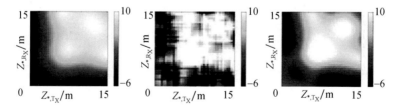

图 10.7　(a)在具有空间相关阴影衰落的环境中,不同位置坐标 $z_{*,\mathrm{T_x}}$ 和 $z_{*,\mathrm{R_x}}$ 下的期望接收功率 $P_{\mathrm{R_x,avg}}$,信道增益沿对角线($z_{*,\mathrm{T_x}} = z_{*,\mathrm{R_x}}$)对称,它是一个对称场;图(b)基于 cGP 的接收功率预测 $P_{\mathrm{R_x,avg}}$;(c)基于 uGP 的接收功率预测 $P_{\mathrm{R_x,avg}}$(cGP 和 uGP 算法都保持了信道互易性)

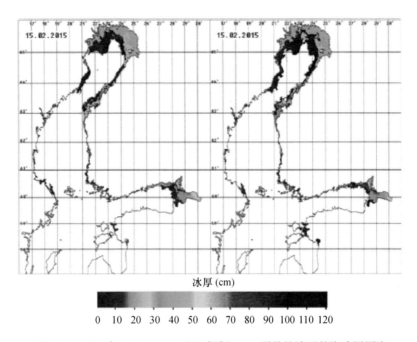

图 11.4　2015 年 Radarsat - 2 和"哨兵" - 1A 测量的波罗的海冰层厚度
版权所有:芬兰气象研究所,图片转载经 Juha Karvonen 博士许可

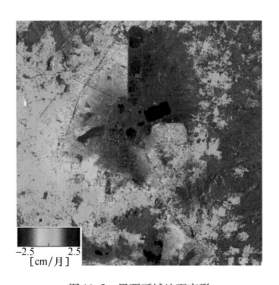

图 11.5　墨西哥城地面变形
由"哨兵" - 1A 的 28 个雷达扫描产生(该图片版权归"哥白尼"数据(2016)/ESA/DLR 微波和雷达
研究所所有图片转载经 Ing. Matteo Nannini 博士许可)。